U0337123

网页设计与网站建设

（CS6 中文版）标准教程

□ 倪宝童 汤莉 等编著

清华大学出版社

北　京

内 容 简 介

本书注重网页制作、图像处理和动画制作技巧的运用和实际创作方法，共分为 9 章，对网页制作基础知识、Dreamweaver CS6、Photoshop CS6、Flash CS6、案例实战进行了由浅及深、循序渐进的讲解；各章节注重实例间的联系和各功能间的难易层次，并对软件应用过程中可能出现的问题、难点和重点给予了详细讲解和特别提示；同时以实例的形式带领读者一步步领略各个软件的功能，完成从入门到精通的转变。本书配书光盘提供了本书实例素材文件和配音教学视频文件。

本书结构编排合理，实例丰富，可以作为高等院校相关专业和社会培训班网页制作教材，也可以作为网页设计的自学参考。

图书在版编目（CIP）数据

网页设计与网站建设（CS6 中文版）标准教程 / 倪宝童等编著. —北京：清华大学出版社，2014
（清华电脑学堂）
ISBN 978-7-302-36758-1

Ⅰ. ①网…　Ⅱ. ①倪…　Ⅲ. ①网页制作工具-教材　Ⅳ. ①TP393.092

中国版本图书馆 CIP 数据核字（2014）第 124170 号

责任编辑：冯志强
封面设计：吕单单
责任校对：胡伟民
责任印制：何　芊

出版发行：清华大学出版社
　　　　　网　　址：http://www.tup.com.cn，http://www.wqbook.com
　　　　　地　　址：北京清华大学学研大厦 A 座　　　邮　　编：100084
　　　　　社 总 机：010-62770175　　　　　　　　　邮　　购：010-62786544
　　　　　投稿与读者服务：010-62776969，c-service@tup.tsinghua.edu.cn
　　　　　质 量 反 馈：010-62772015，zhiliang@tup.tsinghua.edu.cn
印 刷 者：北京富博印刷有限公司
装 订 者：北京市密云县京文制本装订厂
经　　销：全国新华书店
开　　本：185mm×260mm　　　印　张：19　　　字　　数：475 千字
　　　　　（附光盘 1 张）
版　　次：2014 年 10 月第 1 版　　　　　　　　印　　次：2014 年 10 月第 1 次印刷
印　　数：1～3500
定　　价：39.80 元

产品编号：054390-01

前　言

目前，Internet 随着计算机技术的普及迅速走进了各企事业单位和千家万户，越来越多的企事业单位和个人开始建设网站，以 Internet 为平台走向世界。网站作为面向世界的窗口，其设计和制作包含多种技术，例如平面设计技术、动画制作技术、CSS 技术、XHTML 技术等。

本书以 Adobe Dreamweaver CS6、Photoshop CS6 和 Flash CS6 等为基本工具，详细介绍了如何通过 Photoshop 设计网站的界面和图形、通过 Flash 制作网站的动画，以及通过 Dreamweaver 编写网页代码的方法。除此之外，本书还介绍了 CSS 样式表的相关知识。

本书主要内容：

本书共分为 9 章，通过大量的实例全面介绍了网页设计与制作过程中使用的各种专业技术，以及用户可能遇到的各种问题。全书共分为 9 章，各章的内容概括如下：

第 1 章介绍了网页制作基础知识，包括网页的构成、网页布局、网站策划、网页的艺术表现与风格设计、网页配色和网页元素的应用等内容。

第 2 章介绍了 Photoshop CS6 界面与基本操作，包括 Photoshop CS6 概述、获取图像和图像处理等内容。

第 3 章介绍了 Photoshop CS6 的图像处理，包括图层使用、绘图与图像编辑工具的使用、处理文本和使用路径等内容。

第 4 章介绍了 Flash CS6 基础知识，包括 Flash CS6 的工作界面、新增功能、文件的创建与保存、图形对象的绘制与填充和对象的基本操作等内容。

第 5 章介绍了 Flash CS6 的交互动画设计，包括文本工具的使用、滤镜和补间动画等内容。

第 6 章介绍了 Dreamweaver CS6 入门基础，包括了解 Dreamweaver CS6、文本应用和插入列表文本等内容。

第 7 章介绍了创建网页对象，包括图像、链接和多媒体网页对象的创建等内容。

第 8 章介绍了网页的布局与交互，包括创建表格、编辑表格、插入表单元素和 Spry 表单验证等内容。

第 9 章介绍了 CSS 样式表的使用，包括 CSS 基础、CSS 样式管理和滤镜等内容。

本书特色：

本书结合办公用户的需求，详细介绍了网页设计与网站制作的应用知识，具有以下特色。

❏ **丰富实例**　本书每章以实例形式演示网页设计与网站制作的操作应用知识，便于读者学习操作，同时方便教师组织授课。

❏ **彩色插图**　本书提供了大量精美的实例，在彩色插图中读者可以感受逼真的实例效果，从而迅速掌握网页设计与网站制作的操作知识。

- ❑ **思考与练习** 扩展练习测试读者对本章所介绍内容的掌握程度；上机练习理论结合实际，引导学生提高上机操作能力。
- ❑ **配书光盘** 本书精心制作了功能完善的配书光盘。在光盘中完整地提供了本书实例效果和大量全程配音视频文件，便于读者学习使用。

适合读者对象：

本书定位于各大中专院校、职业院校和各类培训学校讲授网页设计与网站制作的教材，并适用于不同层次的公务员、文秘和各行各业的办公用户的自学参考书。

除了封面署名人员之外，参与本书编写的人员还有李海庆、王咏梅、康显丽、王黎、赵俊昌、方宁、郭晓俊、杨宁宁、王健、连彩霞、丁国庆、牛红惠、石磊、王慧、李卫平、张丽莉、王丹花、王超英、王新伟等。在编写过程中难免会有漏洞，欢迎读者通过清华大学出版社网站 www.tup.tsinghua.edu.cn 与我们联系，以帮助我们改正提高。

目　　录

第1章　网页制作基础知识 …………… 1

1.1　网页的构成 ……………………… 2
1.2　网页布局 ……………………… 3
1.3　网站策划 ……………………… 4
   1.3.1　网站开发流程 ……………… 4
   1.3.2　需求分析 …………………… 4
   1.3.3　网页制作 …………………… 5
   1.3.4　网站维护 …………………… 9
1.4　网页的艺术表现与风格设计 …… 9
   1.4.1　网页形式的艺术表现 ……… 9
   1.4.2　网页构成的艺术表现 …… 12
   1.4.3　网页纹理的艺术表现 …… 13
   1.4.4　网页设计风格类型 ……… 15
1.5　网页配色 …………………… 16
   1.5.1　色彩的基础概念 ………… 17
   1.5.2　色彩的模式 ……………… 21
   1.5.3　网页自定义颜色 ………… 23
   1.5.4　色彩推移 ………………… 24
1.6　网页元素的应用 …………… 26
   1.6.1　导航 Banner 在网页中的
       应用 ……………………… 26
   1.6.2　图标在网页中的应用 …… 27
   1.6.3　文字在网页中的应用 …… 28
   1.6.4　广告在网页中的应用 …… 29
1.7　思考与练习 ………………… 35

第2章　Photoshop CS6 界面与基本操作 …… 37

2.1　Photoshop CS6 概述 ………… 38
   2.1.1　Photoshop CS6 界面 …… 38
   2.1.2　Photoshop CS6 新增功能 … 42
2.2　Photoshop CS6 基本操作 …… 43
   2.2.1　设置图像大小 …………… 44
   2.2.2　设置画布大小 …………… 45
   2.2.3　图像的复制与粘贴 ……… 45
   2.2.4　图像清除 ………………… 46
2.3　选取图像 …………………… 47
   2.3.1　使用选框工具 …………… 47
   2.3.2　使用套索工具 …………… 48

   2.3.3　使用魔棒工具 …………… 49
   2.3.4　选区基本操作 …………… 50
2.4　图像处理 …………………… 53
   2.4.1　图像变换 ………………… 53
   2.4.2　图像裁剪 ………………… 54
   2.4.3　调整色阶 ………………… 55
   2.4.4　调整曲线 ………………… 58
   2.4.5　调整色相/饱和度 ……… 61
2.5　课堂练习：茶叶网站静态 Banner
     制作 ……………………… 62
2.6　课堂练习：商业网站导航图标
     制作 ……………………… 66
2.7　课堂练习：制作金属指环 …… 69
2.8　思考与练习 ………………… 72

第3章　Photoshop CS6 的图像处理 …… 73

3.1　使用图层 …………………… 74
   3.1.1　图层的基本操作 ………… 74
   3.1.2　图层的分组 ……………… 78
   3.1.3　图层的混合模式 ………… 79
   3.1.4　图层的样式 ……………… 82
3.2　使用绘图与图像编辑工具 …… 83
   3.2.1　画笔工具 ………………… 84
   3.2.2　图章工具 ………………… 86
   3.2.3　填充工具 ………………… 88
3.3　处理文本 …………………… 90
   3.3.1　文本工具 ………………… 90
   3.3.2　使用字体 ………………… 91
   3.3.3　字符和段落调板 ………… 93
3.4　使用路径 …………………… 95
   3.4.1　形状工具 ………………… 96
   3.4.2　钢笔工具 ……………… 100
3.5　课堂练习：制作网站 Logo … 100
3.6　课堂练习：设计工作室网页
     Banner 制作 ………………… 104
3.7　课堂练习：制作脱出框架的照片
     效果 ……………………… 107
3.8　思考与练习 ………………… 110

第 4 章　Flash CS6 基础知识 ·············· 112

4.1　Flash CS6 工作界面 ·············· 113
4.2　Flash CS6 的新增功能 ·············· 116
4.3　创建与保存 Flash 文件 ·············· 119
4.4　图形对象的绘制与填充 ·············· 121
　　4.4.1　使用线条工具 ·············· 121
　　4.4.2　使用铅笔工具 ·············· 122
　　4.4.3　使用椭圆工具 ·············· 124
　　4.4.4　使用矩形工具 ·············· 125
　　4.4.5　颜料桶工具 ·············· 126
　　4.4.6　渐变变形工具 ·············· 126
　　4.4.7　Deco 工具 ·············· 127
4.5　对象的基本操作 ·············· 129
　　4.5.1　使用选择工具选择对象 ····· 129
　　4.5.2　使用套索工具选择对象 ····· 131
　　4.5.3　使用任意变形工具 ·············· 132
　　4.5.4　移动、复制和删除对象 ····· 134
　　4.5.5　排列和对齐对象 ·············· 136
4.6　课堂练习：制作机械角色 ·············· 137
4.7　课堂练习：制作动物角色 ·············· 140
4.8　思考与练习 ·············· 144

第 5 章　交互动画设计 ·············· 146

5.1　文本工具的使用 ·············· 147
　　5.1.1　创建文本 ·············· 147
　　5.1.2　编辑文本 ·············· 148
　　5.1.3　设置文本属性 ·············· 152
5.2　滤镜 ·············· 155
　　5.2.1　投影滤镜 ·············· 155
　　5.2.2　模糊滤镜 ·············· 156
　　5.2.3　发光滤镜 ·············· 156
　　5.2.4　渐变发光滤镜 ·············· 156
　　5.2.5　斜角滤镜 ·············· 157
　　5.2.6　渐变斜角滤镜 ·············· 158
　　5.2.7　调整颜色滤镜 ·············· 158
5.3　创建补间动画 ·············· 158
　　5.3.1　创建补间动画 ·············· 159
　　5.3.2　创建补间形状 ·············· 161
　　5.3.3　创建引导动画 ·············· 162
　　5.3.4　创建遮罩动画 ·············· 163
5.4　课堂练习：制作日出特效 ·············· 165
5.5　课堂练习：节约用水广告设计 ····· 168
5.6　课堂练习：制作汽车色彩效果 ····· 172
5.7　课堂练习：制作都市室外场景 ····· 174

5.8　思考与练习 ·············· 179

第 6 章　Dreamweaver CS6 入门基础 ······· 180

6.1　了解 Dreamweaver CS6 ·············· 181
　　6.1.1　Dreamweaver CS6 界面
　　　　　介绍 ·············· 181
　　6.1.2　Dreamweaver CS6 新增
　　　　　功能 ·············· 183
　　6.1.3　Dreamweaver CS6 的工作
　　　　　环境设置 ·············· 188
　　6.1.4　设置页面属性 ·············· 191
6.2　文本应用 ·············· 195
　　6.2.1　插入文本 ·············· 195
　　6.2.2　插入日期 ·············· 197
　　6.2.3　插入特殊字符 ·············· 197
　　6.2.4　插入段落 ·············· 198
6.3　插入列表文本 ·············· 198
　　6.3.1　项目列表 ·············· 198
　　6.3.2　编号列表 ·············· 200
6.4　课堂练习：配置本地服务器 ·············· 202
6.5　课堂练习：建立本地站点 ·············· 205
6.6　思考与练习 ·············· 206

第 7 章　创建网页对象 ·············· 207

7.1　图像 ·············· 208
　　7.1.1　图像的添加 ·············· 208
　　7.1.2　图像的属性设置 ·············· 208
　　7.1.3　插入图像占位符 ·············· 210
　　7.1.4　插入鼠标经过图像 ·············· 211
7.2　超链接 ·············· 212
　　7.2.1　了解超链接 ·············· 212
　　7.2.2　普通链接 ·············· 213
　　7.2.3　特殊链接 ·············· 218
7.3　多媒体 ·············· 219
　　7.3.1　插入动画 ·············· 219
　　7.3.2　插入视频 ·············· 221
7.4　课堂练习：制作网站首页 ·············· 223
7.5　课堂练习：制作花卉网 ·············· 225
7.6　课堂练习：设计百科网页 ·············· 228
7.7　课堂练习：设计页内导航 ·············· 230
7.8　思考与练习 ·············· 233

第 8 章　网页的布局与交互 ·············· 234

8.1　创建表格 ·············· 235
　　8.1.1　插入表格 ·············· 235

8.1.2 在表格中插入网页元素······ 236
8.1.3 设置表格属性 ············· 237
8.2 编辑表格 ·················· 239
8.2.1 选中表格元素 ············· 239
8.2.2 调整表格大小 ············· 241
8.2.3 合并及拆分表格元素 ······· 241
8.2.4 复制及粘贴单元格 ········· 242
8.2.5 添加表格行与列 ··········· 243
8.2.6 删除表格行与列 ··········· 243
8.2.7 表格的导入与导出 ········· 243
8.3 插入表单元素 ·············· 244
8.3.1 创建表单 ················ 244
8.3.2 插入文本字段 ············· 245
8.3.3 插入单选按钮 ············· 246
8.3.4 插入复选框 ··············· 247
8.3.5 插入列表菜单 ············· 248
8.3.6 插入按钮 ················ 249
8.4 Spry 表单验证 ············· 249
8.4.1 Spry 验证文本域 ·········· 249
8.4.2 Spry 验证文本区域 ········· 251
8.4.3 Spry 验证选择 ············ 252
8.4.4 Spry 验证复选框 ·········· 252
8.4.5 Spry 验证密码 ············ 253
8.4.6 Spry 验证确认 ············ 254
8.5 课堂练习：创建博客页 ········ 254
8.6 课堂练习：制作个人简历 ······ 260
8.7 思考与练习 ················ 264

第 9 章 使用 CSS 样式表 ··········· 265
9.1 CSS 基础 ·················· 266
9.1.1 CSS 的概念 ·············· 266
9.1.2 CSS 选择器 ·············· 267
9.1.3 基础语法 ················ 270
9.1.4 在网页中添加 CSS 样式 ···· 272
9.2 CSS 样式的管理 ············ 274
9.2.1 新建 CSS 规则 ············ 274
9.2.2 链接外部 CSS 样式表
文件 ··················· 275
9.3 CSS 控制页面元素样式 ······· 276
9.3.1 类型属性的设置 ··········· 276
9.3.2 背景属性的设置 ··········· 277
9.3.3 区块属性的设置 ··········· 278
9.3.4 方框属性的设置 ··········· 278
9.3.5 边框属性的设置 ··········· 279
9.3.6 列表属性的设置 ··········· 280
9.3.7 定位属性的设置 ··········· 280
9.4 滤镜 ····················· 281
9.4.1 界面滤镜 ················ 282
9.4.2 静态滤镜 ················ 283
9.4.3 转换滤镜 ················ 286
9.5 课堂练习：制作多彩时尚网 ····· 288
9.6 课堂练习：制作文章页面 ······ 290
9.7 思考与练习 ················ 292

第1章

网页制作基础知识

随着互联网的发展和普及，越来越多的网站如雨后春笋般建立起来，并将互联网技术应用到了各行各业中。互联网已经深入千家万户，在潜移默化中影响着各个领域，不断改变着人们的生活方式。

互联网的各种应用，都是基于网站进行的。网站由各种网页组成，通过网页传递信息。网页是浏览器与网站开发人员沟通交流的窗口。合理的网页设计，可以使浏览者流连忘返。

本章主要介绍网页构成、网站布局、网站策划、网页的艺术表现与风格设计、网页配色和网页元素应用等一些基础知识。

本章学习目标:

➢ 掌握网页的构成
➢ 掌握网页的布局
➢ 了解网站策划的流程及步骤
➢ 了解网页的艺术表现与风格设计
➢ 了解网页配色
➢ 了解网页元素的应用

1.1 网页的构成

网页是由各种版块构成的，Internet 中的网页内容各异。然而多数网页都是由一些基本的板块组成的，包括 Logo、导航条、Banner、内容版块、版尾和版权等。

❑ **Logo 图标**

Logo 是企业或网站的标志，是徽标或者商标的英文，对徽标拥有公司的识别和推广有着重要作用，通过形象的 Logo 可以让消费者记住公司主体和品牌文化。网络中的 Logo 主要是各个网站用来与其他网站链接的图形标志，代表一个网站或网站的一个板块。例如，新浪网的 Logo 图标，如图 1-1 所示。

❑ **导航条**

导航条是网站的重要组成标签。合理安排导航条可以帮助浏览者迅速查找需要的信息。例如，新浪网的导航条，如图 1-2 所示。

❑ **Banner**

Banner 的中文直译为旗帜、网幅或横幅；意译则为网页中的广告。多数 Banner 都是以 JavaScript 技术或 Flash 技术为基础来制作的。Banner 通过应用动画效果来展示更多的内容，以吸引浏览者，如图 1-3 所示。

❑ **内容版块**

网页的内容版块通常是网页的主体部分。这一版块可以包含各种文本、图像、动画、超链接等，如图 1-4 所示。

❑ **版尾版块**

版尾是网页页面的底端版块，内容包括网站的联系方式、友情链接和版权信息等内容，如图 1-5 所示。

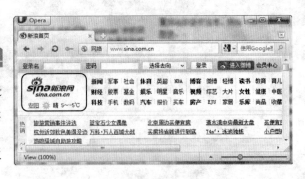

图 1-1　Logo 图标

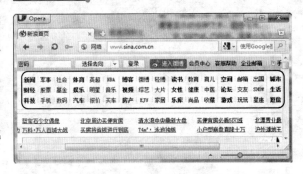

图 1-2　导航条

图 1-3　Banner

图 1-4　内容版块

1.2 网页布局

网页布局是指对网页中的文字、图形等内容，也就是网页中的元素进行统筹计划与安排。无论是在纸上布局，还是通过软件进行布局，都需要了解网页中最基本的布局方式。

❑ **"国"字型网页布局**

"国"字型也称为"同"字型，适合大型网站的布局，即最上面是网站的标题以及横幅广告条，接下来就是网站的主要内容，左右分列两小条内容，中间是主要部分，与左右一起罗列到底，最下面是网站的一些基本信息、联系方式、版权声明等内容。这种结构是最常见的一种结构类型，如图1-6所示。

❑ **拐角型网页布局**

拐角型结构与国字型很相近，只有形式上的区别。即上面是标题及广告横幅，左侧或者右侧是一窄列链接等，正文在很宽的区域中，下面有一些网站的辅助信息，如图1-7所示。

图1-6 标准的"国"字型网页

❑ **左右框架型网页布局**

这是一种左右分别为两页的框架结构，一般左面是导航链接，有的最上面会有一个小的标题或标志，右侧是正文。用户见到的大部分的大型论坛都是这种结构的，一些企业的网站也喜欢采用该结构。因为这种类型的网站结构非常清晰，一目了然，如图1-8所示。

图1-7 拐角型网页

图1-8 左右框架型网页

❑ **封面型网页布局**

这种类型基本上是出现在一些网站的首页，大部分为一些精美的平面设计结合一些

小的动画，放上几个简单的链接或者仅是一个
"进入"的链接甚至直接在首页的图片上做链接
而没有任何提示。这种类型的网站大部分出现
在企业网站和个人主页中，如果处理得好，会
给人带来赏心悦目的感觉，如图1-9所示。

图1-9　封面型网页

1.3　网站策划

　　网站策划是指应用科学的思维方法，进行
情报收集与分析，对网站设计、建设、推广和
运营等各方面问题进行整体策划，并提供完善解决方案的过程。

1.3.1　网站开发流程

　　为了加快网站建设的速度并减少失误，应该采用一定的制作流程来策划、设计、制
作和发布网站。通过使用制作流程确定制作步骤，以确保每一步顺利完成。好的制作流
程能帮助设计者解决策划网站的繁琐性，减小项目失败的风险。制作流程的第一阶段是
规划项目和采集信息，接着是网站规
划和设计网页，最后是上传和维护网
站阶段。每个阶段都有独特的步骤，
但相连的各阶段之间的边界并不明
显。每一阶段并不总是有一个固定的
目标，有时候，某一阶段可能会因为
项目中未曾预料的改变而更改。步骤
的实际数目和名称因人而异，总体制
作流程如图1-10所示。

1.3.2　需求分析

　　提出目标是非常简单的事情，但
重要的是如何使目标陈述得简明并
可以实现。在很多 Web 网站项目中，
目标有包容一切的倾向。实际上，一
个网站不可能满足所有人的需求，对
设计者来说，网站一定要有特定的用
户和特定的任务。为了确定目标，开
发小组必须要集体讨论，讨论的目的

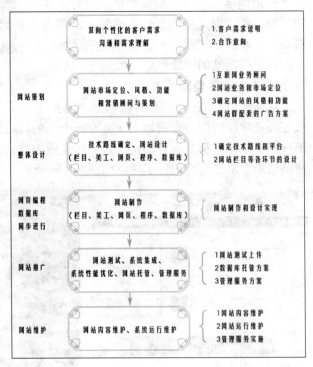

图1-10　网站制作流程图

是让每一个成员都尽可能提出对网站的想法和建议。通常，集体讨论可以集中大家感兴
趣的问题，通过讨论可以确定网站的设计方案以及如何避免网站太慢或难以使用的问题。
　　在对某个网站进行升级或全面重新设计时，注意不要召开集体会议来讨论已有网站

中出现的问题；而防止项目偏离的方法，是让网站原设计者谈谈自己的设计思想和对问题的考虑点。在集体会议中，要点是挖掘各种各样的"期望清单"。"期望清单"就是描述各种不考虑价格、可行性、可应用性的有关网站的想法。

通过集体讨论的设计方案，能够兼顾到各方的实际需求和设计开发的技术问题，能够为成功开发 Web 网站打下良好的基础。

1.3.3 网页制作

网页制作包括网站的选题、内容采集整理、图片的处理、页面的排版设置、背景及其整套网页的色调等。

1．网站定位

在网页设计前，首先要给网站一个准确的定位，是属于宣传自己产品的一个窗口，还是用来提供商务服务或者提供资讯服务性质的网站，从而确定主题与设计风格，名称要切题，题材要专而精，并且要兼顾商家和客户的利益。在主页中标题起着很重要的作用，它在很大程度上决定了整个网站的定位。一个好的标题必须具有概括性、简短、有特色且容易记的特点，还要符合自己主页的主题和风格，如图 1-11 所示。

图 1-11　　企业网站与娱乐网站

2．网站规划

在设计之前，需先画出网站结构图，内容包括网站栏目、结构层次、链接内容等。首页中的各功能按钮、内容要点、友情链接等都要体现出来，一定要切题，并突出重点，同时在首页上应把大段的文字换成标题性的、吸引人的文字，将单项内容交给分支页面去表达，这样才显得页面精练。也就是说，让浏览者一眼就能了解这个网站都能提供什么信息，使浏览者有一个基本的认识，并且保持继续看下去的兴趣。并且要细心周全，不要遗漏内容，还要为扩容留出空间。分支页面内容要相对独立，切忌重复，导航功能要好。网页文件命名开头不能使用运算符、中文字等，分支页面的文件存放于自己单独的文件夹中，图形文件存放于单独的图形文件夹中，汉语拼音、英文缩写、英文原义均可用来命名网页文件。在使用英文字母时，要区分文件的大小写，建议在构建的站点中，全部使用小写的文件名称，如图 1-12 所示。

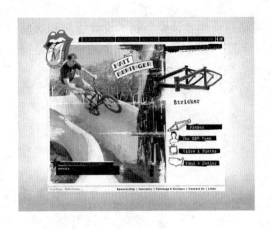
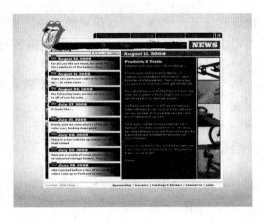

图 1-12　网站首页与分页

3．内容的采集

采集内容必须与标题相符，在采集内容的过程中，应注重特色。主页中的特色应该突出自己的个性，并把内容按类别进行分类和设置栏目，让人一目了然，栏目不要设置太多，最好不要超过 10 个，层次上最好少于 5 层，而重点栏目最好能直接从首页到达，保证用户通过不同的浏览器都能看到主页最好的效果，如图 1-13 所示。

图 1-13　网站导航

4．主页设计

主页设计包括创意设计、结构设计、色彩调配和布局设计。创意设计来自设计者的灵感和平时经验的积累；结构设计源自网站结构图。在主页设计时应考虑到："标题"要有概括性和特色，应符合自己设计时的主题和风格；"文字"的组织应有自己的特色，努力把自己的思想体现出来；"图片"适当地插入网页中可以起到画龙点睛的作用；"文字"与"背景"的合理搭配，可以使文字更加醒目和突出，使浏览者更加乐于阅读和浏览。整个页面的色彩在选择上一定要统一，特别是在背景色调的搭配上一定不能有强烈的对比，背景的作用主要在于统一整个页面的风格，对视觉的主体起一定的衬托和协调作用，如图 1-14 所示。

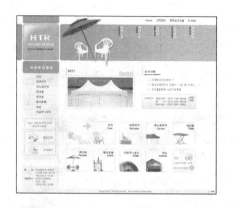

图 1-14　主色调与文字颜色的搭配

5. 添加图片

主页不能只有文字，而是必须在主页上适当地添加一些图片，增加可看性，当然处理得不好的以及无关紧要的图片最好不要放上去，否则让人觉得是累赘，同时也影响网页的传输速度。一般来说，图片颜色较少、色调平板均匀以及颜色在 256 色以内的最好把它处理成 gif 图像格式；如果是一些色彩比较丰富的图片，如扫描的照片，最好把它处理成 jpg 图像格式，因为 gif 和 jpg 图像格式各有各的压缩优势，设计者应根据具体的图片来选择压缩比，如图 1-15 所示。另外，网页中最好对图片添加注解，当图片的下载速度较慢，在没有显示出来时，图片的注解有助于让浏览者知道这是关于什么的图片，是否需要等待，是否可以单击，这样便于浏览者浏览。

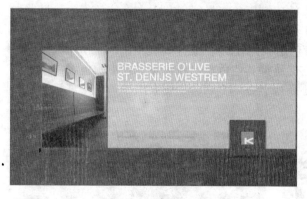
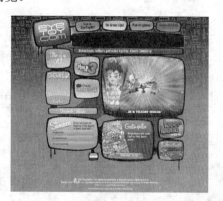

图 1-15　网页中的图片

提 示

图片不仅要好看，还要在保证图片质量的情况下尽量缩小图片的大小（即字节数），因为图片的大小影响网页的传输速度。小图片（100×40）一般可以控制在 6KB 以内，动画控制在 15KB 以内，较大的图片可以"分割"成小图片。

6. 网页排版

设计者需灵活运用表格、层、帧、CSS 样式表来设置网页的版面。网页页面整体的排版设计是不可忽略的，它很重要的一个原则是合理地运用空间，让自己的网页疏密有致，井井有条，留下必要的空白，让人觉得很轻松。不要把整个网页都填得密密实实，没有一点空隙，这样会给人一种压抑感，如图1-16所示。

图1-16　网页中的排版

7. 设置背景

　　网页的背景并不一定要用白色，选用的背景应该和整套页面的色调相协调。合理地应用色彩是非常关键的，根据心理学家的研究，色彩最能引起人们奇特的想象，最能拨动感情的琴弦。比如说做的主页是属于感情类的，那最好选用一些玫瑰色、紫色之类的比较淡雅的色彩，而不要用黑色、深蓝色这类比较灰暗的色彩，如图1-17所示。黑色是所有色彩的集合体，黑色比较深沉，它能压抑其他色彩，在图案设计中黑色经常用来勾边或点缀最深沉的部位，黑色在运用时必须小心，否则会使图案因"黑色太重"而显得沉闷阴暗。

图1-17　网页背景颜色

8. 其他工作

　　如果想让网页更有特色，可适当地运用一些网页制作的技巧，诸如声音、动态网页、

Java、Applet 等，当然这些小技巧最好不要运用太多，它会影响网页的下载速度。另外可考虑主页站点的速度和稳定性，不妨考虑建立一两个镜像站点，这样不仅能照顾到不同地区网友对速度的要求，还能做好备份，以防万一。等主页做得差不多了，可在上面添加一个留言板、一个计数器。前者能让你及时获得浏览者的意见和建议，及时得到网友反馈的信息，最好能做到有问必答，用行动去赢得更多的浏览者；后者能让你知道主页浏览者的统计数据，你可以及时调整你的设计，以适应不同的浏览器和浏览者的需求。

1.3.4　网站维护

在完成网站的前台界面设计和后台程序开发后，还应对网站进行测试、发布和维护等工作，进一步地完善网站的内容。

❑ 网站测试

严格的网站测试可以尽可能地避免网站在运营时出现种种问题。这些测试包括测试网站页面链接的有效性，网站文档的完整性、正确性以及后台程序和数据库的稳定性等项目。

❑ 网站发布

在完成测试后，即可通过 FTP、SFTP 或 SSH 等文件传输方式，将制作完成的网站上传到服务器中，并开通服务器的网络，使其能够进行各种对外服务。

网站的发布还包括网站的宣传和推广等工作。使用各种搜索引擎优化工具对网站的内容进行优化，可以提高网站被用户检索的几率，提高网站的访问量。对于绝大多数商业网站而言，访问量就是生命线。

❑ 网站维护

网站的维护是一项长期而艰巨的工作，包括对服务器的软件、硬件维护，系统升级，数据库优化和更新网站内容等。

用户往往不希望访问更新缓慢的网站，因此网站的内容要不断地更新。定期对网站界面进行改版也是一种维系用户忠诚度的办法。让用户看得到网站的新内容，可以吸引用户继续对网站保持信任和关注。

1.4　网页的艺术表现与风格设计

网页设计属于平面设计的范畴，所以网页效果同样包含色彩与布局这两种元素。网页设计虽然具有其自身的结构布局方式，但是平面设计中的构成原理和艺术表现形式也适用于网页设计。并且当两者成功结合时，制作的网页才会受到浏览者喜爱。

1.4.1　网页形式的艺术表现

平面构成的原理已经广泛应用于不同的设计领域，网页设计也不例外。在设计网页时，平面构成原理的运用能够使网页效果更加丰富。

1．分割构成

在平面构成中，把整体分成部分，叫做分割。在日常生活中这种现象随时可见，如房屋的吊顶、地板等。下面介绍几种常用的分割方法。

❑ 等形分割

该分割方法要求形状完全一样，如果分割后再把分隔界线加以取舍，则会产生良好的效果，如图1-18所示。

❑ 自由分割

自由分割就是不规则地将画面自由分割的方法。它不同于数学上的规则分割所产生的整齐效果，但它的随意性分割给人以活泼不受约束的感觉，如图1-19所示。

❑ 比例与数列

利用比例完成的构图通常具有秩序、明朗的特性，给人以清新之感。比例与数列分割方法有一定的法则，如黄金分割法、数列等，如图1-20所示。

2．对称构成

对称具有较强的秩序感。可是仅仅局限于上下、左右或者反射等几种对称形式，感觉单调乏味。所以，在设计时须在几种基本形式的基础上灵活加以应用。以下是网页中常用的几种基本对称形式。

❑ 左右对称

左右对称是平面构成中最为常见的对称方式，该方式能够将对立的元素平衡地放置在同一个平面中。如图1-21所示为某网站的进站首页。该页面通过左右对称结构，将黑白两种完全不同的色调融入同一个画面。

❑ 中转对称

中轴对称布局比较简单，所以在修饰方面也要采用简单大方的元素，如图1-22所示。

❑ 回转对称

回转对称构成给人一种对称平衡的感觉。使用该方式布局网页，不仅打破了导航菜单一贯长条制作的方法，又从美学角度平衡了网页页面，如图1-23所示。

图1-18　等形分割

图1-19　自由分割

图1-20　比例分割

图1-21　左右对称构成

3．平衡构成

在造型的时候，平衡的感觉是非常重要的，由于平衡造成的视觉满足，使人们能够在浏览网页时产生一种平衡、安稳的感受。平衡构成一般分为两种：一是对称平衡，如人、蝴蝶，以及以中轴线为中心左右对称的形状；另一种是非对称平衡，虽然没有中轴线，却有很端正的平衡美感。

❏ **对称平衡**

对称是最常见、最自然的平衡手段。在网页中以局部或者整体彩页对称平衡的方式进行布局，能够得到视觉上的平衡效果。如图 1-24 所示的就是在网页的中间区域采用了对称平衡构成，使网页保持了平稳的效果。

❏ **非对称平衡**

非对称其实并不是真正的"不对称"，而是一种层次更高的"对称"，使用这种

图 1-22　中轴对称

图 1-23　回转对称

平衡方法如果把握不好，页面就会显得乱，因此使用起来要慎重，不可滥用。如图 1-25 所示，通过左上角浅色图案堆积与右下角深色填充的非对称设计，形成非对称平衡结构。

图 1-24　对称平衡

图 1-25　非对称平衡

1.4.2 网页构成的艺术表现

重复、渐变以及空间构成都是色彩构成的方式，它们同样也适用于网页。运用这些形式可以使网页具有充实、厚重、整体、稳定、丰富网页的视觉效果，尤其是空间构成的运用，能够产生三维的空间，可以增强网页的深度感以及立体感。

1. 重复构成

重复是指在同一画面上，同样的造型重复出现的构成方式。重复无疑会加深印象，使主题得以强化，也是最富秩序的统一观感的手法。在网站构成中使用重复可以分成背景和图像两种形态，在背景设计中，形状、大小、色彩、肌理是可以完全重复的，如图1-26所示。

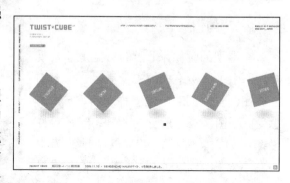

图1-26　重复构成

2. 渐变构成

渐变是骨骼或者基本形在循序渐进的变化过程中，呈现出阶段性秩序的构成形式，其反映的是运动变化的规律。例如按形状、大小、方向、位置、疏密、虚实、色彩等关系进行渐次变化排列的构成形式，如图1-27所示。

图1-27　渐变构成

3. 空间构成

我们一般所说的空间，指的是二维空间。在日常生活中用户可以看见，物体在空间给人的感觉总是近大远小。例如在火车站，月台上的柱子近的高，远的低，铁轨是近的宽，远的窄。对这些特性加以研究探索，分析立体形态元素之间的构成法则，可提高在平面中创建三维形态的能力。

❏ **平行线的方向**

改变排列平行线的方向，会产生三次元的幻象。如图1-28所示为具有空间感的网页效果。

图1-28　三维空间

❏ **折叠表现**

在平面上一个形状折叠在另一个形状之上，会有前后、上下的感觉，产生空间感，如图 1-29 所示。

❑ 阴影表现

阴影的区分会使物体具有立体的感觉和物体的凹凸感。如图 1-30 所示为通过阴影得到的立方体效果的网页。

❑ 图 1-29 　折叠空间

1.4.3　网页纹理的艺术表现

纹理即色彩，它是网页的重要视觉特征。在网页设计时，使用不同的纹理，配以适当的内容，能够让浏览者记忆深刻，尤其当运用牛皮纸、木纹等图案时，在网页中具有了更强的真实感。此外，发射与密集构成的图案，能够增强网页的空间感，将浏览者的思维转换到三维空间，充分发挥其想象力。

❑ 图 1-30 　立体空间效果

1．肌理构成

肌理又称质感，由于物体的材料不同，表面的排列、组织、构造上不同，因此产生的粗糙感、光滑、软硬感也不同。在设计中，为达到预期的设计目的，强化肌理表现和更新视觉效应，必须研究创造更新更美的视觉效果。

现代计算机、摄影和印刷技术的发展更加扩大了肌理、材质的表现性，成为现代设计的重要手段。抽象主义和其他现代艺术流派创造的各种表现技法，是艺术设计师必须研习的课题。肌理即形象表面的纹理特征，用户可以通过多种方法创建不同的肌理。

❑ 纸类肌理

各种不同的纸张，由于加工的材料不同，因此在粗细、纹理、结构上也不同，如人为的折皱，就是通过揉搓而产生的特殊肌理效果。

物体表面的编排样式不仅反映其外在的造型特征，还反映其内在的材质属性，如图 1-31 所示的就是以布料肌理为背景的网页。

❑ 图 1-31 　布料肌理

❑ 利用喷绘

使用喷笔、金属网、牙刷将溶解的颜料刷下去后，颜料如雾状地喷在纸上，也可以创造出个性的肌理。如图 1-32 所示为毛笔纹理的网页。图 1-33 所示为喷绘纹理的网页。

❑ 渲染

这种方法是在具有吸水性强的材料表面，通过液体颜料进行渲染、浸染，颜料会在表面自然散开，产生自然优美的肌理效果，如图 1-34 所示。

图 1-32　毛笔纹理

图 1-33　喷绘纹理

❏ **自然界元素**

因为网站要给人一种整体效果，所以设计者对网站背景的设计越来越重视。如图 1-35 所示为木纹与绿叶肌理形成的网页背景。

图 1-34　渲染肌理

图 1-35　木纹肌理

2．发射构成

发射的现象在自然界中广泛存在，如太阳的光芒、盛开的花朵、贝壳、螺纹和蜘蛛网等。可以说发射是一种特殊的重复和渐变，其基本形和骨骼线均环绕着一个或者几个中心。发射能引起视觉上的错觉，形成令人炫目的、有节奏的、变化不定的强烈的视觉效果。

❏ **中心点式发射构成**

该构成是由中心向外或由外向中心集中的发射方式。发射图案具有多方的对称性，有非常强烈的焦点，而焦点形成的视觉中心能产生视觉的光效应，使所有形象犹如光芒从中心向四面散射的效果，如图 1-36 所示。

图 1-36　发射图案

❏ **螺旋式发射**

它是以旋绕的排列方式进行的，旋绕的基本形逐渐扩大从而形成螺旋式的发射，如

图 1-37 所示。

❑ **同心式发射**

同心式发射是以焦点为中心，层层环绕的发射方式。如图 1-38 所示为同心式发射网页背景效果。

3．密集构成

密集构成在设计中是一种常用的组图手法。基本形在整个构图中可自由散

图 1-37 螺旋式发射

布，有疏有密。最疏松或者最紧密的地方常常成为整个设计的视觉焦点。在画面中形成一种视觉上的张力，像磁场一样，具有节奏感。密集也是利用基本形数量排列的多少，从而产生疏密、虚实、松紧的对比效果。如图 1-39 所示为双色圆环图案的网页背景。

图 1-38 同心式发射

图 1-39 密集构成

1.4.4 网页设计风格类型

随着人们审美要求的提高，网页视觉效果越来越被重视。由于网页设计隶属于平面设计，所以平面设计中的绘画风格同样能够应用于网页设计。

1．平面风格

平面风格是通过色块或者位图等元素形成二维的效果。这种效果最常出现在网页设计中，如图 1-40 所示。

2．矢量风格

矢量风格的网页是通过矢量图像组合而成，这种风格的网页图像效果可以任意地放大与缩小，而不会影响查看效果，

图 1-40 平面风格的网页效果

所以经常应用于动画网站中，如图 1-41
所示。

3．像素风格

　　像素画也属于点阵式图像，但它是一
种图标风格的图像，更强调清晰的轮廓、
明快的色彩，几乎不用混叠方法来绘制光
滑的线条，所以常常采用 gif 格式，同时
它的造型比较卡通，得到了很多用户的喜
爱。如图 1-42 所示的网页中，就是采用
了像素画与真实人物相结合的方式制作
而成的。

4．三维风格

　　三维是指在平面二维系中又加入了
一个方向向量构成的空间系。在网页中运
用三维风格中的三维空间效果，能够使网
页效果无限延伸，如图 1-43 所示。

　　在网页中应用三维风格中的三维对
象，能够在显示立体空间的同时，突出其
主题，如图 1-44 所示。

图 1-41　　矢量风格的网页效果

图 1-42　　像素风格的网页效果

图 1-43　　三维空间的网页效果

图 1-44　　三维对象的网页效果

1.5　网页配色

　　在网页设计中，好的色彩搭配能够使网页内容重点突出，网站风格统一，更易于浏
览者浏览。而网页设计中任何一种色彩的运用都不是任意的，而是某一思想观念的准确
解释，或者情感的传达，可塑性不可限量。色彩作为网页视觉元素的一种，不仅情感丰
富，其形式的美感也使浏览者得到视觉和心理的享受。将色彩成功地运用在网页创意中，
可以强化网页的视觉张力。

1.5.1 色彩的基础概念

色彩是网站最重要的一个部分，在学习如何为网站进行色彩搭配之前，首先要来认识颜色。

1. 色彩与视觉原理

色彩的变化是变幻莫测的，这是因为物体本身除了其自身的颜色外，有时也会因为周围的颜色，以及光源的颜色而有所改变。

❑ **光与色**

光在物理学上是电磁波的一部分，其波长为 400～700nm，在此范围称为可视光线。当把光线引入三棱镜时，光线被分离为红、橙、黄、绿、青、蓝、紫，因而得出的自然光是七色光的混合，这种现象称作光的分解或光谱，七色光谱的颜色分布是按光的波长排列的，如图 1-45 所示，可以看出红色的波长最长，紫色的波长最短。

光是以波动的形式进行直线传播的，具有波长和振幅两个因素。不同的波长长短产生色相差别。不同的振幅强弱产生同一色相的明暗差别。光在传播时有直射、反射、透射、漫射、折射等多种形式。

图 1-45　可见光与光谱

光直射时直接传入人眼，视觉感受到的是光源色。当光源照射物体时，光从物体表面反射出来，人眼感受到的是物体表面的色彩。当光照射时，如遇玻璃之类的透明物体，人眼看到的是透过物体的穿透色。光在传播过程中，受到物体的干涉时，则产生漫射，对物体的表面色有一定影响。光通过不同物体时如果产生方向变化，称为折射，反映至人眼的色光与物体色相同。

❑ **物体色**

自然界的物体五花八门、变化万千，它们本身虽然大都不会发光，但都具有选择性地吸收、反射、透射色光的特性。当然，任何物体对色光不可能全部吸收或反射，因此，实际上不存在绝对的黑色或白色。

物体对色光的吸收、反射或透射能力，受物体表面肌理状态的影响。物体对色光的吸收与反射能力虽是固定不变的，但物体的表面色却会随着光源色的不同而改变，有时甚至失去其原有的色相感觉。所谓的物体"固有色"，实际上不过是常光下人们对此的习惯而已。例如在闪烁、强烈的各色霓虹灯光下，所有建筑几乎都失去了原有本色而显得奇幻莫测，如图 1-46 所示。

图 1-46　夜晚的城市

2．色彩三要素

自然界的色彩虽然各不相同，但任何色彩都具有色相、亮度、饱和度三个基本属性。这三种基本属性也被称作色彩的三要素。

❑ 色相

色相指色彩的相貌，是区别色彩种类的名称。根据该色的光波长划分，即若色彩的波长相同，色相就相同；若波长不同，则产生的色相也不同。红、橙、黄、绿、蓝、紫等每个字都代表一类具体的色相，它们之间的差别就属于色相差别。当用户称呼其中某一色的名称时，就会有一个特定的色彩印象，这就是色相的概念。正是由于色彩具有这种具体相貌特征，用户才能感受到五彩缤纷的世界。如果说亮度是色彩隐秘的骨骼，那么色相就像色彩外表华美的肌肤。色相体现着色彩外向的性格，是色彩的灵魂，如图 1-47 所示。

图 1-47　色相

如果把光谱的红、橙、黄、绿、蓝、紫诸色带首尾相连，制作一个圆环，在红和紫之间插入半幅，构成环形的色相关系，便称为色相环。在这六种基本色相各色中间加插一个中间色，其首尾色相按光谱顺序为：红、橙红、橙、黄、黄绿、绿、青绿、蓝绿、蓝、蓝紫、紫、红紫，构成了十二基本色相，这十二色相的彩调变化，在光谱色感上是均匀的。如果进一步再找出其中间色，便可以得到二十四个色相，如图 1-48 所示。

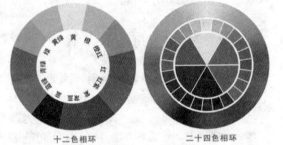

十二色相环　　　　二十四色相环

图 1-48　色相环

❑ 饱和度

饱和度是指色彩的纯净程度。可见光辐射，有波长相当单一的，有波长相当混杂的，也有处在两者之间的，黑、白、灰等无彩色就是由于波长最为混杂，纯度、色相感消失造成的。光谱中红、橙、黄、绿、蓝、紫等色光都是最纯的高纯度的色光。

提　示

纯色是饱和度最高的一级。光谱中红、橙、黄、绿、蓝、紫等色光是最纯的高饱和度的光；色料中红色的饱和度最高，橙、黄、紫等饱和度较高，蓝、绿色饱和度最低。

饱和度取决于该色中含色成分和消色成分（黑、白、灰）的比例，含色成分越大，饱和度越大；消色成分越大，饱和度越小，也就是说，向任何一种色彩中加入黑、白、灰都会降低它的饱和度，加得越多就降得越低。

如图 1-49 所示，当在蓝色中混入了白色时，虽然仍旧具有蓝色相的特征，但它的鲜艳度降低了，亮度提高了，成为淡蓝色；当混入黑色时，鲜艳度降低了，亮度变暗了，成为暗蓝色；当混入与蓝色亮度相似的中性灰时，它的亮度没有改变，饱和度降低了，成为灰蓝色。采用这种方法有十分明显的效果，就是从纯色加灰渐变为无饱和度灰色的色彩饱和度序列。

黑白网页与彩色网页之间存在着非常大的差异。大多数情况下，黑白网页给浏览者的视觉冲击力不如彩色网页效果强

图 1-49 不同的饱和度

烈，同时对作品网页的风格也有着一些局限性。而色彩的选择不仅仅决定了作品的风格，同时也决定了作品是否饱满、富有魅力，如图 1-50 所示。

图 1-50 彩色与灰色网页

❑ **亮度**

亮度是色彩赖于形成空间感与色彩体量感的主要依据，起着"骨架"的作用。在无彩色中，亮度最高的色为白色，亮度最低的色为黑色，中间存在一个从亮到暗的灰色系列，如图 1-51 所示。

亮度在三要素中具有较强的独立性，它可以不带任何色相的特征而仅通过黑白灰的关系单独呈现出来。

色相与饱和度则必须依赖一定的明

图 1-51 不同亮度

暗才能显现，色彩一旦发生，明暗关系就会同时出现，在用户进行素描的过程中，需要把对象的彩色关系抽象为明暗色调，这就需要有对明暗的敏锐判断力。用户可以把这种抽象出来的亮度关系看作色彩的骨骼，它是色彩结构的关键，如图1-52所示。

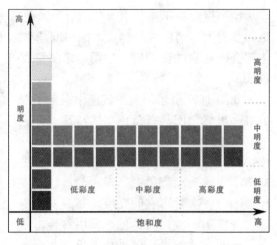

图 1-52　亮度与饱和度之间的关系

3. 色彩的混合

客观世界中的事物绚丽多彩，调色板上色彩变化无限，但如果将其归纳分类，基本上就是两大类：一类是原色，即红、黄、蓝；另一类就是混合色。而使用间色再调配混合的颜色，称为复色。从理论上讲，所有的间色、复色都是由三原色调和而成。

在构成网页的色彩布局时，原色是强烈的，混合色较温和，复色在明度上和纯度上较弱，各类间色与复色的补充组合，形成丰富多彩的画面效果。

❑ **原色理论**

所谓三原色，就是指这三种色中的任意一色都不能由另外两种原色混合产生，而其他颜色可以由这三原色按照一定的比例混合出来，色彩学上将这三个独立的颜色称为三原色。

❑ **混色理论**

将两种或多种色彩进行混合，造成与原有色不同的新色彩称为色彩的混合。它们可归纳成加色法混合、减色法混合和空间混合等三种类型。

加色法混合是指色光混合，也称第一混合，当不同的色光同时照射在一起时，能产生另外一种新的色光，并随着不同色混合量的增加，混色光的明度会逐渐提高。将红（橙）、绿、蓝（紫）三种色光分别作适当比例的混合，可以得到其他不同的色光，如图1-53所示。反之，其他色光无法混出这三种色光来，故称为色光的三原色，它们相加后可得白光。

减色法混合即色料混合，也称第二混合。在光源不变的情况下，两种或多种色料混合后产生新色料，其反射光相当于白光减去各种色料的吸收光，反射能力会降低。故与加色法混合相反，混合后的色料色彩不但色相发生变化，而且明度和纯度都会降低。所以混合的颜色种类越多，色彩就越暗越混浊，最后近似于黑灰的状态，

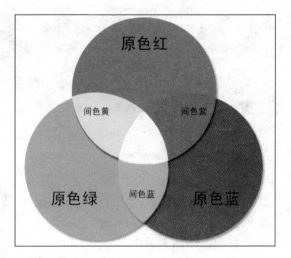

图 1-53　加色法混合

如图 1-54 所示。

空间混合法亦称中性混合、第三混合。将两种或多种颜色穿插、并置在一起，于一定的视觉空间之外，能在人眼中造成混合的效果，故称空间混合。其实颜色本身并没有真正混合，它们不是发光体，而是反射光的混合。因此，与减色法相比，增加了一定的光刺激值，其明度等于参加混合色光的明度平均值，既不减也不加。

实际上，由于空间混合法比减色法混合明度要高，因此色彩效果显得丰富、明亮，有一种空间的颤动感。用这种混合法表现自然和物体的光感，更为闪耀。

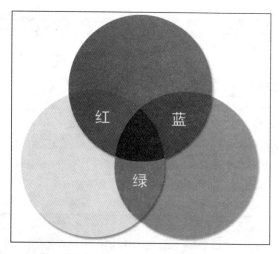

图 1-54 减色法混合

1.5.2 色彩的模式

简单地讲，颜色模式是一种用来确定显示和打印电子图像色彩的模型，即一幅电子图像用什么样的方式在计算机中显示或者打印输出。Photoshop 中包含了多种颜色模式，每种模式的图像描述和重现色彩的原理及所能显示的颜色数量各不相同。常见的有如下四种模式。

1. RGB 色彩模式

RGB 色彩模式是工业界的一种颜色标准，是通过对红（Red）、绿（Green）、蓝（Blue）三个颜色通道的变化以及它们相互之间的叠加来得到各式各样的颜色，RGB 即代表红、绿、蓝三个通道的颜色，这个标准几乎包括了人类视力所能感知的所有颜色，是目前运用最广的颜色系统之一，如图 1-55 所示。其中每两种颜色的等量或者非等量相加所产生的颜色如表 1-1 所示。

图 1-55 RGB 色彩模式分析图

表 1-1 每两种不同量度相加所产生的颜色

混 合 公 式	色 板
RGB 两原色等量混合公式：	
R（红）+G（绿）生成 Y（黄）（R＝G） G（绿）+B（蓝）生成 C（青）（G＝B） B（蓝）+R（红）生成 M（洋红）（B＝R）	

混 合 公 式	色　　板
RGB 两原色非等量混合公式：	
R（红）＋G（绿↓减弱）生成 Y→R（黄偏红） 红与绿合成黄色，当绿色减弱时黄偏红	
R（红↓减弱）＋G（绿）生成 Y→G（黄偏绿） 红与绿色合成黄色，当红色减弱时黄偏绿	
G（绿）＋B（蓝↓减弱）生成 C→G（青偏绿） 绿与蓝合成青色，当蓝色减弱时青偏绿	
G（绿↓减弱）＋B（蓝）生成 CB（青偏蓝） 绿和蓝合成青色，当绿色减弱时青偏蓝	
B（蓝）＋R（红↓减弱）生成 MB（品红偏蓝） 蓝和红合成品红，当红色减弱时品红偏蓝	
B（蓝↓减弱）＋R（红）生成 MR（品红偏红） 蓝和红合成品红，当蓝色减弱时品红偏红	

对 RGB 三基色分别进行 8 位编码，这三种基色中的每一种都有一个从 0（黑）~255（白色）的亮度值范围。当不同亮度的基色混合后，便会产生出 256×256×256 种颜色，约为 1670 万种，这就是用户常听说的"真彩色"。电视机和计算机的显示器都是基于 RGB 颜色模式来创建其颜色的。

2. CMYK 颜色模式

CMYK 颜色模式是一种印刷模式。其中四个字母分别指青（Cyan）、洋红（Magenta）、黄（Yellow）、黑（Black），在印刷中代表四种颜色的油墨。CMYK 基于减色模式，由光线照到有不同比例 C、M、Y、K 油墨的纸上，部分光谱被吸收后，反射到人眼的光产生颜色。在混合成色时，随着 C、M、Y、K 四种成分的增多，反射到人眼的光会越来越少，光线的亮度会越来越低，如图 1-56 所示。

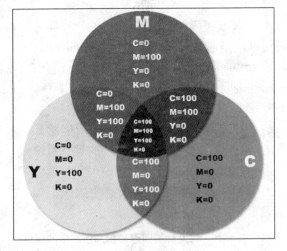

图1-56　CMYK 颜色模式分析图

3. HSB 颜色模式

HSB 即色泽（Hue）、饱和度（Saturation）和明亮度（Brightness）。它不是将色彩数字化成不同的数值，而是基于人对颜色的感觉，让人觉得更加直观一些。其中色泽（Hue）是基于从某个物体反射回的光波，或者是透射过某个物体的光波；饱和度（Saturation），也被称作 Chroma，是某种颜色中所含灰色的数量多少，含灰色越多，饱和度越小；明亮度（Brightness）是对一个颜色中光的强度的衡量。明亮度越大，则色彩越鲜艳，如图 1-57 所示。

网页设计与网站建设（CS6 中文版）标准教程

4. Lab 颜色模式

Lab 色彩模式以数学方式来表示颜色, 所以不依赖于特定的设备, 这样确保输出设备经校正后所代表的颜色能保持其一致性。其中 L 指的是亮度, a 由绿至红, b 由蓝至黄, 如图 1-58 所示。

图 1-57　HSB 颜色模式分析图

图 1-58　Lab 色彩模式分析图

1.5.3　网页自定义颜色

一般情况下, 访问者的浏览器会选择网页的文本和背景的颜色, 使所有的网页都显示这样的颜色。但是, 网页的设计者经常为了视觉效果而选择了自定义颜色。自定义颜色是一些为背景和文本选取的颜色, 它们不影响图片或者图片背景的颜色, 图片一般都以它们自身的颜色显示。自定义颜色可以为下列网页元素独自分配颜色:

❏ 背景: 网页的整个背景区域可以是一种纯粹的自定义颜色。背景色总是在网页的文本或者图片的后面。

❏ 普通文本: 网页中除了链接之外的所有文本。

❏ 超级链接文本: 网页中的所有文本链接。

❏ 已被访问过的链接文本: 访问者已经在浏览器中使用过的链接。访问过的文本链接以不同的颜色显示。

❏ 当前链接文本: 当一个链接被访问者单击后, 它便转换了颜色以表明它已经被激活了。

对于制作网页的初学者可能更习惯于使用一些漂亮的图片作为自己网页的背景, 但是, 浏览一下大型的商业网站, 会发现它们更多运用的是白色、蓝色、黄色等, 使网页显得典雅、大方和温馨, 如图 1-59 所示网页中, 主要由白色背景和蓝色、黄色、粉红色以及黑色笔触组成, 这种色彩的构成能够加快浏览者打开网页的速度。

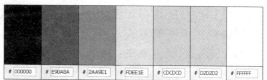

图 1-59　色彩简单的网页

一般来说，网页的背景色应该柔和一些、素一些、淡一些，再配上深色的文字，使人看起来自然、舒畅。而为了追求醒目的视觉效果，可以为标题使用较深的颜色。如表1-2所示为经常用到的网页背景颜色列表。

表1-2 网页背景颜色与文字色彩搭配

颜色图标	颜色十六进制值	文字色彩搭配
	#F1FAFA	做正文的背景色好，淡雅
	#E8FFE8	做标题的背景色较好
	#E8E8FF	做正文的背景色较好，文字颜色配黑色
	#8080C0	上配黄色白色文字较好
	#E8D098	上配浅蓝色或蓝色文字较好
	#EFEFDA	上配浅蓝色或红色文字较好
	#F2F1D7	配黑色文字素雅，如果是红色则显得醒目
	#336699	配白色文字好看些
	#6699CC	配白色文字好看些，可以做标题
	#66CCCC	配白色文字好看些，可以做标题
	#B45B3E	配白色文字好看些，可以做标题
	#479AC7	配白色文字好看些，可以做标题
	#00B271	配白色文字好看些，可以做标题
	#FBFBEA	配黑色文字比较好看，一般作为正文
	#D5F3F4	配黑色文字比较好看，一般作为正文
	#D7FFF0	配黑色文字比较好看，一般作为正文
	#F0DAD2	配黑色文字比较好看，一般作为正文
	#DDF3FF	配黑色文字比较好看，一般作为正文

此表只是起一个"抛砖引玉"的作用，设计者可以发挥想象力，设计出更有新意、更醒目的色彩搭配，使网页更具有吸引力。

1.5.4 色彩推移

色彩推移是按照一定规律有秩序地排列、组合色彩的一种方式。为了使画面丰富多彩、变化有序，通常可采用色相推移、明度推移、纯度推移、互补推移、综合推移等推移方式来组合网页色彩。

1. 色相推移

色相推移是指将一组色彩按色相环的顺序，由冷到暖或者由暖到冷进行排列、组合的一种色相渐变的方式，可以选用纯色系或者灰色系进行色相推移。如图1-60所示为多种颜色渐变的网页效果。

2. 明度推移

明度推移是指将一组色彩按明度等差级数的顺序，由浅到深或者由深到浅进行排列、组合的一种明度渐变的方式。此种方式一般都选用单色系列组合，也可以选用两组色彩的明度系列按明度等差级数的顺序交叉组合，如图 1-61 所示。

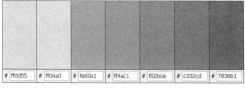

| # ffdd55 | # ffd4ad | # fe69a1 | # ff4ac1 | # f82bce | # c332cd | # 7836b1 |

图 1-60　黄色-洋红-紫色渐变的网页效果示意

| # 7c7011 | # d4962f | # e5d1a7 | # e7d6b1 | # efe3c9 | # f4ead7 | # fbf7f1 |

图 1-61　浅褐色到白色渐变

3．纯度推移

纯度推移是指将一组色彩按纯度等差级数或者比差级数的顺序，由纯色到灰色或者由灰色到纯色进行排列组合的一种渐变方式，如图 1-62 所示。

4．综合推移

综合推移是指将一组或者多组色彩按色相、明度、纯度推移进行综合排列、组合的渐变形式。由于色彩三要素的同时加入，其效果比单项推移复杂、丰富得多，如图 1-63 所示。

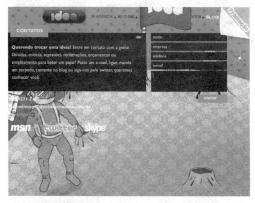

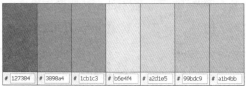

| # 127384 | # 3898a4 | # 1cb1c3 | # b6e4f4 | # a2d1e5 | # 99bdc9 | # a1b4bb |

图 1-62　蓝绿色纯度网页效果

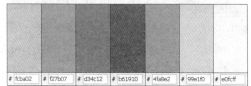

| # fcba02 | # f27b07 | # d34c12 | # b61910 | # 4fa8e2 | # 99e1f0 | # e0fcff |

图 1-63　色相与明度推移效果

1.6 网页元素的应用

网页设计运用了平面设计的基本视觉元素来达到信息传达和审美的目的。这些视觉元素包括文字、图像、版面和色彩等。在本节中，将介绍网页的几种常用元素在网页中的作用。

1.6.1 导航 Banner 在网页中的应用

Banner 是一种表现形式，是以 GIF、JPG、SWF 等格式建立的静态或者动态的图像文件。定位在网页中，大多用来表现网络广告内容，同时还可以使用 Java 等语言使其产生交互性，用 Flash 等动画制作工具来增强效果的表现力，如图 1-64 所示。

图 1-64 网页 Banner 效果

Banner 广告有多种表现规格和形式，最开始使用的是 488×60 像素的标准标识广告。由于这种规格曾处于支配地位，在早期有关网络广告的文章中，如果没有特别指明，通常都是指标准标识广告。这种尺寸的 Banner 在如今网络中已经非常少见，几乎连门户网站上都看不见它的身影，取而代之的是与网页形成整体配比的尺寸，如图 1-65 所示。

而导航 Banner 主要出现在门户网站以外的其他网站中，导航 Banner 是导航菜单与 Banner 的结合，主要展示与网站相关的图片及文字信息。其中导航菜单与 Banner 既可以单独显示，也可以整体显示，如图 1-66 所示。

随着网页制作技术的提高，以及平面元素越来越多的介入，导航 Banner 的形状越来越多样化。而导航 Banner 的形状与尺寸并不是随意设置的，而是根据所在网页的主题与风格来决定的，如图 1-67 所示。

图 1-65　不同形式与尺寸的广告 Banner

图 1-66　单独与整体导航 Banner

1.6.2　图标在网页中的应用

网页图标就是用图案的方式来标识一个栏目、功能或命令等，类似用取名字的方式来表示某人一样。例如，在网上看到一个日记本的图标，浏览者很容易就能辨别出这个栏目与日记或留言有关，这时就不需要再标注一长串文字了，也避免了各个国家之间语言不通所带来的麻烦，如图 1-68 所示。

图 1-67　不规则导航 Banner

在网页设计中，设计者会根据不同的需要来设计不同类型的网页图标。最常见到的是用于导航菜单的导航图标，以及用于链接其他网站的友情 Logo 图标，如图 1-69 所示。

图 1-68　网页图标的优势

图 1-69　导航图标与链接 Logo 图标

　　导航按钮是网页用来链接内部或者外部网页的纽带，其效果既要与所在网页的风格统一，又要使效果突出，这样才能够吸引浏览者。特效按钮不仅包括立体、材质等特殊的效果，还包括图标形式，如图 1-70 所示。

1.6.3　文字在网页中的应用

　　网络信息通常通过文本、图像、Flash 动画等呈现，其中文本是网页中最为重要的设计元素，而特效文字在网页中占有重要的地位，相对

图 1-70　网站主题链接图标

于图形来说是网页信息传递最直接的方式。在网站进站导航首页中，经常会以特效文字作为网站名称和进站链接。

　　如图 1-71 所示的网站，就是在首页中应用了金属特效文字作为该网站的名称，该特效文字在处理颜色和质感上与网页相统一，并且以立体的方式显示在网站中。

图 1-72 所示的网站则是以文字的纹理特效作为该网页的链接导航。在白色背景中，使用红色与黑色的暗花底纹特效，给人以很跳跃、醒目的视觉效应。

如图 1-73 所示的绿色立体文字，在该网页中起着吸引浏览者视觉焦点和阅读兴趣的作用。

在网页 Banner 中，网站名称或者以文字设计的网站标志突显，为了配合网页的整体效果，会以相应的特效文字显示在网页中，以突出网站名称，如图 1-74 所示的就是蓝色与灰色结合的金属塑料字作为网站名称的网页示意。

图 1-71　文字的金属立体特效

图 1-72　文字的纹理特效

图 1-73　立体字效

如图 1-75 所示为渐变文字作为网站的名称。文字色彩是由褐色到红色到紫色再到蓝色组合而成的，与左侧的色彩相呼应。

提 示

在网页制作中，只要是想突出内容都可以制作成特效文字。在 Photoshop 中，可以通过图层样式功能、滤镜命令以及通道功能来制作特效文字，而且较简单。

图 1-74　金属塑料特效文字

在网络广告中为了突出广告语，或者是优惠活动，使浏览者可以在第一时间看到，通常会使用特效文字，如图 1-76 所示。网络广告中的渐变特效文字将广告中的网站名称和广告作用表达得较为醒目、独特。

1.6.4　广告在网页中的应用

网络广告的页面视觉元素在遵循着传统的平面设计的视觉传达方式的同时，也在原有的基础上

图 1-75　渐变文字特效

赋予了平面元素新的特点。

1. 网络广告形式

最初的网络广告就是网页本身。当越来越多的商业网站出现后，怎么让消费者知道自己的网站就成为一个问题，广告主急需一种可以吸引浏览者到自己网站上来的方法，而网络媒体也需要依靠它来赢利。

图 1-76　网络广告中的特效文字

其中一种网络广告形式就是横幅广告——Banner，它将体现商家广告内容的图片放置在广告商的页面上，是互联网广告中最基本的广告形式，如图 1-77 所示。

图 1-77　横幅广告

随着网络日趋成熟，仅横幅广告已经无法满足广告主和浏览者的要求，网络广告界发展出了多种更能吸引浏览者的网络广告形式。比如全屏广告、撕页广告、弹出窗口广告、对联广告、流媒体按钮、鼠标响应移动图标、鼠标响应按钮和浮动图标等。如图 1-78 所示为弹出式全屏广告。

全屏广告一般出现在门户网站的首页。当打开一个门户网站时，有时会暂时显示屏幕大小的广告，此广告可以是静态的，也可以是动画的，几秒钟后自动消失；一般情况下显示门户网站的内容。该广告的显示方式，在第一时间内抓住了浏览者的视线，如图 1-79 所示为全屏动画广告。

图 1-78　弹出式全屏广告

图 1-79　全屏动画广告

　　漂移广告是商家常用的广告表现形式，大小多为 80mm×80mm 的方形，始终处于浏览者能看到的一个屏幕之内，最初的一些漂移广告在页面内做着无规则的慢慢漂移运动，有时会影响页面的整体效果，因此这类漂移广告现已改成了始终位于屏幕底部，当拉动滚动条时，广告将沿垂直方向向下移动，如图 1-80 所示。

图 1-80　漂移广告

　　漂移广告还有是以扩展的形式出现的，也就是鼠标响应漂移式广告。这种广告在鼠标移过时会出现一个更大的响应广告，在移去鼠标时响应广告又会马上消失或者缩小，如图 1-81 所示。响应广告包含了更多的内容，效果比普通漂移式要好。

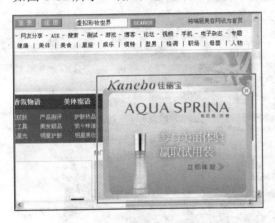
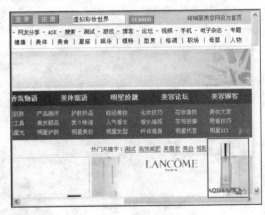

图 1-81　鼠标响应漂移式广告

　　在网页中常见的广告形式有对联式广告，该广告在浏览页面完整呈现的同时，在页面两侧空白位置呈现对联形式广告，此种形式的广告因版面所限，仅表现于 1024×768 及以上分辨率的屏幕上，800×600 分辨率下无法观看。其具有区隔广告版位，广告页面得以充分伸展，同时不干涉使用者浏览，注目焦点集中，提高网友吸引点阅，并有效传播广告相关讯息等特点，其尺寸以 100×300 像素为基准，如图 1-82 所示。

　　弹出窗口式广告既可以是图片，也可以是图文介绍。该形式是指在页面下载的同时弹出第二个迷你窗口的广告形式，如图 1-83 所示。

图1-82　对联式广告

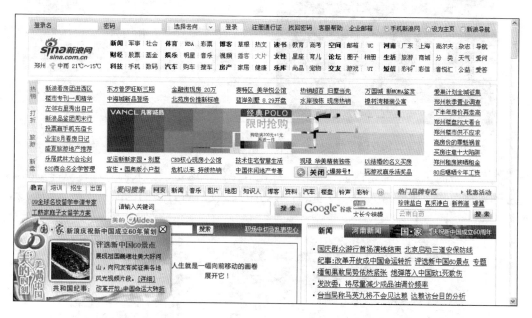

图1-83　弹出窗口式广告

2.　网页广告色彩应用

一幅广告的色彩是倾向于冷色或者暖色，明朗鲜艳或者素雅质朴，这些色彩倾向所形成的不同色调给人们的印象就是广告色彩的总体效果。广告色彩的整体效果取决于广告主题的需要以及消费者对色彩的喜好，并以此为依据来决定色彩的选择与搭配。

例如，化妆品类商品常用柔和、脂粉的中性色彩，包含具有各种色彩倾向的紫色、粉红、亮灰等色，以表现女性高贵、温柔的性格特点，如图1-84所示。而男性化妆品则较多使用黑色、灰色或者单纯的色彩，这些色彩能够体现男性的庄重与大方，如图1-85所示。

图1-84　女性化妆品广告

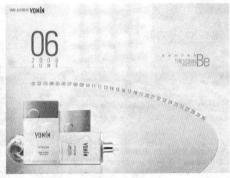

图1-85　男性化妆品广告

药品广告的色彩大都是白色、蓝色、绿色等冷色，这是根据人们心理特点决定的。这样的总体色彩效果能给人一种安全、宁静的印象。使广告宣传的药品易于被人们接受，如图1-86所示。

图1-86　药品广告

食品类广告常用鲜明、丰富的色调。红色、黄色和橙色可以强调食品的美味与营养，如图 1-87 所示。

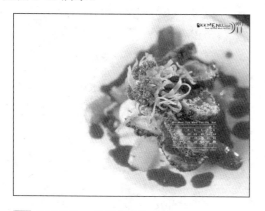

图 1-87　食品类广告

儿童用品广告常用纯色和色相对比较鲜艳的和冷暖对比较强烈的色彩，以适应儿童天真、活泼的心理和爱好，如图 1-88 所示。

图 1-88　儿童用品广告

1.7　思考与练习

一、填空题

1. 网页由 Logo、_____、Banner、_____、版尾和版权等六部分组成。

2. _____就是用图案的方式来标识一个栏目、功能或命令等，类似用取名字的方式来表示某人一样。

3. "国"字型也可以称为_____，适合大型网站，即最上面是网站的标题以及横幅广告条，接下来就是网站的主要内容，左右分列两小条内容，中间是主要部分，与左右一起罗列到底，最下面是网站的一些_____、_____、版权声明等内容。

4. _____又称质感，由于物体的材料不同以及表面的排列、组织、构造上不同，因此产生的粗糙感、光滑、软硬感也不同。

5. _____是企业或网站的标志，是徽标或者商标的英文说法，起到对徽标拥有公司的识别和推广的作用，通过形象的 Logo 可以让消费者记住公司主体和_____。

6. 当把光线引入三棱镜时，光线被分离为_____、橙、_____、绿、青、蓝、紫，因而得出的自然光是七色光的混合。

7. _____色彩模式是工业界的一种颜色标准，是通过对红（Red）、绿（Green）、蓝（Blue）三个颜色通道的变化以及它们相互之间的叠加来得到各式各样的颜色的。

二、选择题

1. 下面_____色彩模式色域最广？
   A．HSB 模式
   B．RGB 模式
   C．CMYK 模式
   D．Lab 模式

2. 光是以_____的形式进行直线传播的，具有波长和振幅两个因素。
   A．振荡
   B．电
   C．波动
   D．无线波

3. 在完成测试后，即可通过 FTP、SFTP 或 SSH 等文件传输方式，将制作完成的网站上传到_____中，并开通服务器的网络，使其能够进行各种对外服务。
   A．数据库
   B．U 盘
   C．表
   D．服务器

4. 网站_____是一项长期而艰巨的工作，包括对服务器的软件、硬件维护，系统升级，数据库优化和更新网站内容等。
   A．维护
   B．测试
   C．制作
   D．开发

三、简答题

1. 简单介绍网页的构成。
2. 网页的结构布局有哪几种。
3. 概述网站的开发流程。
4. 概念色彩模式的分类及特点。
5. 简单介绍图标在网页中的作用。

第 2 章

Photoshop CS6 界面与基本操作

Photoshop 作为一种流行的图像处理软件，在工具绘图和图像处理方面做得相当出色。但是初学者在掌握这些技能之前，首先要熟悉 Photoshop 的基本操作，比如简单的复制与粘贴、图像的位置与变形等。掌握了这些技能之后，才能够得心应手地去绘制或者编辑图像。

本章将就 Photoshop 中的基本操作展开全面的讲解。目的是让用户掌握图像处理的操作方法，以便于以后在绘制和编辑图像过程中游刃有余。

本章学习目标：

➤ 了解 Photoshop CS6 界面
➤ 掌握 Photoshop CS6 基本操作
➤ 掌握图像选取
➤ 掌握图像的处理

2.1 Photoshop CS6 概述

Photoshop 是一个功能强大的图像处理软件，可以实现对图像的各种处理操作，实现多种信息表达效果。而这些图像都可以通过 Photoshop 中的各种工具与命令来完成，下面介绍 Photoshop CS6 的界面与新增功能。

2.1.1 Photoshop CS6 界面

在开始使用 Photoshop 处理和绘制图像之前，首先要了解该软件的界面构成，以帮助用户快速地进行操作。启动 Photoshop 后，将显示 Photoshop CS6 的操作界面，该软件的窗口由菜单栏、选项栏、工具箱、图像编辑窗口和控制面板等板块组成，如图 2-1 所示。

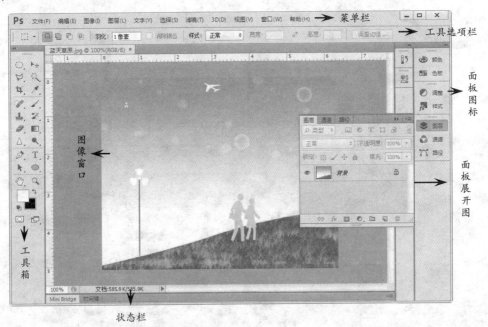

图 2-1 **Photoshop CS6 界面组成**

当启动 Photoshop CS6 后，会发现该界面与之前的版本界面有所不同。在默认情况下，工具箱、工作区域与控制调板有其固定的位置，当然三者也可以成为浮动调板或者浮动窗口。主要组成部分介绍如下：

❑ **菜单栏**

Photoshop 的菜单栏包括 11 项，分别是【文件】、【编辑】、【图像】、【图层】、【文字】、【选择】、【滤镜】、【3D】、【视图】、【窗口】和【帮助】。使用这些菜单选项可以执行大部分 Photoshop 中的操作。

❑ **工具选项栏**

选项栏是从 Photoshop 6.0 版本开始出现的，用于设置工具箱中当前工具的参数。不同的工具所对应的工具栏也有所不同。

❑ **工具箱**

工具箱是每一个设计者在编辑图像过程中必不可缺少的，工具箱在 Photoshop 界面的左侧，当单击并且拖动工具箱时，该工具箱呈半透明状。工具箱中列出了 Photoshop 常用的工具，单击工具按钮或者选择工具快捷键即可使用这些工具。对于存在子工具的工具组（在工具右下角有一个小三角标志说明该工具组有子工具）来说，只要在图标上右击鼠标或单击左键不放，就可以显示出该工具组中的所有工具。

在表 2-1 中列出了工具箱中所有工具的名称、快捷键以及功能介绍，以方便查看。图 2-2 显示了所有的工具。

表 2-1　工具箱中的各项工具与相应功能介绍

图标	工具名称	快捷键	工具功能介绍
	移动工具	V	移动图层和选区内图像像素
	矩形选框工具	M	创建矩形或者正方形选区
	椭圆形选框工具	M	创建椭圆或者正圆选区
	单行选框工具		创建水平 1 像素选区
	单列选框工具		创建垂直 1 像素选区
	套索工具	L	根据拖动路径创建不规则选区
	多边形套索工具	L	连续单击点创建直边多边形选区
	磁性套索工具	L	根据图像边缘颜色创建选区
	魔棒工具	W	创建与单击点像素色彩相同或者近似的连续或者非连续的选区
	快速选择工具	W	利用可调整的圆形画笔笔尖快速"绘制"选区。拖动时，选区会向外扩展并自动查找和跟随图像中定义的边缘
	裁切工具	C	裁切多余图像边缘，也可以校正图像
	透视裁剪工具	C	可以透视变形图像
	切片工具	C	将图像分隔成多个区域，方便成组按编号输出网页图像
	切片选择工具	C	选取图像中已分隔的切片图像
	吸管工具	I	采集图像中颜色为前景色
	颜色取样器工具	I	结合【信息】调板查看图像内颜色参数
	标尺工具	I	结合【信息】调板测量两点之间的距离和角度
	注释工具	I	为文字添加注释
	计数工具	I	用作度量图像的长、宽、高、起点坐标、终点坐标、角度等数据
	污点修复画笔工具	J	对图像中的污点进行修复
	修复画笔工具	J	对图像的细节进行修复
	修补工具	J	用图像的某个区域进行修补
	内容感知移动工具	J	可在无需复杂的图层或慢速精确地选择选区的情况下快速地重构图像
	红眼工具	J	修改数码图像中的红眼缺陷
	画笔工具	B	根据参数设置绘制多种笔触的直线、曲线和沿路径描边
	铅笔工具	B	设置笔触大小，绘制硬边直线、曲线和沿路径描边

图标	工具名称	快捷键	工具功能介绍
	颜色替换工具	B	对图像局部颜色进行替换
	混合器画笔工具	B	将照片图像制作成绘画作品
	仿制图章工具	S	按 Alt 键定义复制区域后可以在图像内克隆图像，并可以设置混合模式、不透明度和对齐方式的参数
	图案图章工具	S	利用 Photoshop 预设图像或者用户自定义图案绘制图像
	历史记录画笔工具	Y	以历史的某一状态绘图
	历史记录艺术画笔	Y	用艺术的方式恢复图像
	橡皮擦工具	E	擦除图像
	背景橡皮擦工具	E	擦除图像显示背景
	魔术橡皮擦工具	E	擦除设定容差内的颜色，相当于魔棒＋Del 键的功能
	渐变工具	G	填充渐变颜色，有 5 种渐变类型
	油漆桶工具	G	填充前景色或者图案
	模糊工具		模糊图像内相邻像素颜色
	锐化工具		锐化图像内相邻像素颜色
	涂抹工具		以涂抹的方式修饰图像
	减淡工具	O	使图像局部像素变亮
	加深工具	O	使图像局部像素变暗
	海绵工具	O	调整图像局部像素饱和度
	钢笔工具	P	绘制路径
	自由钢笔工具	P	以自由手绘方式创建路径
	增加锚点工具		在已有路径上增加节点
	删除锚点工具		删除路径中某个节点
	转换点工具		转换节点类型，比如可以将直线节点转换为曲线节点进行路径调整
	横排文字工具	T	输入编辑横排文字
	竖排文字工具	T	输入编辑垂直文字
	横排文字蒙版工具	T	直接创建横排文字选区
	竖排文字蒙版工具	T	直接创建垂直文字选区
	路径选择工具	A	选择路径执行编辑操作
	直接选择工具	A	选择路径或者部分节点调整路径
	矩形工具	U	绘制矩形形状或者矩形路径
	圆角矩形工具	U	绘制圆角矩形形状或者路径
	椭圆工具	U	绘制椭圆、正圆形状或者路径
	多边形工具	U	绘制任意多边形形状或者路径
	直线工具	U	绘制直线和箭头
	自定形状工具	U	绘制自定义形状和自定义路径
	抓手工具	H	移动图像窗口区域
	视图旋转工具	R	旋转视图显示方向
	缩放工具	Z	放大或者缩小图像显示比例
	设置前景色，背景色		设置前景色和背景色，按 D 键恢复为默认值，按 X 键切换前景色和背景色
	以快速蒙版模式编辑	Q	切换至快速蒙版模式编辑
	更改屏幕模式	F	切换屏幕的显示模式

工具箱中的每一个工具都具有相应的选项，激活某个工具后，该工具对应的选项将显示在工具选项栏中，用户可根据需要随时对选项进行设置和调整。图 2-3 显示了部分工具的选项栏设置。

❏ **控制面板**

Photoshop 中的控制面板综合了 Photoshop 编辑图像时最常用的命令和功能，以按钮和快捷键菜单的形式集中在控制面板中。在 Photoshop CS6 中，所有控制面板以图标形式显示在界面右侧，并且将其分为 9 个面板组，如图 2-4 所示。

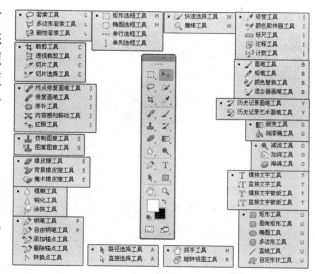

图 2-2 工具箱中的工具

图 2-3 工具选项栏

当单击其中一个面板图标后，则该面板显示；如果想打开另外一个面板组，那么单击其中一个面板图标后，显示该面板组，而原来显示的面板组将自动缩小为图标，如图 2-5 所示。

提 示

要想隐藏打开的控制调板，可以再次单击该调板的图标，或者是单击调板组右上角的双三角 ▶▶ 。

❏ **状态栏**

状态栏中显示的是当前操作的提示和当前图像的相关信息。

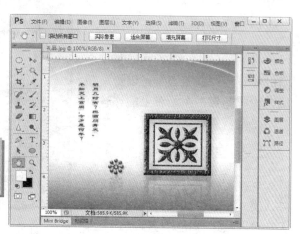

图 2-4 控制面板图标显示

图 2-5　打开或者隐藏面板

❑ **标题栏**

标题栏位于窗口的顶端。左侧显示 Adobe Photoshop 图标和字样。右侧有程序窗口控制按钮，从左到右依次是【最小化】按钮 ─ 、【最大化】按钮 回 、【关闭】按钮 ✕ ，这三个按钮是 Windows 共有的。

❑ **图像窗口**

在打开一幅图像的时候就会出现图像窗口，它是显示和编辑图像的区域。

2.1.2　Photoshop CS6 新增功能

在 Photoshop CS6 中，除了常用的基本功能外，还增加了一系列的新功能。该软件使工作界面的改变、内容感知的修补和移动、全新的裁剪功能、矢量图层、模糊效果、图层搜索、自动恢复、油画滤镜等功能操作更加实用、简单、方便。

1. 全新的裁剪功能

在 Photoshop CS6 中，使用全新的非破坏性裁剪工具可以快速精确地裁剪图像，在画布上能够较好控制图像，如图 2-6 所示。

2. 图层搜索

现在可以通过类型、名称、效果、模式、属性和颜色等图层搜索工具对图层进行搜索与排序。对那些有着众多图层的项目来说，这无疑是一个非常实用的新功能，如图 2-7 所示。

图 2-6　裁剪图像

3．内容感知移动

内容感知移动 是 CS6 中的一个新工具，用户在移动图片中选中某物体时，能智能填充物体原来的位置。例如，先用选择工具选中湖上的小船，再点击内容感知移动工具，接着把小船拖放到湖面的另一个位置。在拖动小船的同时，软件就会自动根据周围环境情况填充空出的区域，如图 2-8 所示。

图 2-7　搜索图层

4．油画滤镜

使用 Mercury 图形引擎支持的油画滤镜，可使作品快速地呈现出油画效果。控制画笔的样式以及光线的方向和亮度，也可以产生出油画效果，如图 2-9 所示。

图 2-8　内容感知移动

图 2-9　油画效果

5．文字

菜单栏中专门设置了"文字"主菜单，给文字新增了"字符样式"和"段落样式"两个配套的调板，字符样式和段落样式本身没什么高深的技术含量，与 Word 中的字符样式和段落样式大同小异，但作为两个调板出现，它们同样不容小视，如图 2-10 所示。

图 2-10　字符样式与段落样式

2.2　Photoshop CS6 基本操作

在使用 Photoshop 设计图像时，需要先对图像的一些基本属性进行调整，以设计出符合具体需求（例如 Web 图形、广告页、户外广告等）的图像。除此之外，擅用一些简单的基本操作，可以更高效地设计图像。本节将介绍一些 Photoshop 的基本操作，比如设计图像大小、画布大小及图像的复制、粘贴和清除等。

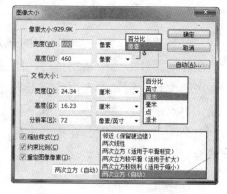

图 2-11　【图像大小】对话框

2.2.1 设置图像大小

执行【图像】|【图像大小】命令（快捷键 Ctrl+Alt+I），如图 2-11 所示。各个选项的功能如表 2-2 所示。

表 2-2　【图像大小】对话框各个选项功能

名　称	功　能
像素大小	用于显示图像【宽度】和【高度】的像素值，在文本框中可以直接输入数值设置，如果在其右侧的列表框中选择【百分比】选项，即以占原图的百分比为单位显示图像的【宽度】和【高度】
文档大小	用于设置更改图像的【宽度】、【高度】和【分辨率】，可以在文本框中直接输入数值更改，其右侧列表框可以设置单位
分辨率	可以在该文本框中直接输入数值更改，其右侧列表框可设置单位
缩放样式	在调整图像大小时，按比例缩放效果
约束比例	启用该复选框时可以约束图像【高度】与【宽度】的比例，即改变【宽度】的同时【高度】也随之改变。当禁用该复选框后，【宽度】和【高度】后面的链接图标将会消失，表示改变任一项数值都不会影响另一项
重定图像像素	禁用该复选框时，图像像素固定不变，而可以改变尺寸和分辨率；启用该复选框时，改变图像尺寸和分辨率，图像像素数值会随之改变
邻近	一种速度快但精度低的图像像素模拟方法。该方法用于包含未消除锯齿边缘的插图，以保留硬边缘并生成较小的文件。但是，该方法可能产生锯齿状效果，在对图像进行扭曲或缩放时或在某个选区上执行多次操作时，这种效果会变得非常明显
两次线性	一种通过平均周围像素颜色值来添加像素的方法。该方法可生成中等品质的图像
两次立方	一种将周围像素值分析作为依据的方法，速度较慢，但精度较高。【两次立方】使用更复杂的计算，产生的色调渐变比【邻近】或【两次线性】更为平滑
两次立方（较平滑）	一种基于两次立方插值且旨在产生更平滑效果的有效图像放大方法
两次立方（较锐利）	一种基于两次立方插值且具有增强锐化效果的有效图像减小方法。此方法在重新取样后的图像中保留细节。如果使用【两次立方（较锐利）】会使图像中某些区域的锐化程度过高，请尝试使用【两次立方】

在【图像大小】对话框中单击【自动】按钮，弹出【自动分辨率】对话框，如图 2-12 所示，可以设置输出设备的网点频率。在【品质】选项组中可以设置印刷的品质：启用【草图】单选按钮时，产生的分辨率与网点频率相同（不低于每英寸 72 像素）；启用【好】单选按钮时，产生的分辨率是网点频率的 1.5 倍；启用【最好】单选按钮时，产生的分辨率是网点频率的 2 倍。

2.2.2 设置画布大小

对于平面设计工作，无论是原来的手工创作，还是现代的电脑数字创作，都脱离不开画布这个平台。在手工创作时，创作者将画布平铺在画板上；而电脑数字创作，设置了一个虚拟的背景层来作为画布，但二者的工作方式是一样的。

执行【图像】|【画布大小】命令（快捷键Ctrl+Alt+C），即可弹出【画布大小】对话框，如图2-13所示。

在该对话框中，无论是扩大还是缩小画布尺寸，不仅可以绝对或相对进行尺寸设置，还可以自定义画布中心位置。只要单击【定位】选项中的箭头按钮，即可得到不同的效果，如图2-14所示。

2.2.3 图像的复制与粘贴

复制与粘贴操作是图像处理过程中，经常要用到的编辑方法之一。有效地运用该命令，可以快速地创建出多个图像副本。在 Photoshop 中复制图像也分为局部复制与整体复制。

1．整体复制

所谓整体复制，就是创建一个图像文件的副本。执行【图像】|【复制】命令，打开【复制图像】对话框。在该对话框的文本框中，可以输入图像副本的名称。另外，启用【仅复制合并的图层】复选框，所复制出的图像将自动合并所有图层；而禁用【仅复制合并的图层】复选框，所复制出的图像保留所有图层状态，如图2-15所示。

2．局部复制

所谓的局部复制，就是复制选取范围内的图像。在复制局部图像中，可以在不破坏源文件的情况下移动，这种局部复制也被称作拷贝；也可以在破坏源文件的情况下移动，这叫做剪切。

❏ 拷贝与粘贴

如果在不破坏源文件的情况下移动局部图像至另外一个文件内，那么首先要准备两个图像文档，

图 2-12　【自动分辨率】对话框

图 2-13　【画布大小】对话框

图 2-14　扩展画布效果

图 2-15　【复制图像】对话框

并且其中一个文档中还要在要移动的图像中建立选区，如图 2-16 所示，按快捷键 Ctrl＋C，执行【拷贝】命令。

然后在目标图像中执行【编辑】|【粘贴】命令（快捷键 Ctrl＋V），这时局部图像将出现在该文档中，如图 2-17 所示。

图 2-16　源图像与目标图像

❑ 剪切图像

在 Photoshop 中进行剪切图像同【拷贝】命令一样简单，执行【编辑】|【剪切】命令（快捷键 Ctrl＋X）即可。但是需要注意的是，剪切是将选取范围内的图像剪切掉，并放入剪贴板中。所以剪切区域内图像会消失，并填入背景色颜色，如图 2-18 所示。

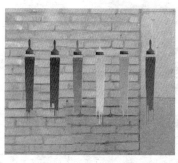
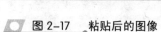

图 2-17　粘贴后的图像　　　　图 2-18　图像剪切前后对比

2.2.4　图像清除

【清除】命令与【剪切】命令类似，不同的是，【剪切】命令是将图像剪切后放入剪切板，而【清除】则是删除，并不放入剪切板。要清除图像，首先创建选取范围，指定清除的内容，如图 2-19 所示。

然后执行【编辑】|【清除】命令，即可清除选取区域，如图 2-20 所示。其中，【清除】命令是删除选区中的图像，所以类似于【橡皮擦工具】。

图 2-19　建立选区　　　　　　图 2-20　执行【清除】命令

2.3 选取图像

图像处理过程中，需要对许多图形进行局部编辑或修改，这时图像的选取操作就显得尤为重要。选取范围的优劣性、准确与否，都与图像编辑的成败有着密切的关系。因此，在最短时间内进行有效的、精确的范围选取，能够提高工作效率和图像质量，为以后的图像处理工作奠定基础。

2.3.1 使用选框工具

Photoshop 中的选框工具包括【矩形选框工具】、【椭圆选框工具】、【单行选框工具】与【单列选框工具】，如图 2-21 所示。这四种工具的使用方法很简单，只需在画面中单击并拖曳鼠标拉出一个矩形或椭圆选框，松开鼠标即可创建选区。

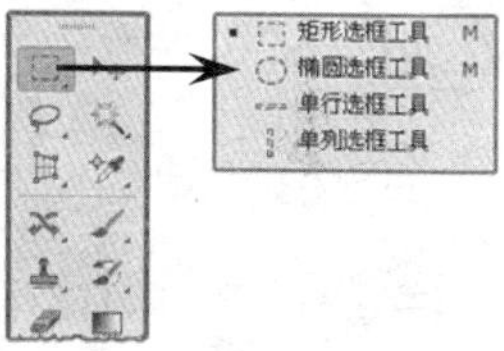

图 2-21 选框工具

1. 矩形/椭圆选框工具

选框工具中的【矩形选框工具】与【椭圆选框工具】是 Photoshop 中最常用的选取工具。在工具箱中选择【矩形选框工具】，在画布上面单击并且拖动鼠标，绘制出一个矩形区域，释放鼠标后会看到区域四周有流动的虚线。在工具选项栏中包括 3 种样式：正常、约束长宽比与固定大小。在【正常】样式下，可以创建任何尺寸的矩形选区，如图 2-22 所示。

选择【矩形选框工具】后，在工具选项栏中设置【样式】为【约束长宽比】，默认参数值【宽度】与【高度】为 1∶1，这时创建的选区不限制尺寸，但是其宽度与高度比例相等为正方形；如果在文本框中输入其他数值，会得到其他比例的矩形选区，如图 2-23 所示。

图 2-22 正常样式下的矩形选区创建

如果在工具选项栏中设置【样式】为【固定大小】，那么在【宽度】与【高度】文本框中输入想要创建选区的尺寸，在画布中单击即可创建固定尺寸的矩形选区，如图 2-24 所示。

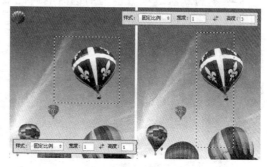

选择工具箱中的【椭圆选框工具】，在工具选项栏中除了可以设置与矩形工具相同的选项外，还可以设置椭圆选区的【消除锯齿】选项，该选项是用于消除曲线边缘的马赛克效果，如图 2-25 所示为启用与禁用该选项得到的椭圆边缘效果。

图 2-23 创建固定比例的矩形选区

图 2-24　创建固定大小的矩形选区

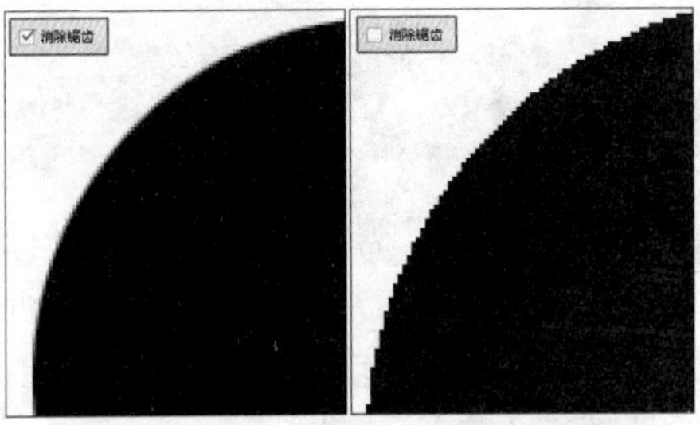

图 2-25　【消除锯齿】效果对比图

2. 单行/单列选框工具

工具箱中的【单行选框工具】 ▭ 与【单列
选框工具】 ▯ ，可以选择一行像素或者一列像
素，如图 2-26 所示。其工具选项栏与【矩形选
框工具】相同，只是【样式】选项不可设置。

2.3.2　使用套索工具

Photoshop 中的套索工具组包括【套索工具】
 ♮ 、【磁性套索工具】 ♮ 与【多边形套索工具】
 ♮ ，使用这些工具可以创建比较随意的选区，
在使用时，通过在窗口中单击并按住鼠标拖动
绘制区域，在到达起点时松开鼠标即可创建一
个封闭的选区。其中【套索工具】 ♮ 也可以称
为曲线套索，使用该工具创建的选区是不精确
且不规则的选区，如图 2-27 所示。

在背景与主题色调对比强烈，并且主题边
缘复杂的情况下，使用【磁性套索工具】 ♮ 可
以方便、准确、快速地选取主体图像。只要在
主体边缘单击即可沿其边缘自动添加节点，如图 2-28 所示。

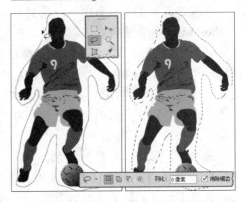

图 2-26　创建单行或者单列选区

图 2-27　使用【套索工具】创建选区

选择【磁性套索工具】 ♮ 后，工具选项栏中的选项名称及功能如表 2-3 所示。如图
2-29 所示为默认选项数值前后选区的对比效果。可以发现调大参数值后，节点明显减少，
而生成的选区也不够精确。

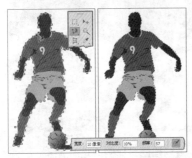

图 2-28　使用【磁性套索工具】创建选区

图 2-29　更改选项数值得到的选区

表 2-3 【磁性套索工具】选项及功能

选　项	功　　能
宽度	用于设置该工具在选取时，指定检测的边缘宽度，其取值范围是 1～40 像素之间，值越小，检测越精确
对比度	用于设置该工具对颜色反差的敏感程度，其取值范围是 1%～100%之间，数值越高，敏感度越低
频率	用于设置该工具在选取时的节点数，其取值范围是 0～100 之间，数值越高选取的节点越多，得到的选区范围也越精确
钢笔压力	用于设置绘图板的钢笔压力。该选项只有安装了绘图板及驱动程序时才有效

【多边形套索工具】通过鼠标的连续单击来创建多边形选区，比如五角星、六边形等形状区域，该工具选项栏与【套索工具】完全相似，在画布中的不同位置单击形成多边形，当指针带有小圆圈形状时单击，可以生成多边形选区，如图 2-30 所示。

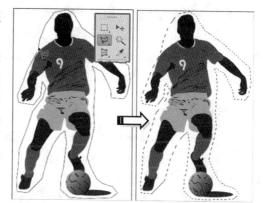

图 2-30 使用【多边形套索工具】创建选区

2.3.3 使用魔棒工具

【魔棒工具】与选框工具、套索工具不同，是根据在图像中单击处的颜色范围来创建选区的，也就是说某一颜色区域为何形状，就会创建该形状的选区。选择【魔棒工具】后，在工具选项栏中出现一些与其他工具不同的选项，其功能如下：

❑ 【取样大小】

其中包括"取样点"、"3×3 平均"、"5×5 平均"、"11×11 平均"、"31×31 平均"、"51×51 平均"和"101×101 平均"选项。这些选项限制了读取所单击区域内指定数量像素的平均值。

❑ 【容差】

设置选取颜色范围的误差值，取值范围在 0～255 之间，默认的容差数值为 32。输入的数值越大，则选取的颜色范围越广，创建的选区就越大；反之，选区的范围越小，如图 2-31 所示。

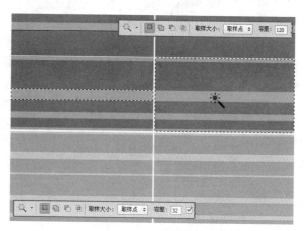

图 2-31 不同容差值创建的连续选区

❑ 【连续】

默认情况下启用该选项，表示能选中与单击处相连区域中的相同像素；如果禁用该选项，则能够选中整幅图像中符合该像素要求的所有区域，如图 2-32 所示。

❑ 【对所有图层取样】

当图像中包含多个图层时，启用该选项后，可以选中所有图层中符合像素要求的区域；禁用该选项后，则只对当前作用图层有效。

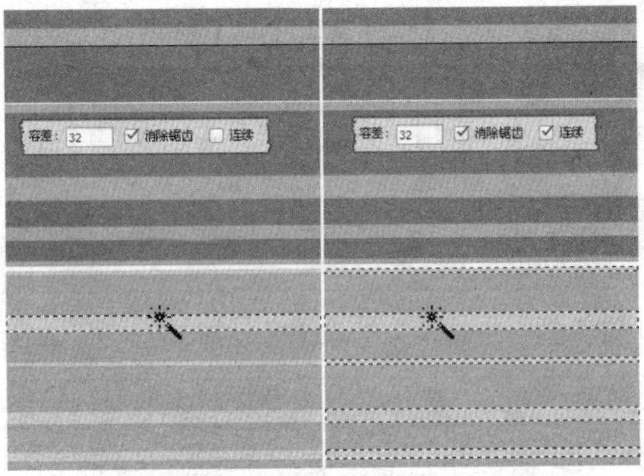

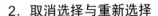

图 2-32　不同容差值创建的不连续选区

2.3.4　选区基本操作

了解如何使用不同的工具选取不同的选区后，还必须了解关于选区的简单操作。比如除了上述工具与命令可以创建选区外，还有什么方法可以创建选区、如何移动选区或者是选区内的图像，以及如何保存与再次载入选区等操作。

1．全选与反选

不同形状选区可以使用不同选取工具来创建，要是以整个图形或者画布区域建立选区，那么可以执行【选择】|【全选】命令（快捷键 Ctrl+A），如图 2-33 所示。

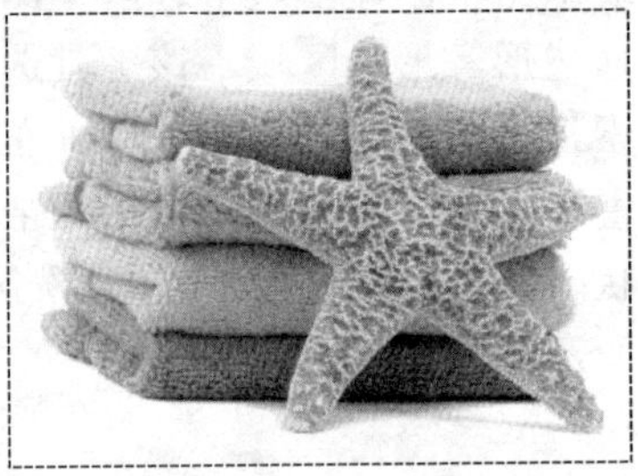

当已经在图像中创建选区后，想要选择该选区以外的像素时，可以执行【选择】|【反向】命令（快捷键 Ctrl+Shift+I）即可，如图 2-34 所示。该命令与【色彩范围】中的【反相】选项相似。

2．取消选择与重新选择

当在选区中完成操作后，可以将选区删除，这样才能在图像其他位置继续操作，执行【选择】|【取消选择】命令（快捷键 Ctrl+D）删除选区。

当删除选区后，要想再一次显示该选区，执行【选择】|【重新选择】命令（快捷键 Ctrl+Shift+D）即可重新得到选区。

要想隐藏选区而不删除，可以执行【视图】|【显示额外内容】命令（快捷键 Ctrl＋H），重新显示选区同样执行该命令即可。如果在编辑工作中，只能在局部绘制或者操作，是因为隐藏了选区而不是删除选区，如图 2-35 所示。

3．移动选区

当创建选区后，可以随意移动选区以调整选区位置，移动选区不会影响图像本身效果。使用鼠标移动选区是最常用的方法，确保当前选择了选取工具，将鼠标指向选区内，即可按下左键拖

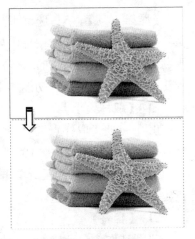

图 2-33　选择整个画布

图 2-34　反向选区

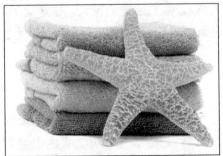

图 2-35　在隐藏选区的画布中绘制

网页设计与网站建设（CS6中文版）标准教程

动即可，如图 2-36 所示。在创建选区的同时也可以移动选区，方法是按下空格键并且拖动鼠标。

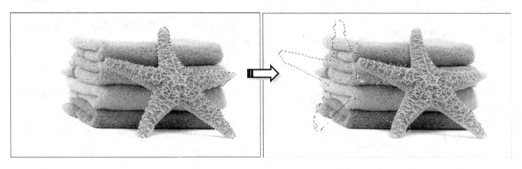

图 2-36　移动选区

如果想在同一图层中移动部分图像，那么可以在创建选区后，选择工具箱中的【移动工具】，单击并且拖动选区即可同时移动选区和选区内的图像，如图 2-37 所示。

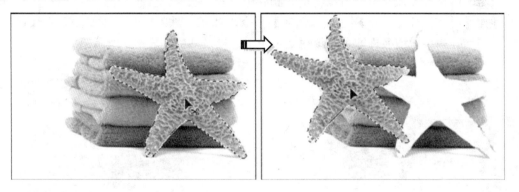

图 2-37　移动选区内的图像

4．存储与载入选区

创建一个较为精确的选区往往需要花费很长时间才能完成，在创建选区后，可以将其保存起来，以便在需要时载入重新使用，提高工作效率。

图 2-38　【存储选区】对话框

❑ 保存选区

使用选区工具或者命令创建选区后，执行【选择】|【存储选区】命令，弹出【存储选区】对话框，如图 2-38 所示，其中的选项及功能如表 2-4 所示。

表 2-4　【存储选区】对话框中的选项及功能

选　项	功　　能
文档	设置选区文件保存的位置，默认为当前图像文件
通道	在 Photoshop 中保存选区实际上是在图像中创建通道。如果图像中没有其他通道，将新建一个通道；如果存在其他通道，那么可以将选区保存或者替换该通道
名称	当【通道】选项为新建时，该选项被激活，为新建通道创建名称

选 项	功 能
新建通道	当【通道】选项为新建时，操作为该选项
替换通道	当【通道】选项为已存在的通道时，【新建通道】选项更改为【替换通道】选项。该选项是将选区保存在【通道】列表中选择的通道名称，并且替换该通道中原有的选区
添加到通道	当【通道】选项为已存在的通道时，启用该选项是将选区添加到所选通道的选区中，保存为所选通道的命令
从通道中减去	当【通道】选项为已存在的通道时，启用该选项是将选区从所选通道的选区中减去后，保存为所选通道的命令
与通道交叉	当【通道】选项为已存在的通道时，启用该选项是将选区与所选通道的选区相交部分，保存为所选通道的名称

在该对话框中，选择新建通道保存选区后，【通道】面板中出现以对话框中命名的新通道，如图 2-39 所示。

❑ **载入选区**

将选区保存在通道后，可以将选区删除进行其他操作。当想要再次借助该选区进行其他操作时，执行【选择】|【载入选区】命令，打开如图 2-40 所示对话框，在【通道】选项中选择指定通道名称即可。该对话框中的选项及功能如表 2-5 所示。

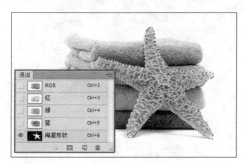

图 2-39　选区保存在通道中

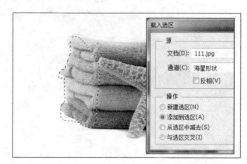

图 2-40　【载入选区】对话框

表 2-5　【载入选区】对话框中的选项及功能

选 项	功 能
文档	选择已保存过选区的图像文件名称
通道	选择已保存为通道的选区名称
反相	启用该选项，载入选区将反选选区外的图像，相当于载入选区后执行【选择】|【反向】命令
新建选区	在图像窗口中没有其他选区时，只有该选项可以启用，及为图像载入所选选区
添加到选区	当图像窗口中存在选区时，启用该选项是将载入的选区添加到图像原有的选区中，生成新的选区
从选区中减去	当图像窗口中存在选区时，启用该选项是将载入的选区与图像原有选区相交副本删除，生成新的选区
与选区交叉	当图像窗口中存在选区时，启用该选项是将载入的选区与图像原有选区相交副本以外的区域删除，生成新的选区

当画布中已经存在一个选区时，在【载入选区】对话框的【操作】选项组中启用【添加到选区】选项，单击【确定】按钮后得到两个选区，如图 2-41 所示。

2.4 图像处理

在 Photoshop 中，用户可以对图像进行变换和裁剪等操作。同时，也可以通过调整图像色阶、曲线和色相/饱和度的方法，来改变图像的颜色。

2.4.1 图像变换

图 2-41 载入选区

在进行平面创作时，大量的工作是通过改变对象的形状和位置来产生图像效果的变化。因此，掌握 Photoshop 中的变换操作，是所有操作中很关键的基本技能。

1. 传统变换

打开一幅图像后，执行【编辑】|【变换】命令（快捷键 Ctrl+T），其中的变换命令能够进行各种样式的变形，如图 2-42 所示。

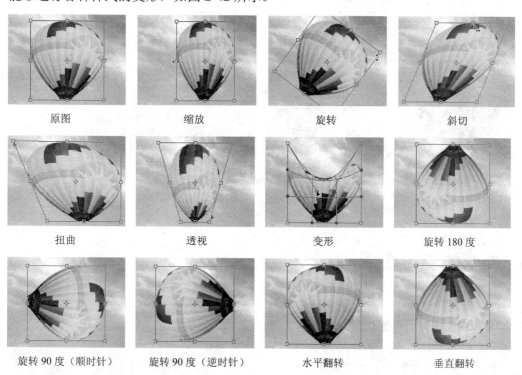

原图　　　　缩放　　　　旋转　　　　斜切

扭曲　　　　透视　　　　变形　　　　旋转 180 度

旋转 90 度（顺时针）　旋转 90 度（逆时针）　水平翻转　　　垂直翻转

图 2-42 各种变换

- ❑ **缩放**　缩放操作通过沿着水平和垂直方向拉伸，或挤压图像内的一个区域来修改该区域的大小。
- ❑ **旋转**　旋转可以改变一个图层内容或一个选择区域来进行任意的方向旋转。其中菜单中还提供了【旋转 180 度】、【旋转 90 度（顺时针）】和【旋转 90 度（逆时针）】命令。

□ **斜切** 沿着单个轴，即水平或垂直轴，倾斜一个选择区域。斜切的大小将影响最终图像变得有多么倾斜。要想斜切一个选择区域，拖动边界框的那些节点即可。

□ **扭曲** 当扭曲一个选择区域时，可以沿着它的每个轴拉伸进行操作。和斜切不同的是，倾斜不再局限于每次一条边。拖动一个角，两条相邻边将沿着该角拉伸。

□ **透视** 透视变换是挤压或拉伸一个图层或选择区域的单条边，进而向内外倾斜两条相邻边。

□ **变形** 该命令可以对图像任意拉伸从而产生各种变换。

□ **水平翻转** 该命令是沿垂直轴水平翻转图像。

□ **垂直翻转** 该命令是沿水平轴垂直翻转图像。

2. 内容感知型变换

内容识别缩放功能可在不更改重要可视内容（如人物、建筑、动物等）的情况下调整图像大小，它可以通过对图像中的内容进行自动判断后决定如何缩放图像。虽然这种判断并不是百分百准确的，但确实是 Photoshop 通往智能化的一个标志。

打开一幅图像，并且进行图层复制。执行【编辑】|【内容识别比例】命令（快捷键 Alt+Ctrl+Shift+C），即可对图像进行有识别的变换。变换后的图像，主体人物不会进行很大变形，而大面积的天空或水面等，会智能地将其进行缩放，这点也是该项功能与普通变换工具的不同之处，如图 2-43 所示。

原图

内容识别缩小

普通缩小

图 2-43 内容识别缩小

2.4.2 图像裁剪

在编辑图像过程中，时常需要将图像中不需要的部分裁去，因此裁切图像是不可避免的。Photoshop 为用户提供了一个非常方便的工具——【裁剪工具】 。

使用【裁剪工具】 ，可以通过手动的方式，快速达到裁切图像的目的。该工具可以自由控制裁剪的大小和位置，还可以在裁剪的同时，对图像进行旋转、变形，以及改变图像分辨率等操作。

在工具箱中单击【裁剪工具】 按钮，启用此工具后，在工具选项栏中可以设置裁剪图像的尺寸，如图 2-44 所示。

图 2-44 工具选项栏

在裁剪过程中需要对图像进行重新取样时，可以直接输入高度和宽度的值。如果要裁剪图像而不重新取样（采用默认设置），可以指定使用默认设置进行裁剪。裁剪工具选项栏中的选项如下。

- ❑ **不受约束** 选择不受约束按钮，是指在裁剪区域不受到画面的限制，如图 2-45 所示。
- ❑ **纵向与横向旋转裁剪框** 单击该按钮，可以旋转裁剪区域。
- ❑ **拉直** 启用该按钮，通过在图像上画一条线来拉直该图像，如图 2-46 所示。
- ❑ **视图** 选择该按钮，可以改变裁剪区域的视图，如图 2-47 所示。
- ❑ **设置其他裁剪选项** 点击该按钮，可以修改裁剪区域的效果，如图 2-48 所示。
- ❑ **删除裁剪的像素** 启用该按钮，可以删除裁剪的像素。

在工具箱中选择【透视裁剪工具】，在裁剪图像时用户可以将透视的图像进行校正，如图 2-49 所示。

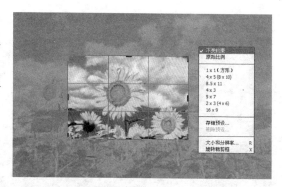

图 2-45 不受约束

图 2-46 拉直图像

图 2-47 改变视图

图 2-48 裁剪区域效果

2.4.3 调整色阶

色阶是 Photoshop 的常用工具，主要用来调整图片的明与暗，整体或局部，操作时色调变化直观，简单且实用。其主要通过高光、中间调和暗调 3 个变量进行图像色调调整。当图像偏亮或偏暗时，可使用此命令调整其中较亮和较暗的部分，对于暗色调图像，可将高光设置为一个较低的值，以避免太大的对比度。执行【图像】|【调整】|【色阶】命令（快捷键 Ctrl+L），打开【色阶】对话框，如图 2-50 所示。其中的各选项功能如表

2-6 所示。

图 2-49　透视裁剪

图 2-50　【色阶】对话框

表 2-6　【色阶】对话框中的选项及其功能

选　项	功　能　说　明
预设	该下拉列表选项中，按照高光、中间调、暗调三个变量，预设了 8 个智能选项，选择每个选项，均可发现不同的效果，这样可以方便、快捷地调整图像的明暗关系
通道	该选项根据图像模式而改变，可以对每个颜色通道设置不同的输入色阶与输出色阶值
输入色阶	该选项区域的三个三角按钮，分别控制图像暗调、中间调、高光部分
输出色阶	该选项区域的两个三角按钮，控制图像的最暗和最亮数值
自动	单击该按钮，执行【自动色阶】命令
选项	单击该按钮可以更改自动调节命令中的默认参数

1. 输入色阶

在【色阶】对话框中，主要调整选项为【输入色阶】选项，该选项可以用来增加图像的对比度。它有两种调整方法，一种是通过拖动色阶的三角滑块进行调整；另外一种是直接在【输入色阶】文本框中输入数值。其中左侧的黑色三角滑块用于控制图像的暗调部分，取值范围为 0～253。当该滑块向右拖动时，增大图像中暗调的对比度，使图像变暗，而相应的数值框也发生变化，如图 2-51 所示。

图 2-51　调整暗调区域

右侧的白色三角滑块用于控制图像的高光对比度，数值范围为 2～255。当该滑块向左拖动时，将增大图像中的高光对比度，使图像变亮，而相应的数值框也发生变化，如图 2-52 所示。

中间的黑色滑块是调整中间色调的对

图 2-52　调整高光区域

比度，可以控制在黑场和白场之间的分布比例，数值小于 1.00 图像变暗；大于 1.00 图像变亮。如果往暗调区域移动，图像将变亮，因为黑场到中间调的这段距离，比起中间调到高光的距离要短，这代表中间调偏向高光区域更多一些，因此图像变亮了；如果向右拖动会产生相反的效果，使图像变暗，如图 2-53 所示。

图 2-53　调整中间调区域

2．输出色阶

【输出色阶】选项可以降低图像的对比度，其中的黑色三角用来降低图像中暗部的对比度，向右拖动该滑块，可将最暗的像素变亮，感觉在其上方覆盖了一层半透明的白纱，其取值范围是 0～255；白色三角用来降低图像中亮部的对比度，向左拖动滑块，可将最亮的像素变暗，图像整体色调变黑，其取值范围是 255～0，如图 2-54 所示。

图 2-54　设置输出色阶

通常情况下，如果将【输出色阶】的滑块向左或向右拖动后，再将【输入色阶】滑块向右或向左拖动，图像色调变化的同时，感觉在其上方覆盖了一层半透明的白纱，这是在【输出色阶】选项中提高或降低了图像的整体对比度，以及在调整整体亮度或暗度的基础上操作【输入色阶】产生的效果。

3．通道选项

该选项用于选择特定的颜色通道，以调整其色阶分布。【通道】选项中的颜色通道是根据图像模式来决定的，当图像模式为 RGB 时，该选项中的颜色通道为 RGB、红、绿与蓝；当图像模式为 CMYK 时，该选项中的颜色通道为 CMYK、青色、洋红、黄色与黑色，如图 2-55 所示。

例如，在 RGB 模式中，选择【通道】下拉列表中的"红"通道后，将【输入色阶】中的黑色滑块向右拖动，发现图像不是变暗，而是由阴影区域向高光区域转变为青绿色；如果将白色滑块向左拖动，整个图像不是变亮，而是由高光区域向阴影区域变为红色，如图 2-56 所示。总之，当移动滑块的时候，暗部变化所倾向的颜色与亮部所倾向的颜色为互补色。

如果在黑色滑块向右拖动的同时，将白色滑块向左拖动，这时图像中的阴影区域呈现绿色，高光区域呈现红色，如图 2-57 所示。

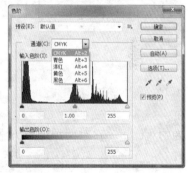

图 2-55　CMYK 模式

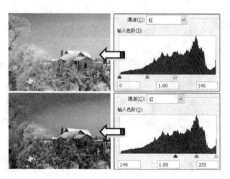

图 2-56　调整红通道颜色信息

如果在【输出色阶】中向右拖动黑色滑块，整个图像就会覆盖一层半透明红色；如果向左拖动白色滑块，整个图像就会覆盖一层半透明青绿色，如图2-58所示。

4. 双色通道

【色阶】命令除了可以调整单色通道中的颜色，还可以调整由两个通道组成的一组颜色通道。但是【通道】下拉列表中没有该选项，只有结合【通道】面板才能调整双色通道。方法是在【通道】面板中结合 Shift 键，选中其中的两个单色通道，如图 2-59 所示。

当【输入色阶】中的黑色滑块向右拖动时，图像中的红色与黑色像素增加。完成设置后返回 RGB 通道，图像由阴影区域到高光区域发生了细微变化，如图2-60所示。

图 2-57　同时调整阴影与高光启用

图 2-58　设置红通道中的输出色阶

图 2-59　选择双色通道

图 2-60　调整双色通道

5. 自动颜色校正选项

用户可以在【自动颜色校正】选项栏里更改默认参数，单击对话框中的【选项】按钮，打开【自动颜色校正选项】对话框，根据需要来调整参数。

2.4.4　调整曲线

【曲线】命令可以调节任意局部的亮度和颜色，也可以调节全体或是单独通道的对比。它不仅可以使用三个变量（高光、暗调、中间调）进行调整，而且可以调整0～255范围内的任意点，还可以使用曲线对图像中的个别颜色通道进行精确的调整。执行【图

像】|【调整】|【曲线】命令（快捷键 Ctrl+M），弹出【曲线】对话框，如图 2-61 所示。

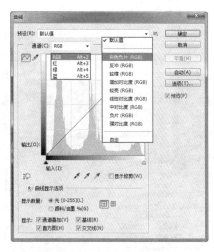

1. 预设选项

【曲线】对话框中的【预设】选项，是已经调整后的参数，在该选项的下拉列表中包括"默认值"、"自定"与 9 种预设效果选项，选择不同的预设选项会得到不同的效果，如图 2-62 所示。

2. 曲线显示选项

在【曲线】对话框中，显示了要调整图像的直方图，直方图能够显示图片的阴影、中间调、高光，并且显示单色通道。要想隐藏直方图，禁用【曲线显示选项】组中的"直方图"复选框即可，如图 2-63 所示。

图 2-61　【曲线】对话框

| 原图 | 彩色负片 | 反冲 |
| 较亮 | 负片 | 强对比度 |

图 2-62　预设效果

在曲线编辑窗口中有两种显示模式，一种是 RGB，另一种就是 CMYK。RGB 模式的图像以光线的渐变条显示，CMYK 模式的图像以油墨的渐变条显示，方法是启用【显示数量】的【颜料/油墨】选项。

在【曲线显示选项】选项组中，还有曲线编辑窗口的方格显示选项、【通道叠加】选项、【基线】选项等。这些选项可以更加准确地编辑曲线。

3. 调整图像明暗关系

可以使用【曲线】命令来提高图像的亮度和对比度，具体方法是在对角线的中间单击，添加一个点，然后将添加点向上拖动，此时图像逐渐变亮，如图 2-64 所示。相反，如果将添加点向下拖动，图像则逐渐变暗。

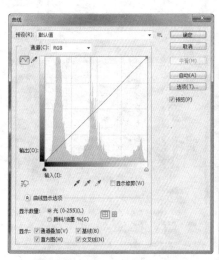

图 2-63　禁用【直方图】选项　　　图 2-64　提亮图像

　　如果图像对比度较弱，可以在【曲线】对话框里增加两个点，然后将最上面的增加点向右上角拉，增加图像的亮部，最下面的增加点向左下角拉，使得图像的暗部区域加深，如图 2-65 所示。

4．自由曲线

　　要改变网格内曲线的形状，并不只限于增加和移动控制点。还可以启用【曲线】对话框中的【铅笔工具】 ，它可以根据自己的需要随意绘制形状，如图 2-66 所示。

　　使用铅笔绘制完形状之后，会发现曲线的形状会凸凹不平，这时可以点击【平滑】按钮，它主要能使凸凹不平的曲线形状变得平滑，点击它的次数越多，绘制的曲线就会越平滑，如图 2-67 所示。其中，【曲线】 按钮能将铅笔绘制的线条转换为普通的带有节点的曲线。

图 2-65　增强对比度

5．调整通道颜色

　　【曲线】命令在单独调整颜色信息通道中的颜色时，可以增加曲线上的点，来细微地调整图像的色调。

图 2-66　绘制自由曲线

　　例如，选择【通道】下拉列表中的"红"选项，在直线中单击添加一个控制点，然后向上拖动，这时图像会偏向于红色，如图 2-68 所示。如果在"红"通道的直线上添加一个控制点，并且向右下角拖动，这时图像会偏向于青绿色。

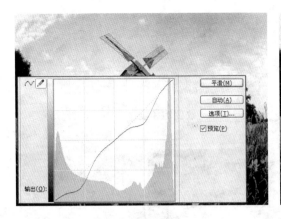

图 2-67　平滑曲线

图 2-68　调整红通道信息

在"红"通道中调整完之后，返回 RGB 复合通道，会发现【曲线】的编辑窗口中增加了一条红色的曲线，这说明在所有通道中，只有红通道发生了变化，如图 2-69 所示。

2.4.5　调整色相/饱和度

【色相/饱和度】命令可以调整图像中特定颜色的色相、饱和度和亮度分量，根据颜色的色相和饱和度来调整图像的颜色。这种调整应用于特定范围的颜色，或者对色谱上的所有颜色产生相同的影响。执行【图像】|【调整】|【色相/饱和度】命令，弹出【色相/饱和度】对话框，如图 2-70 所示。

1．参数设置

在【色相/饱和度】对话框中，【色相】、【饱和度】、【明度】三个参数设置选项依据色彩三要素原理来调整图像的颜色。

【色相】选项用来更改图像色相，在参数栏中输入参数或者拖动滑块，可以改变图像的颜色信息外观，如图 2-71 所示。

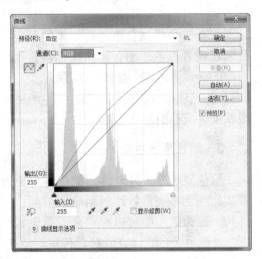

图 2-69　调整后显示

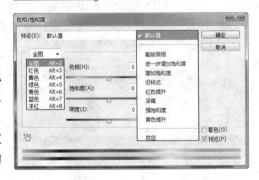

图 2-70　【色相/饱和度】对话框

【饱和度】选项控制图像彩色显示程度，在参数栏中输入参数或者拖动滑块，可以改变图像的色彩浓度，当饱和度数值为负值时，状态色谱显示为灰色，这说明图像已经不是彩色，而是无彩色图像，如图 2-72 所示。

【明度】选项控制图像色彩的亮度，在参数栏中输入参数或者拖动滑块，可以改变图像的明暗变化，当明度数值为负数时，图像上方覆盖一层不同程度的不透明度黑色；当明度数值为正数时，图像上方覆盖一层不同程度的不透明度白色，如图 2-73 所示。

图 2-71　改变色相

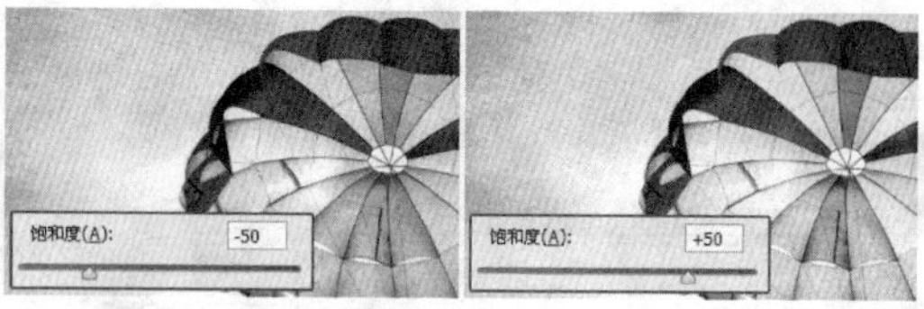

图 2-72　改变饱和度

2．单色调设置

启用【着色】选项，可以将画面调整为单一色调的效果，它的原理是将一种色相与饱和度应用到整个图像或者选区中。启用该选项，如果前景色是黑色或者白色，则图像会转换成红色色相；如果前景色不是黑色或者白色，则会将图像色调转换成当前的前景色色相，如图 2-74 所示。启用【着色】选项，色相的取值范围为 0～360，饱和度取值范围为 0～100。

图 2-73　改变明度

3．颜色蒙版功能

颜色蒙版专门针对特定颜色进行更改而其他颜色不变，以达到精确调整颜色的目的。在该选项中可以对红色、黄色、绿色、青色、蓝色、洋红六种颜色进行更改。

图 2-74　启用【着色】选项

在下拉列表中默认的是全图颜色蒙版，选择除全图选项外的任意一种颜色编辑，在图像的色谱中将会发生变化，如图 2-75 所示。

除了选择颜色蒙版列表中的颜色选项外，还可以通过吸管工具选择列表中的颜色或者近似的颜色。在颜色蒙版列表中任意选择一个颜色后，使用【吸管工具】 在图像中单击，可以更改要调整的色相，如图 2-76 所示。

图 2-75　改变红色

图 2-76　颜色范围

2.5　课堂练习：茶叶网站静态 Banner 制作

茶艺背景是衬托茶艺文化主题的重要手段，用来渲染茶性清纯、幽雅、质朴的气质，增强艺术感染力。不同风格的茶艺有不同的背景要求，只有选对了背景才能让欣赏者更好地领会茶的滋味。本案例是一个茶艺网站，整体色调以淡淡的绿色调为主，体现出清新感，如图 2-77 所示。在 Banner 的制作上，茶叶图片以圆形而出现，加上绿色的外壳边框，呈现出一种优美的雅致感。

📀 **图 2-77**　中国茶艺网

操作步骤：

1️⃣ 新建一个【宽度】和【高度】分别为 800 和 430 像素，白色背景文档。新建"图层 1"，填充白色。双击该图层，打开【图层样式】对话框。启用【渐变叠加】选项，添加渐变叠加效果，设置参数，如图 2-78 所示。

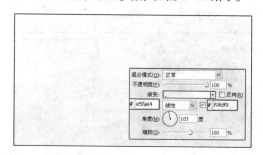

📀 **图 2-78**　添加渐变效果

2️⃣ 使用【钢笔工具】🖊，建立路径。先使用【直接选择工具】🡕，移动锚点；再使用【转换点工具】⌐，调整锚点，如图 2-79 所示。

3️⃣ 按 Ctrl+Enter 快捷键，将路径转换为选区。新建"图层 2"，填充白色。取消选区，双击该图层，启用【渐变叠加】图层样式。添加渐变效果，设置参数，如图 2-80 所示。

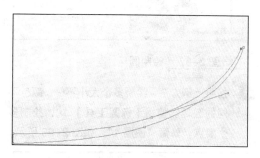

📀 **图 2-79**　建立路径

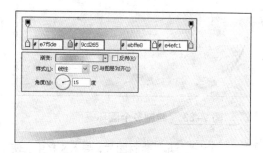

📀 **图 2-80**　添加渐变效果

4️⃣ 启用【投影】选项，对图像添加投影。设置【不透明度】为 21%，然后取消【全局光】并设置参数，如图 2-81 所示。

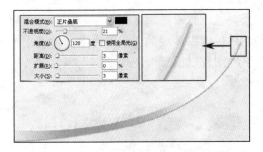

图 2-81　添加投影效果

5 新建"图层 3"，使用【椭圆工具】 ●。双击该图层，打开【图层样式】对话框。启用【描边】选项，添加 1 像素绿色描边，设置参数，如图 2-82 所示。并设置该图层【填充】为 0%。

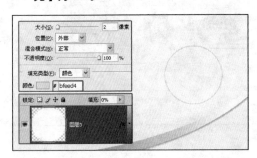

图 2-82　绘制圆环

6 按照上例方法，绘制多个大小不一、颜色不同的圆环。使用【椭圆工具】 ●，绘制多个圆点。隐藏"图层 1"，如图 2-83 所示。

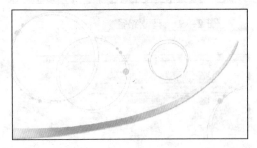

图 2-83　绘制多个圆环

7 打开"茶叶地"素材图片，导入文档中。使用【椭圆选框工具】 ○，设置【宽度】和【高度】均为 245 像素，在图像上建立正圆选区，如图 2-84 所示。

8 选中图片素材的当前图层，单击【图层】面板下的【添加图层蒙版】按钮 ■。选区

以外的图像将被隐藏，如图 2-85 所示。

图 2-84　建立选区

图 2-85　添加蒙版

9 执行【选择】|【变换选区】命令，打开变换框。设置【对平缩放】为 105%，等比例扩大选区。按 Enter 键，结束变换。新建图层"外壳"，填充黄绿色（#B5DE9），如图 2-86 所示。

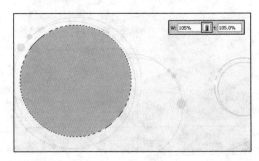

图 2-86　填充选区

10 如同上列放大，设置【水平缩放】为 90%，等比例缩小选区。按 Delete 键，删除选区，取消选区。双击"外壳"图层，打开【图层样式】对话框。启用【投影】图层样式，对图像添加投影，设置参数，如图 2-87 所示。

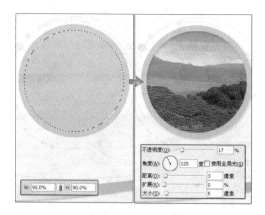

图 2-87　　添加阴影效果

11　使用【矩形工具】■，设置 W 为 100 像素；H 为 40 像素，建立矩形路径。按 Ctrl+T 快捷键，打开变换框，旋转路径。结束变换，将路径转为选区后删除，取消选区，如图 2-88 所示。

图 2-88　　删除外壳局部

12　分别导入多幅不同的图片素材，如同上列操作，对图像添加蒙版后，添加外壳边框，如图 2-89 所示。

图 2-89　　绘制图像

13　使用【横排文字工具】T，输入"中国茶文化——茶艺"黑色文字。设置【字体】为"方正黄草简体"，设置参数，如图 2-90 所示。并导入"叶子"图像素材做点缀装饰。

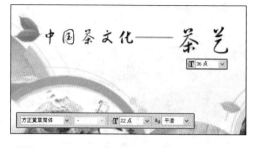

图 2-90　　输入文字

14　新建图层"选择栏"，设置前景色为橘黄色（#FFCA28）。使用【圆角矩形工具】■，设置【W】为 610 像素；【H】为 105 像素；圆角的【半径】为 5 像素。在画布上单击，绘制圆角矩形，如图 2-91 所示。

图 2-91　　绘制圆角矩形

15　新建图层"分割符"，使用【矩形选框工具】■，设置【宽度】为 1 像素，【高度】为 80 像素。在圆角矩形上单击，建立选区，填充 #DEAC18，向右平移 1 个像素，填充 #FAE08F。取消选区，如图 2-92 所示。

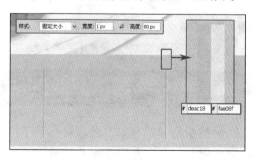

图 2-92　　绘制图像

16　使用【横排文字工具】T，输入"< >"白色符号，设置【字体】为"方正新报宋简

体"，【字号】为 83 点。添加【投影】图层
样式，设置参数，如图 2-93 所示。

图 2-93 绘制翻页按钮

17 新建图层"题目框"，设置前景色为白色。
使用【圆角矩形工具】，设置【W】为
120 像素，【H】为 80 像素。在选择栏图像
上单击，创建图像。添加【内阴影】图层样
式，设置参数，如图 2-94 所示。

图 2-94 绘制题目框

18 使用【横排文字工具】，在白色框内输
入"名茶荟萃"文字。设置【字体】为"方

正隶二简体"，【字号】为 30 点，【字体颜色】
为橘黄色（#FFCA28），如图 2-95 所示。

图 2-95 输入文字

19 打开"茶叶"素材，分别放置到合适位置。
并使用【横排文字工具】，在图像旁边
输入相应的名称。设置【字体】为"黑体"，
【字号】为 14 点，【消除锯齿的方法】为"无"，
如图 2-96 所示。

图 2-96 放置茶叶图片

20 整个 Banner 制作完成。按 Ctrl+Shift+Alt+E
快捷键，盖印可见图层。并将盖印图层图像
导入到网页中。

2.6 课堂练习：商业网站导航图标制作

　　网站中的导航菜单多种多样，除了纯文字导航菜单和单色图标外，还可以利用图形
来装饰导航菜单。在网站导航栏目中加入相应的图标，既可以美化网站，又可以形象地
表达栏目含义。在制作具有装饰效果的图标时应特别注意构图要简洁，以便于识别。图
标在导航菜单中的显示效果如图 2-97 所示。

图 2-97　网络网页

操作步骤：

1　在 Photoshop 中新建一个 700 × 600 像素、分辨率为 72 像素的文档。使用【钢笔工具】结合 Shift 键，绘制出房子的轮廓路径，如图 2-98 所示。

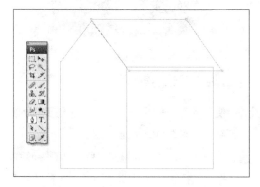

图 2-98　创建房子轮廓路径

2　使用【路径选择工具】依次选中路径，按下快捷键 Ctrl+Enter 将路径转换为选区，并填充颜色，如图 2-99 所示。

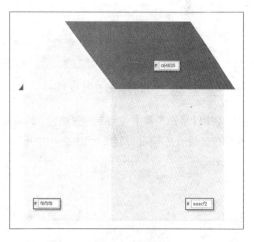

图 2-99　绘制房子图形

3　使用【矩形选框工具】绘制矩形选区，利用【渐变工具】填充颜色从红到深红的渐变，以制作房门。然后在房子底部绘制矩形填充深红色，同时降低图层不透明度，如图 2-100 所示。

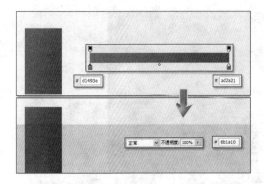

图 2-100　绘制房门

4 使用【矩形工具】■绘制矩形路径，按下快捷键 Ctrl+T 执行【自由变换】命令，对矩形路径进行变形操作，转换为选区后填充颜色，制作前檐及其投影，如图 2-101 所示。

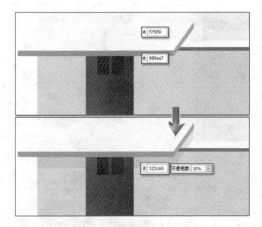

图 2-101　绘制前檐及其投影

5 使用【矩形工具】■绘制矩形路径，转换为选区后填充不同的颜色，如图 2-102 所示。

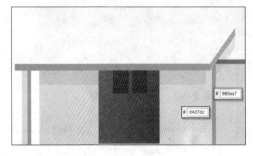

图 2-102　制作门前的柱子

6 使用【钢笔工具】◊沿房屋的房檐绘制路

径，转换为选区后填充灰色，如图 2-103 所示。然后在房屋拐角处绘制矩形并填充灰色，并设置其【不透明度】为 20%。

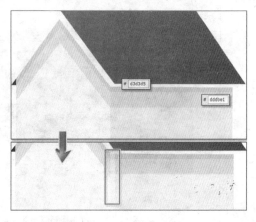

图 2-103　绘制图形

7 在房屋的右侧，使用【矩形选框工具】▣配合 Shift 绘制大小不同的正方形选区，填充不同程度的灰色，完成窗户的制作，如图 2-104 所示。

图 2-104　绘制窗户

8 使用相同的编辑方法，完成其他窗户的绘制，如图 2-105 所示。

9 绘制矩形选区，并填充灰色。复制矩形后，按下快捷键 Ctrl+T 选中矩形，向右移动 10 像素。然后执行【变换】|【再次】命令，将矩形复制多个，如图 2-106 所示。

10 使用【矩形选框工具】▣绘制矩形并填充颜色，完成栏杆的绘制，如图 2-107 所示。

网页设计与网站建设（CS6 中文版）标准教程

图 2-105　绘制其他窗户

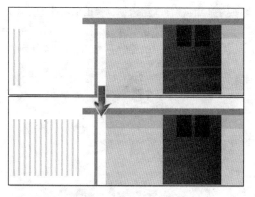

图 2-106　多重复制矩形

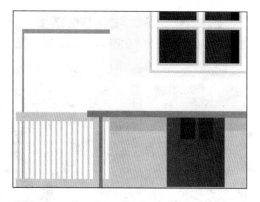

图 2-107　绘制栏杆

11 打开光盘素材"树.ai"，将其拖入到文档中，并置于底层。为房屋添加投影，最终效果如图 2-108 所示。

图 2-108　添加树和投影

2.7　课堂练习：制作金属指环

本练习主要采用【椭圆选框工具】绘制指环的形状，再使用【渐变填充工具】，设置【滑块】和【颜色】渐变填充，启用【图层样式】，然后运用【滤镜】做效果，最后调整【亮度/对比度】及【色相/饱和度】，如图 2-109 所示。

图 2-109　最终效果图

操作步骤：

1 按 Ctrl+N 组合键新建文档，如图 2-110 所示。

2 新建"图层 1"，选择【椭圆框选工具】，在工具选项栏中设置【样式】为"固定大小"，并设置【宽度】为 250 像素，【高度】为 230 像素，单击鼠标，在画布中创建一个椭圆，如图 2-111 所示。

3 选择【渐变工具】，在工具选项栏中选择"径向渐变"，单击该编辑区域打开"渐变编辑器"对话框，选择【黑白渐变】，设置参数填充渐变，如图 2-112 所示。

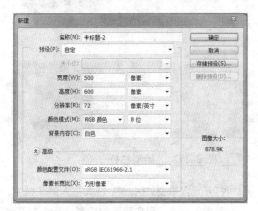

图 2-110　新建文档

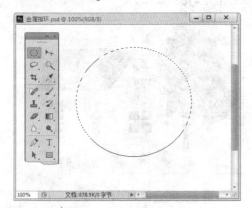

图 2-111　建立选区

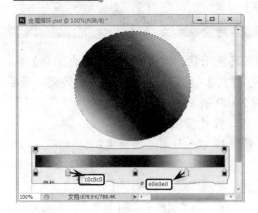

图 2-112　设置并填充渐变

4　选择【椭圆框选工具】◯，在工具选项栏中设置【样式】为"固定大小"并设置【宽度】为 220 像素，【高度】为 194 像素，单击鼠标，在画布中创建一个椭圆，如图

2-113 所示。

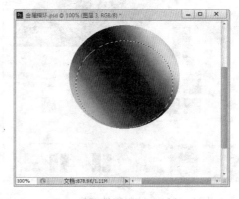

图 2-113　新建椭圆选区

5　按 Alt+Crl+D 组合键，弹出【羽化选区】对话框，设置【羽化半径】为 1，按 Delete键删除选区中的部分，如图 2-114 所示。

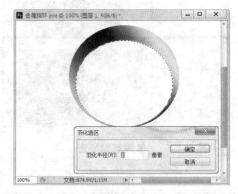

图 2-114　删除选区

6　复制"图层 1"，得到"副本 1"，重命名为"图层 2"，双击该图层，弹出【图层样式】对话框，启用【内阴影】选项，设置参数，如图 2-115 所示。

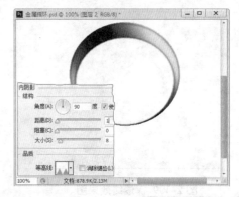

图 2-115　设置图层样式

网页设计与网站建设（CS6 中文版）标准教程

7 复制"图层2"，命名为"图层3"，按 Ctrl+t 组合键，右击鼠标选择"垂直翻转"如图 2-116 所示。

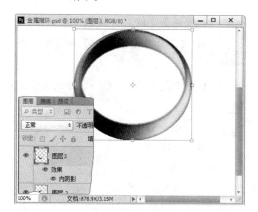

图 2-116　复制图层并垂直翻转

8 双击"图层3"打开【图层样式】对话框，启用【外发光】、【斜面和浮雕】、【光泽】选项，设置参数，如图 2-117 所示。

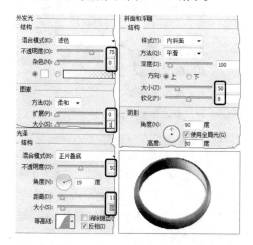

图 2-117　添加图层样式

9 选中"图层3"执行【滤镜】|【艺术效果】|【塑料包装】命令，设置【高光强度】为20、【细节】为1、【平滑度】为15，如图 2-118 所示。

10 按 Ctrl+E 组合键，合并背景以上的图层为"图层1"，选择【魔棒工具】在白色区域单击并按 Ctrl+Enter 组合键，反选右击选区选择【羽化】选项，在弹出的对话框中设置【羽化半径】为1，如图 2-119 所示。

图 2-118　制作滤镜效果

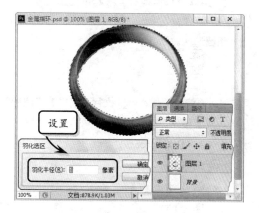

图 2-119　羽化 1 像素

11 执行【图像】|【调整】|【亮度/对比度】命令，如图 2-120 所示。

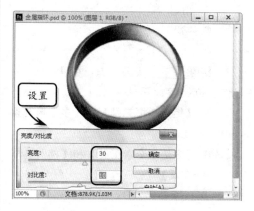

图 2-120　设置亮度/对比度

12 通过反复执行【图像】|【调整】|【色彩平衡】命令和【图像】|【调整】|【色相/饱和度】命令，确定颜色。最后使用【加深工具】和【减淡工具】调整细节，完成最终效果。

2.8 思考与练习

一、填空题

1. 在【图像大小】对话框中要想成比例缩放图像尺寸，必须启用_____选项。

2. 执行【贴入】命令后，在图层中会自动添加一个_____。

3. 套索工具组包含了三种工具，分别为_____、【多边形套索工具】和_____。

4. 结合_____键可以创建一个正方形或者正圆选区。

二、选择题

1. 要清除图像，可以执行【编辑】|【清除】命令，或者按_____键。

    A. Backspace

    B. Insert

    C. Delete

    D. Enter

2. 要想复制文档中所有图层中的图像，需要执行【编辑】|【_____】命令。

    A. 拷贝

    B. 剪切

    C. 贴入

    D. 合并拷贝

3. 使用_____选取工具，可以创建一个正方形与圆形选区。

    A.【矩形选框工具】和【多边形套索工具】

    B.【多边形套索工具】和【椭圆选框工具】

    C.【矩形选框工具】和【椭圆选框工具】

    D.【多边形套索工具】和【矩形选框工具】

4.【取消选择】选区范围命令的快捷键是_____。

    A. Shift+D

    B. Ctrl+D

    C. Alt+D

    D. Ctrl+Alt+D

5. 对选区进行变形的快捷键是_____。

    A. Ctrl+T

    B. Ctrl+F

    C. Shift+T

    D. 没有快捷键

6. 对颜色区域进行选择，使用的工具是_____。

    A. 套索工具

    B. 椭圆形选框工具

    C. 魔棒工具

    D. 多边形套索工具

三、问答题

1. 在保存和载入选区时，应该注意哪些事项？

2. 对选区执行【存储选区】命令后，选区保存在什么位置？

3. Photoshop 中提供的哪些工具是专门用来增减选择范围的？

4. 怎样复制局部图像？

5. 简要概述复制图像的多种情况。

第 3 章

Photoshop CS6 的图像处理

　　在设计网页时，如果只是单纯地由线条和文字组成，则整个页面会显得过于单调。为了解决这个问题并使网页看起来丰富多彩，通常会在网页中插入图像。因为适当地使用图像可以让网站充满活力和说服力，也可以加深浏览者对网站的印象。

　　在本章中，主要介绍网页图像的编辑处理方法，以及添加设置图层、编辑文字、格式化文字和使用路径等内容，使用户能够在 Photoshop 中为网页设计所需的图像。

本章学习目标：

➢ 掌握图层的使用
➢ 掌握绘图与图像编辑工具
➢ 掌握处理文本
➢ 掌握使用路径

3.1　使用图层

在 Photoshop 中，【图层】调板是进行图像编辑和管理操作的基础，作品中的每个图像元素，都可作为一个单独的图层存在，可以将它们想象为一张张透明的纸，每个图层都存在着不同的图像，透过图层的透明区域可以观察到下面的内容，如图 3-1 所示。

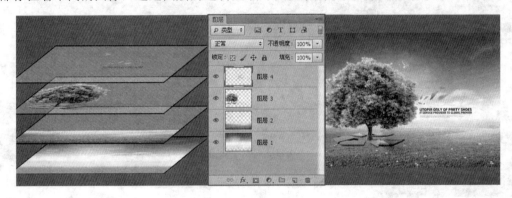

图 3-1　图层原理

3.1.1　图层的基本操作

在 Photoshop 中，编辑操作都是基于图层进行的，比如创建新图层、复制图层、删除图层等。只有了解图层的基本操作后，才可以更加得心应手地编辑图像。

1．创建与设置图层

在不同的图层中绘制图像，可以方便地更改某个图层，而不影响其他图层中的图像。方法是单击【图层】面板底部的【创建新建图层】按钮，即可创建空白的普通图层，如图 3-2 所示。

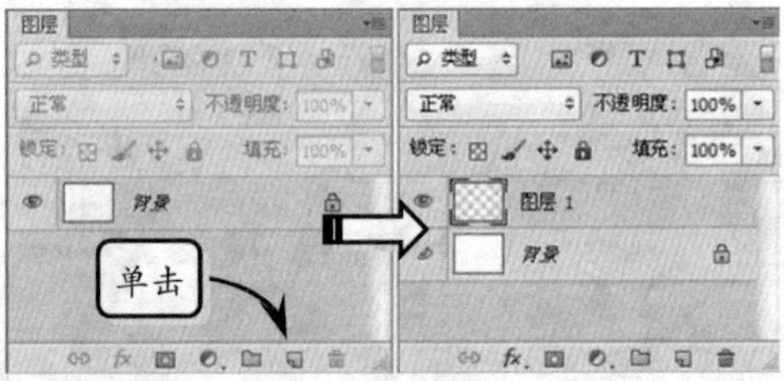

当图层过多时，还可以通过设置图层的显示颜色来区分图像。对于现有的图层，可以选择【图层】面板的关联菜单中的【图层属性】命令，来设置当前图层的显示颜色，如图 3-3 所示。

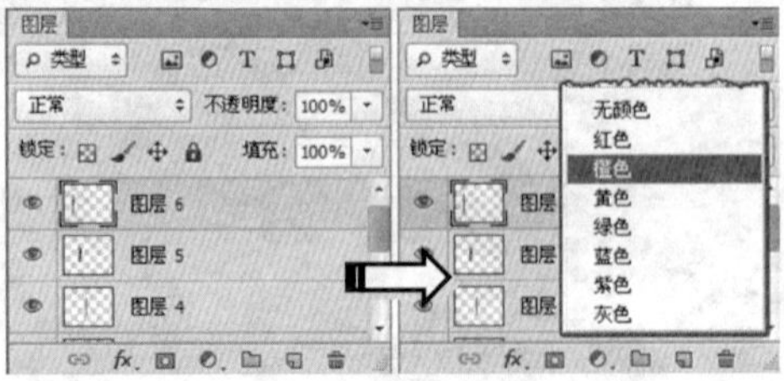

图 3-2　创建空白图层

图 3-3　设置图层颜色

2．选择图层与调整图层顺序

无论要进行任何操作，首先要选择图层，这样才能够选中图层中的图像。要选择图层非常简单，只要在【图层】面板中单击该图层即可，如图 3-4 所示。

在编辑多个图层时，图层的顺序排列也很重要。上面图层的不透明区域可以覆盖下面图层的图像内容。如果要显示覆盖的内容，就需要对该图层顺序进行调整。调整图层顺序的方法有以下几种：

选择要调整顺序的图层，执行【图层】|【排列】|【前移一层】命令（快捷键 Ctrl＋]），该图层就可以上移一层，如图 3-5 所示。如果要将图层下移一层，执行【图层】|【排列】|【后移一层】命令（快捷键 Ctrl＋[）。

选择要调整顺序的图层，同时拖动鼠标到目标图层上方，然后释放鼠标即可调整该图层顺序，如图 3-6 所示。

3. 复制和删除图层

复制图层可以用来加强图像效果，如图 3-7所示，同时也可以保护源图像，复制图层的方法有以下几种：

- ❑ 选择要复制的图层，然后执行【图层】|【复制图层】命令，在弹出的【复制图层】对话框中输入该图层名称。
- ❑ 选择要复制的图层，用鼠标将该图层拖动到【创建新图层】 按钮上即可复制图层。
- ❑ 按 Ctrl＋J 快捷键，执行【通过拷贝的图层】命令。
- ❑ 选择【移动工具】 同时，按下 Shift 键并拖动图像，即可复制图像所在的图层。

将没有用的图层删除，可以有效地减小文件的大小。选择要删除的图层，单击【删除图层】 按钮即可（或将图层拖动至该按钮上），如图 3-8 所示。

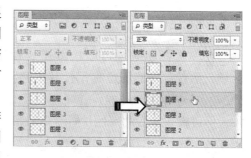

图 3-4　选择图层

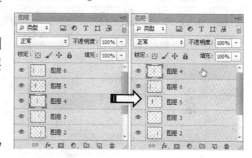

图 3-5　前移一层

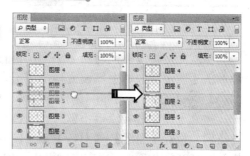

图 3-6　手动调整图层顺序

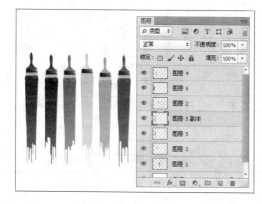

图 3-7　复制图层

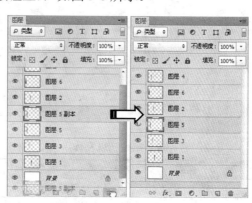

图 3-8　删除图层

4. 锁定图层

在编辑图像时，可以根据需要锁定图层的透明区域，图像的像素和位置，使其不会因编辑操作而被修改，锁定图层的功能，在【图层】调板上面，单击按钮即可锁定相应的属性，如图3-9所示。各项功能见表3-1。

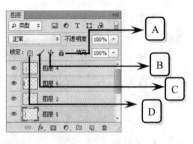

图 3-9　锁定图层按钮

表 3-1　各个锁定选项功能

序号	图标	名　称	功　能
A	🔒	锁定全部	单击该按钮后，可锁定以上全部选项。当图层被完全锁定时，【图层】面板中锁状图标显示为实心的；当图层被部分锁定时，锁状图标是空心的。
B	✛	锁定位置	单击该按钮后，可防止图层被移动，对于设置了精确位置的图像，将其锁定后就不必担心被意外移动了。
C	✏	锁定图像像素	单击该按钮，可防止使用绘画工具修改图层的像素，启用该项功能后，用户只能对图层进行移动和变换操作，而不能对其进行绘画、擦除或应用滤镜。
D	☒	锁定透明像素	单击该按钮后，可将编辑范围限制在图层的不透明部分。

5. 图层的链接

图层的链接需要同时对多个图层进行变换操作，比如移动、旋转、缩放时，按下 Ctrl 键单击【图层】面板中需要变换的图层，将它们选择之后单击【图层】面板下方【链接图层】 🔗 按钮即可，如图3-10所示。

建立了图层链接以后不但可以对图层进行整体移动，而且还可以对链接图层进行对齐排列。执行【图层】|【对齐】或【图层】|【分布】子菜单下的各个命令。在工具选项栏中也可以单击各个按钮来完成操作，如图3-11所示。各个选项的功能如表3-2所示。

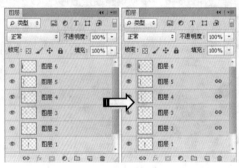

图 3-10　链接图层

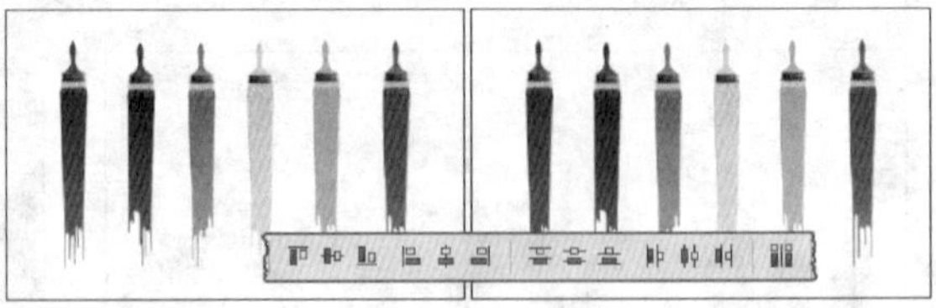

图 3-11　对齐或分布

表 3-2　对齐与分布按钮以及作用

分类	图标	名　称	功　能
对齐	▊⁁	顶边	将所有链接图层最顶端的像素与作用图层最上边的像素对齐。
	⁅▊	垂直居中	将所有链接图层垂直方向的中心像素与作用图层垂直方向的中心像素对齐。

分类	图标	名　称	功　　能
对齐		底边	将所有链接图层底端像素与作用图层的底端像素对齐。
		左边	将所有链接图层最左端的像素与作用图层最左端的像素对齐。
		水平居中	将所有链接图层水平方向的中心像素与作用图层水平方向的中心像素对齐。
		右边	将所有链接图层最右端的像素与作用图层最右端的像素对齐。
分布		顶边	从每个图层最顶端的像素开始，均匀分布各链接图层的位置，使它们最顶边的像素间隔相同的距离。
		垂直居中	从每个图层垂直居中像素开始，均匀分布各链接图层的位置，使它们垂直方向的中心像素间隔相同的距离。
		底边	从每个图层最底端的像素开始，均匀分布各链接图层的位置，使它们最底端的像素间隔相同的距离。
		左边	从每个图层最左端的像素开始，均匀分布各链接图层的位置，使它们最左端的像素间距相同的距离。
		水平居中	从每个图层水平居中像素开始，均匀分布各链接图层的位置，使它们水平方向的中心像素间隔相同的距离。
		右边	从每个图层最右端的像素开始，均匀分布各链接图层的位置，使它们最右端的像素间隔相同的距离。

工具选项栏中还包括【自动对齐图层】▓▓按钮，【自动对齐图层】功能可以根据不同图层中的相似内容（如角和边）自动对齐图层。可以指定一个图层作为参考图层，也可以让 Photoshop 自动选择参考图层。其他图层将与参考图层对齐，以便匹配的内容能够自行叠加。

要应用该功能，首先要将相似的图像导入在同一个文档中，然后同时选中后，单击工具选项栏中的【自动对齐图层】▓▓按钮，弹出【自动对齐图层】对话框，如图 3-12 所示。在该对话框中，各个参数及选项作用如下。

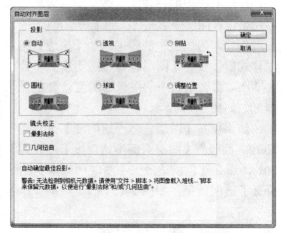

图 3-12　【自动对齐图层】对话框

- ❑ **自动**　Photoshop 将分析源图像并应用【透视】或【圆柱】版面（取决于哪一种版面能够生成更好的复合图像）。

- ❑ **透视**　通过将源图像中的一个图像（默认情况下为中间的图像）指定为参考图像来创建一致的复合图像。然后将变换其他图像（必要时进行位置调整、伸展或斜切），以便匹配图层的重叠内容。

- ❑ **圆柱**　通过在展开的圆柱上显示各个图像来减少在【透视】版面中会出现的【领结】扭曲，图层的重叠内容仍匹配。将参考图像居中放置，最适合于创建宽全景图。

- ❑ **球面**　将图像与宽视角对齐（垂直和水平）。指定某个源图像（默认情况下是中间图像）作为参考图像，并对其他图像执行球面变换，以便匹配重叠的内容。

- ❏ **拼贴** 对齐图层并匹配重叠内容，不更改图像中对象的形状。
- ❏ **调整位置** 对齐图层并匹配重叠内容，但不会变换（伸展或斜切）任何源图层。
- ❏ **晕影去除** 对导致图像边缘（尤其是角落）比图像中心暗的镜头缺陷进行补偿。
- ❏ **几何扭曲** 补偿桶形、枕形或鱼眼失真。

启用【投影】选项组中的某个选项，单击【确定】按钮即可完成图像叠加效果。如图 3-13 所示为启用【自动】选项得到的叠加效果。

图 3-13 自动对齐图层

6．设置图层透明度

在【图层】面板中，包含两个透明度选项：【图层总体不透明度】与【图层内部不透明度】。这两个选项虽然都是用来设置图层图像的不透明度效果的，但是前者是用来设置图层中所有图像的不透明度效果的；后者则是用来设置图层中填充效果的不透明度的。

图 3-14 设置【图层总体不透明度】参数

例如，为图层中的图像添加【描边】图层样式后，设置【图层总体不透明度】参数为 30%，那么画布中的图像透明度就会整体降低，如图 3-14 所示。

如果保持【图层总体不透明度】参数为 100%，而设置【图层内部不透明度】参数为 30%，那么红色描边效果不变，图像本身则降低了透明效果，如图 3-15 所示。

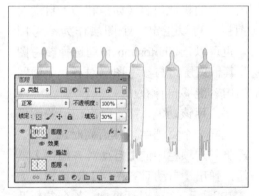

图 3-15 设置【图层内部不透明度】参数

3.1.2 图层的分组

为了方便组织和管理图层，Photoshop 提供了图层组的功能。使用图层组功能可以更容易地将多个图层编组进行操作，相对于链接图层更方便、更快捷。

1．创建图层组

单击【图层】调板中的【创建新组】 ▢ 按钮，即可新建一个图层组。然后再创建图层时，就会在图层组里面创建，如图 3-16

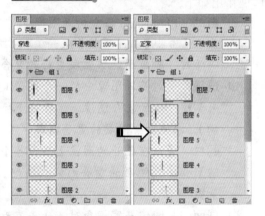

图 3-16 创建图层组

所示。

选择多个图层后，执行【图层】调板菜单中的【图层编组】命令（快捷键 Ctrl+G），可以将选择的图层放入同一个图层组内。

还可以将当前的图层组嵌套在其他图层组内，这种嵌套结构最多可以为 5 级，如图 3-17 所示。选中图层组中的图层，单击【创建新组】按钮，即可在图层组中创建新组。

2. 编辑图层组

图层组与链接图层具有相同的操作功能，比如同时移动或者变换图层组中所有图层中的图像。与链接图层不同的是，图层组还具有图层的属性，比如设置图层的【不透明度】选项等。

无论图层组中包括多少图层，只要设置该图层组的【不透明度】选项，就可以同时控制该图层组中所有图层的不透明度显示，如图 3-18 所示。

单击图层组前的图标 ▶，可以展开图层组，再次单击可以折叠图层组。如果按下 Alt 键单击该图标，则可以展开图层组及该组中所有图层的样式列表。

如果要将图层组解散，可以执行【图层】|【取消图层编组】命令（快捷键 Shift+Ctrl+G）即可。

要删除图层组，可以把要删除的图层组拖动至【删除图层】 🗑 按钮上，可删除该图层组及图层组中的所有图层；如果要保留图层，仅删除图层组，可在选择图层组后，单击【删除图层】 🗑 按钮，在弹出的对话框中单击【仅组】按钮即可，如图 3-19 所示。

● 3.1.3 图层的混合模式

【混合模式】是 Photoshop 的强大功能之一，它决定了当前图像中的像素与底层图像中的像素混合。使用混合模式可以轻松制作出许多特殊的效果，但是真正要掌握它却不是一件容易的事，下面将深入分析各种混合模式的特

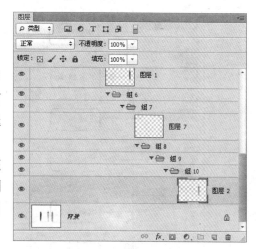

图 3-17　嵌套图层组

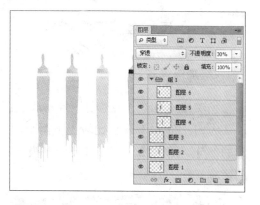

图 3-18　设置图层组不透明度

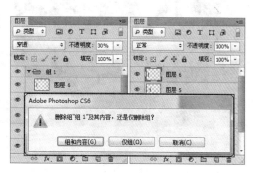

图 3-19　删除图层组

点及用途。混合模式可以分为 6 大类，如图 3-20 所示。

1. 组合模式

组合模式包括【正常】和【溶解】两种模式，他们均需要配合不透明度才能产生一定的混合效果。例如，【溶解】模式的特点是配合调整不透明度，可以创建点状喷雾式的图像效果，设置的透明度越低，像素点越分散，如图 3-21 所示。

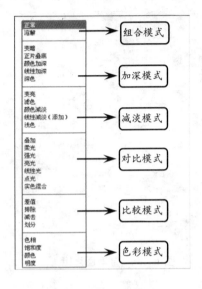

图 3-20　图层混合模式

图 3-21　溶解模式

2. 加深模式

加深模式组可以将当前图像与底层图像进行比较并使底层图像变暗。以 RGB 颜色模式为例，Photoshop 会比较上下两个图层的红色、绿色和蓝色成分，使用每种成分中最暗的部分。图 3-22 显示了【变暗】模式的效果，该模式用来显示并处理比当前图像更暗的区域。

正片叠底

颜色加深

图 3-22　变暗模式

3．减淡模式

在 Photoshop 中，每一种加深模式都有一种完全相反的减淡模式相对应，减淡模式的特点是当前图像中的黑色将会消失，任何比黑色亮的区域都可能加亮底层图像。图 3-23 显示了【变亮】模式的效果，该模式用来比较并显示当前图像中比下面图像亮的区域，同【变暗】模式产生的效果相反。

滤色

颜色减淡

图 3-23 不同的减淡模式

4．对比模式

对比模式组综合了加深和减淡模式的特点，在进行混合时"50%"的灰色会完全消失，任何高于"50%"的灰色区域都可能加亮下面的图像，而低于"50%"的灰色区域都可能使底层图像变暗，从而增加图像的对比度。其中效果最为明显的是【叠加】模式，如图 3-24 所示。

图 3-24 叠加模式

5．比较模式

比较模式组可比较当前图像与底层图像，然后将相同的区域显示为黑色，不同的区域显示为灰色层次或彩色，在该模式组中包括【差值】、【排除】、【减去】和【划分】4 种模式，其效果如图 3-25 所示。

差值

排除

减去   划分

图 3-25　比较模式

6. 色彩模式

色彩的三要素是色相、饱和度和亮度，使用色彩混合模式合成图像时，Photoshop 将三要素的一种或两种应用在图像中。该模式组中包括色相、饱和度、颜色和明度，图 3-26 显示了其中两种色彩模式的效果。

饱和度   颜色

图 3-26　多种色彩模式

3.1.4　图层的样式

图层样式是创建图像特效的重要手段，使用图层样式可以为图像添加投影、发光、浮雕和光泽等效果，快速创建各种质感和特殊效果的图像内容。

在 Photoshop 中，当需要给图层添加图层样式时，可以执行【图层】|【图层样式】命令，在所弹出的子菜单中选中所需要的样式；也可以直接在当前图层上双击鼠标，打开【图层样式】对话框。

1. 自定义图层样式

在【图层样式】对话框中，还可以将自己设置好的样式添加到【样式】面板中，以便以后重复使用。方法是在【图层样式】对话框中单击【新建样式】按钮，在弹出的对话框中设置样式的名称，然后在【样式】面板中就可以查看到自定义的样式，如图 3-27

所示。

2．修改与复制图层样式

在进行图形设计过程中，经常会遇到多个图层使用同一个样式，或者需要将已经创建好的样式，从当前图层移动到另外一个图层上去的情况。这样的操作可在【图层】面板中，通过按住功能键即可轻松完成。

当需要将样式效果从一个图层复制到另一个图层中，只需按住 Alt 键，同时拖动到另一个图层中即可，如图 3-28 所示。

当需要将一个样式效果转移到另外一个图层中时，只需要拖动样式到另一个图层中，即可将样式转移到另一个图层中，如图 3-29 所示。

3．缩放样式效果

在使用图层样式时，有些样式可能已针对目标分辨率和指定大小的特写进行过微调，因此，就有可能产生应用样式的结果与样本的效果不一致的现象，如图 3-30 所示。

这时就需要单独对效果进行缩放，才能得到与图像比例一致的效果。选择缩小图像所在图层，执行【图层】|【图层样式】|【缩放效果】命令，弹出【缩放图层效果】对话框，设置样式的缩放比例参数与图像缩放相同，可以发现样式效果与缩放前相同，如图 3-31 所示。

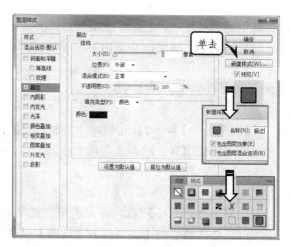

图 3-27　自定义图层样式

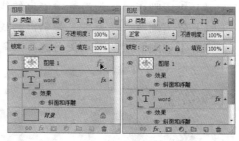

图 3-28　复制图层样式

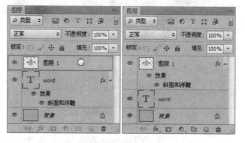

图 3-29　转移图层样式

图 3-30　缩小样式

图 3-31　缩小样式

3.2　使用绘图与图像编辑工具

掌握绘图工具和图像编辑工具的使用是应用 Photoshop 的基本功，通过对绘图工具合理地选择与使用，才能够绘制和编辑出完美的图像。比如调整画笔硬度绘制柔和边缘，选择特殊画笔形状绘制特殊图案，等等。

3.2.1 画笔工具

【画笔工具】 ✐ 可以在画布中绘制当前的前景色。选择工具箱中的【画笔工具】 ✐ 后，即可像使用真正的画笔在纸上作画一样，在空白画布或者图像上进行绘图。

1. 画笔类型

选取【画笔工具】 ✐，在文档空白处单击鼠标右键，在弹出的【画笔预设】选取器中，可以选择画笔的【主直径】、【硬度】以及【画笔预设形状】。在 Photoshop 中，画笔的类型可分为硬边画笔、软边画笔以及不规则形状画笔。

- ❑ **硬边画笔**　这类画笔绘制出的线条不具有柔和的边缘，它的【硬度】值为 100%。
- ❑ **软边画笔**　这类画笔绘制出的线条具有柔和边缘。
- ❑ **不规则形状画笔**　使用这类画笔，可以产生类似于喷发、喷射或爆炸的效果，如图 3-32 所示。

硬边画笔　　　　　　　　软边画笔　　　　　　　　不规则画笔

图 3-32　画笔笔触类型

当选择工具箱中的【画笔工具】 ✐ 后，在文档中右击鼠标，即可弹出一个【画笔预设】选取器。在该选取器中可以设置画笔的【主直径】及【硬度】的参数大小，如图 3-33 所示。

2. 画笔颜色混合模式

混合模式将根据当前选定工具的不同而变化，其中，绘图模式与图层混合模式类似。只需在绘制之前，在工具选项栏中设置【绘画模式】选项，即可得到不同的绘画效果，如图 3-34 所示。

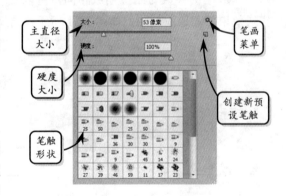

图 3-33　【画笔预设】选取器

网页设计与网站建设（CS6 中文版）标准教程

正常模式

线性光

颜色模式

 图 3-34 不同绘画模式

3．调整画笔【不透明度】

在【画笔工具】 选项中，调整画笔的不透明度，可以改变绘画应用颜色与原有底色的显示程度，它的取值范围为 1%～100%，通过在工具选项栏中调整不透明度参数，可以绘制出深浅不同的颜色，如图 3-35 所示。

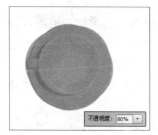
不透明度为 80%

不透明度为 50%

不透明度为 30%

图 3-35 不同透明度效果

4．画笔流量

在【画笔工具】 选项中，设置画笔流量可以控制绘图颜色的浓度比率和单个笔触的不透明度，它的取值范围为 1%～100%。在绘制图像时，设置流量参数越大，颜色量依据流动速率增大，直至达到不透明设置，如图 3-36 所示。

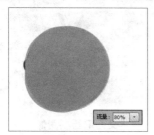
画笔流量速率 80%

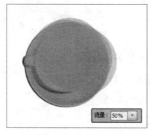
画笔流量速率 50%

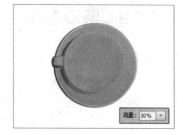
画笔流量速率 30%

图 3-36 不同流量画笔效果

5．画笔喷枪

使用【喷枪】功能模拟绘画，需要将指针移动到某个区域上方，如果单击鼠标不放，颜料量将会增加。其中，画笔硬度、不透明度和流量选项可以控制应用颜料的速度和数量。比如使用湿介质画笔，单击【喷枪】██按钮，在某一区域单击鼠标，每单击一次鼠标颜料量将会增加，直到不透明度达到100%，如图3-37所示。

单击1次效果　　　　　　　　　单击5次效果　　　　　　　　　单击10次效果

 **图3-37**　喷枪画笔效果

6. 自定义画笔

在【画笔工具】██选项中，自定义画笔可以载入自己需要的画笔形状，也可以将自己手绘的图形作为画笔形状。自定义画笔是用来预设个性化的画笔形状，是处理一些特殊纹案时使用的工具。在 Photoshop CS6 中，自定义画笔的方法有三种，如下所示。

- ❏ 执行【编辑】|【定义画笔预设】命令，打开【画笔名称】对话框，在该对话框中为画笔命名，然后单击【确定】按钮。
- ❏ 启用【画笔工具】后，在工具栏中单击对话框。通过单击【画笔】面板对话框下面的 ██ 按钮来新建画笔。
- ❏ 单击【画笔】面板右上角的下三角按钮，从打开的【画笔】面板菜单中执行【新建画笔预设】命令，来新建画笔。

新建画笔后，在【画笔】面板中就可以选择定义好的画笔进行绘制图像。例如，如图3-38 所示为用自定义的一种花型画笔绘制出的图像效果。

● 3.2.2　图章工具

在修复图像工具中，【仿制图章工具】██和【图案图章工具】██都是利用图章工具进行绘画。其中，前者是利用图像中某一特定区域工作的，后者是利用图案工作的。

图3-38　自定义画笔绘制图像

1. 仿制图章工具

【仿制图章工具】██类似于一个带有扫描和复印作用的多功能工具，它能够按涂抹的范围复制全部或者部分到一个新的图像中，它可创建出与原图像完全相同的图像。方法是，选择【仿制图章工具】██后，按住 Alt 键在图像的某个位置单击，进行取样，如图3-39 所示。

然后将光标指向其他区域时，光标中会显示取样的图像。在进行涂抹时，能够按照取样源的图像进行复制图像，如图 3-40 所示。

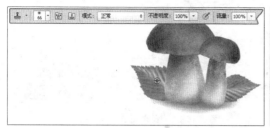

图 3-39　进行取样

图 3-40　复制图像

工具选项栏中的【对齐】选项用来控制像素取样的连续性。当启用该选项后，即使释放鼠标按钮，也不会丢失当前取样点，可以连续对像素进行取样，如图 3-41 所示。

如果禁用【对齐】选项，则会在每次停止并重新开始绘制时，使用初始取样点中的样本像素，如图 3-42 所示。

图 3-41　启用【对齐】选项

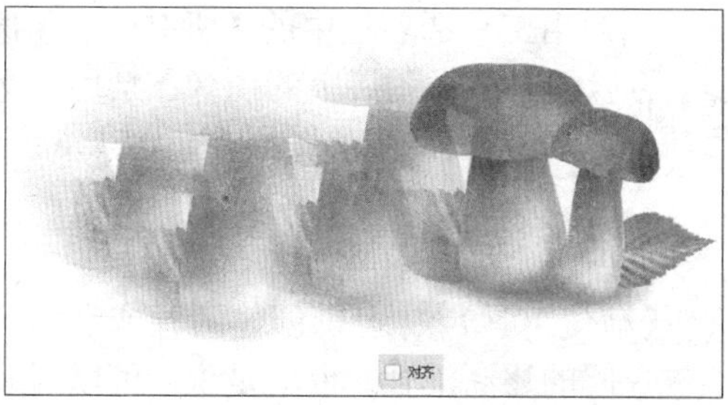

图 3-42　禁用【对齐】选项

2. 图案图章工具

【图案图章工具】可以利用图案进行绘画。选择该工具后，单击工具选项栏中的【图案】拾色器，在弹出的对话框中，可以选择各种图案。然后在画布中涂抹，即可填充图案，如图 3-43 所示。

在【图案图章工具】选项栏中，启用【印象派效果】选项后，可使仿制的图案产生涂抹混合的效果，如图 3-44 所示。

图 3-43　图案图章效果

图 3-44　启用【印象派效果】选项

3.2.3 填充工具

在 Photoshop 中有两种填充工具,它们分别是【渐变工具】■和【油漆桶工具】■。它们的主要作用是赋予物体颜色。通过对物体颜色的填充,使物体更加生动,从而给人以视觉享受。

图 3-45　填充单色与图案

1. 油漆桶工具

【油漆桶工具】■是进行单色填充和图案填充的专用工具,与【填充】命令相似。方法是,选择【油漆桶工具】■后,在工具选项栏中选择【填充区域的源】选项,然后在画布中单击,即可得到填充效果,如图 3-45 所示。

当启用工具选项栏中的【所有图层】选项后,可以编辑多个图层中的图像;禁用该选项后,只能编辑当前的工作图层,如图 3-46 所示。

2. 渐变工具

【渐变工具】■可以创建两种或者两种以上颜色间的逐渐混合。也就是说,可以用多种颜色过渡的混合色,填充图像的某一选定区域,或当前图层上的整个图像。

一般情况,单击工具箱中的【渐变工具】

图 3-46　禁用与启用【所有图层】选项

■按钮,在工具选项栏中显示并设置渐变工具参数。在图像中按下鼠标并拖动,当拖动至另一位置后释放鼠标即可在图像(或者选取范围)中填入渐变颜色,如图 3-47 所示。

□ 工具选项栏

在【渐变工具】选项栏中包含有多项参数选项和【线性渐变】■、【径向渐变】■、【角度渐变】■、【对称渐变】■和【菱形渐变】■5 种渐变图标。这 5 种图标可以创建出 5 种渐变样式,即可以完成 5 种不同效果的渐变填充,如图 3-48 所示。它们的功能如表 3-3 所示。

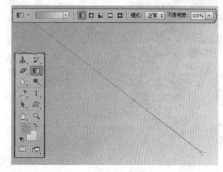

图 3-47　创建渐变

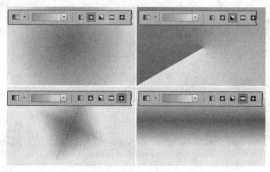

图 3-48　渐变样式

表 3-3 渐变样式功能

名　　称	图标	功　　能
线性渐变		在所选择的开始和结束位置之间产生一定范围内的线性颜色渐变。
径向渐变		在中心点产生同心的渐变色带。拖动的起始点定义在图像的中心点，释放鼠标的位置定义在图像的边缘。
角度渐变		根据鼠标的拖动，顺时针产生渐变的颜色。这种样式通常称为锥形渐变。
对称渐变		当用户由起始点到终止点创建渐变时，对称渐变会以起始点为中线再向反方向创建渐变。
菱形渐变		创建一系列的同心钻石状（如果进行垂直或水平拖动），或同心方状（如果进行交叉拖动），其工作原理和【径向渐变】一样。

在工具选项栏中，还包括【模式】下拉列表框、【不透明度】文本框、【反向】复选框、【仿色】复选框和【透明区域】复选框。其中前两者与【画笔工具】中的相似；【仿色】是用递色法来表现中间色调的，使渐变效果更加平顺；【透明区域】具有打开透明蒙版的功能，在填充渐变颜色时，可以应用透明设置。

□ 【渐变编辑器】对话框

除了可以使用系统默认的渐变颜色填充以外，还可以自定义渐变颜色来创建渐变效果，这需要认识【渐变编辑器】。在【渐变工具】选项栏中单击渐变条，即可打开该对话框，如图 3-49 所示。其中，A 为面板菜单，B 为不透明度色标，C 为调整值或删除选中的不透明度或色标，D 为中点，E 为色标，F 为色标颜色或位置的调整。

通过【渐变编辑器】对话框，可以设置两种类型的渐变，它们分别是【实底】渐变和【杂色】渐变。上面所介绍的渐变均为【实底】渐变。下面介绍【杂色】渐变的相关知识。

在【渐变编辑器】对话框【渐变类型】下拉列表中选择【杂色】渐变。用户可以看到，渐变条上没有色标可以调节了，取而代之的是颜色模型选项。有 3 种选项，分别是 RGB、HSB 和 LAB，如图 3-50 所示。

在【杂色】渐变类型下，还可以通过在【选项】区域中启用相关选项，来设置不同的效果，共有三个选项，分别为【限制颜色】复选框、【增加透明度】复选框与【随机化】按钮。其中，选中【限制颜色】复选框，渐变条上的颜色值将减去一半；启用【增加透明度】复选框，渐变条会

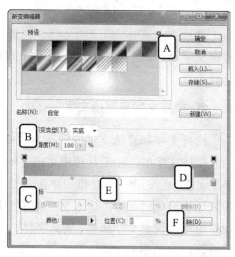

图 3-49 【渐变编辑器】对话框

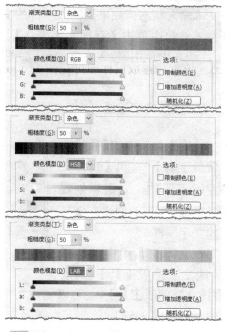

图 3-50 选择【杂色】渐变类型

呈现 50%透明的状态；而单击【随机化】按钮将随机出现各种渐变条。

3.3　处理文本

无论在何种视觉媒体中，文字和图片都是两大构成要素。Photoshop 提供了强大的文字工具，它允许用户在图像背景上制作复杂的文字效果，也可以随意地输入文字、字母、数字或符号等，同时还可以对文字进行各种变换操作。

3.3.1　文本工具

通过 Photoshop 显示的文字，均是利用文本工具来实现的。文本工具分为如下 4 种，根据文字显示的不同，可用使用不同的文本工具。

1. 横排文字与直排文字

横排文字和直排文字的创建方式相同。输入横排文字时，在工具箱中单击【横排文字工具】T.按钮，在画布中单击，当显示为闪烁的光标后，即可输入文字。在工具选项栏中可以设置文字属性，例如字体、大小、颜色等，如图 3-51 所示。

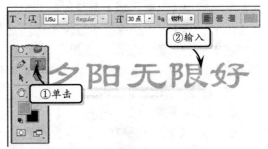

图 3-51　创建横排文字

输入完成后，按 Ctrl+Enter 快捷键可退出文本输入状态。如果要输入竖排的文字，则在工具箱中单击【直排文字工具】IT.按钮，在画布中单击，输入文字即可，如图 3-52 所示。

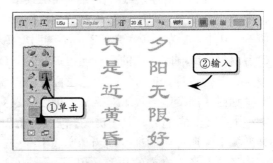

图 3-52　创建竖排文字

2. 输入文字选区

使用工具箱中的【横排文字蒙版工具】T.和【直排文字蒙版工具】IT.，可以创建文字型选区，它的创建方法与创建文字一样。

在文本工具组中，选择【横排文字蒙版工具】T.或

图 3-53　创建文字选区

【直排文字蒙版工具】IT.可以创建文字选区，在选区中填充颜色后，可以得到文本形状的图形，如图 3-53 所示。

得到文字选区后，除了能够填充颜色外，还可以像普通选区一样，对文字选区进行

渐变填充、描边、修改及调整边缘等操作，如图 3-54 所示。

3.3.2 使用字体

输入文字后，不仅可以对文字进行移动、复制、更改方向、以及在文字之间与段落之间进行转换等操作，还可以对文字进行变形操作，从而产生不同的效果。

1. 设置文字特征

选择文字工具后，可以在工具选项栏中设置文字的特征，如图 3-55 所示。文本工具选项栏中的各功能如表 3-4所示。

图 3-54 调整文字

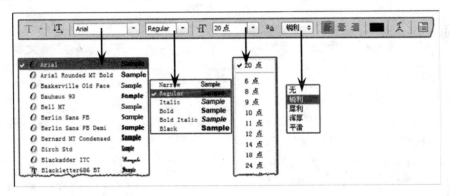

图 3-55 文本工具选项栏

表 3-4 文本工具选项栏的功能介绍

名　称	功　能
更改文字方向	在文本工具选项栏中，单击【更改文字方向】按钮，可以在文字的水平与垂直方向之间切换。
字体	列举了各种类型的字体，用户可以根据实际情况选择字体和字形。
字号	从该列表中可以选择一种以点为单位的字号，或者输入一个数字值。
消除锯齿	用不同的度数确定文字怎样混合到其背景中。
对齐方式	可以左对齐、居中或右对齐，使文字对齐到插入点。
颜色	单击选项栏中的颜色块，并从拾色器中为文本选择一种填充颜色。
创建文字变形	可以把文本放到一条路径上，如扭曲文本、弯曲文本。
字符/段落	单击该图标可以隐藏或显示【字符】和【段落】面板。

2. 选择文字

通常情况下，可使用两种方法选择文字：一种是使用文本工具，另一种是使用菜单命令。

❑ 使用文本工具选择段落文本

单击【横排文字工具】按钮，将鼠标放置在定界框中单击，同时拖动鼠标到适当位置后释放鼠标即可选中文本，如图 3-56 所示。

❑ **使用菜单命令选择文本**

当需要全部选中当前文字时，可以在定界框中单击鼠标，当出现显示的光标时，执行【选择】|【全部】命令（快捷键 Ctrl+A），如图 3-57 所示。

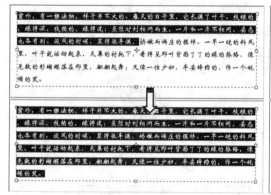

图 3-56 使用文本工具选择段落文本

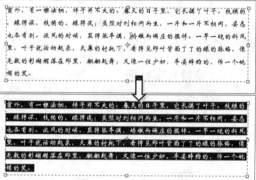

图 3-57 使用菜单命令选择文本

❑ **选择部分文本**

如果要选择部分文本，可以使用如下方法：在要选择文本的前面单击鼠标左键，按下 Shift 键的同时配合向右方向键，移动光标到要选择的文字后面，即可对文本进行部分选择，如图 3-58 所示。

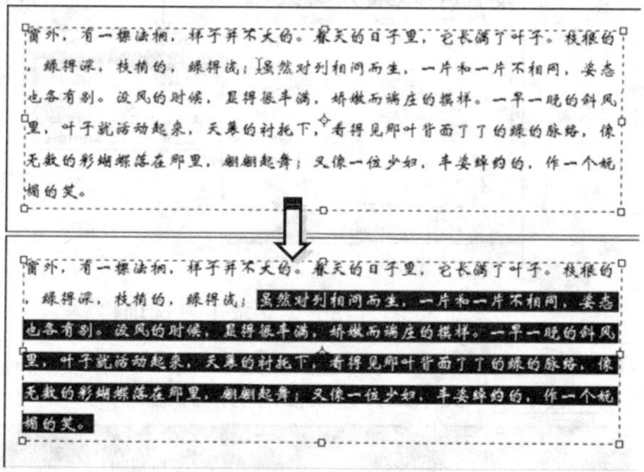

3．改变字体的颜色

对于许多报刊和杂志来说，文字的颜色并不局限于黑色。这时就要对文字的颜色进行更改，颜色的更改可以让文字更加突出，从而使其有层次感。

❑ **使用【拾色器】对话框**

使用【横排文字工具】T.选中要更改的段落文本，单击工具选项栏中的色块，在弹出的【选择文本颜色】对话框中选择适当的颜色，单击【确定】按钮即可，如图 3-59 所示。

❑ **使用【色板】面板**

在选中文本的情况下，执行【窗口】|【色板】命令，打开【色板】面板，单击其中的某个颜色即可为文字设置不同的颜色，如图 3-60 所示。

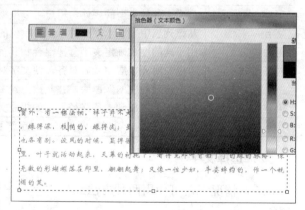

图 3-58 选择部分文本

图 3-59 使用【拾色器】对话框

3.3.3 字符和段落调板

Photoshop提供了两个具有扩充文本生成能力的面板，即【字符】和【段落】面板，在这两个面板中包含用于字符和段落设置的控制，以及一组完整的亚洲字符控制。

1.【字符】面板

执行【窗口】|【字符】命令，打开【字符】面板。在该面板中可以对文字的属性进行详细的设置，例如设置字体、字号、行距、缩放以及加粗等。

❑ 设置字体系列与大小

无论是在文本工具选项栏中，还是在【字符】面板中，均能够设置文字的字体系列和大小。只要在相应的下拉列表中，选择某个选项，即可得到不同的文字效果，如图3-61所示。

❑ 设置行距

在【字符】面板中，【设置行距】用来控制文字行之间的距离，可以设为"自动"或输入数值进行手动设置。若为"自动"，则行距将会随字体大小的变化而自动调整。如果手动指定了行间距，则在更改字号后一般也要再次指定行间距，如图3-62所示。

手动指定还可以单独控制部分文字的行距，选中一行文字后，在【设置行距】中输入数值以控制下一行与所选行的行距，如图3-63所示。

❑ 设置文字缩放比例

【字符】面板中的【水平缩放】与【垂直缩放】用来改变文字的宽度与高度的比例，它相当于把文字进行伸展或收缩操作，如图3-64所示。

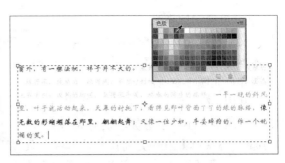

图 3-60　使用【色板】面板

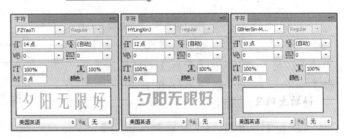

图 3-61　设置文字的大小、字体和颜色

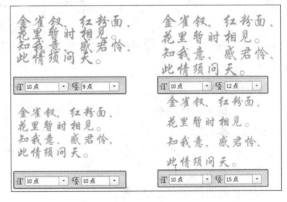

图 3-62　设置行间距

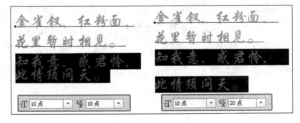

图 3-63　指定选中文字的行间距

图 3-64　水平缩放与垂直缩放

❑ **设置字体样式**

文字样式可以为字体设置加粗、倾斜、下划线、删除线、上标、下标等效果，即使字体本身不支持改变格式，在这里也可以强迫指定，如图3-65所示。

其中，【全部大写字母】 TT 的作用是将文本中的所有小写字母都转换为大写字母，【小型大写字母】 Tt 也是将所有小写字母转为大写字母，但转换后的字母将参照原有小写字母的大小显示。

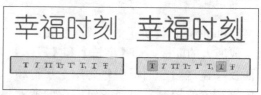

图 3-65　加粗并添加下划线

要想在画布中输入上标或下标效果的文字与数字，可通过文本工具选中该文字，单击【字符】面板中的【上标】 T¹ 按钮或【下标】 T₁ 按钮即可，如图3-66所示。

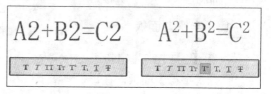

$$A2+B2=C2 \qquad A^2+B^2=C^2$$

图 3-66　设置上标

❑ **设置基线偏移**

【字符】面板中的【设置基线偏移】选项，是用来控制文字与文字基线的距离的。通过设置不同的数值，可以准确定位所选文字的位置。若输入正值，则使水平文字上移，使直排文字右移；若输入负值，则使水平文字下移，使直排文字左移，如图3-67所示。

图 3-67　设置基线偏移

❑ **改变文字方向**

文字在输入时就决定了显示的方向，还可以在输入后随时被改变：选中文本图层，打开【字符】面板关联菜单，选择【更改文本方向】命令即可，如图3-68所示。

❑ **设置消除锯齿的方法**

【设置消除锯齿的方法】选项主要用来控制字体边缘是否带有羽化效果。一般情况下，如果字号较大，选择该选项为"平滑"，可以得到光滑的边缘，这样文字看起来较为柔和。但对于较小的字号，如选择该选项为"平滑"，则造成阅读困难的情况，这时可以选择该选项为"无"。

图 3-68　改变文字方向

2. 【段落】面板

在文字排版中，如果要编辑大量的文字内容，就需要更多的针对段落文本方面的设置，以控制文字对齐方式、段落与段落之间的距离等内容，这时就需要创建文本框，并使用【段落】面板对文本框中大量的文本内容进行调整。

❑ **创建文本框**

使用任何一个文本工具都可以创建出段落文本，选择工具后直接在图像中单击并拖动鼠标，创建出一个文本框，然后在其中输入文字即可。文字延伸到文本框的边缘后将自动换行。如果文本框过小而无法全部显示文字时，拖动控制节点以调整文本框的大小，即可显示所有的文字，如图 3-69 所示。

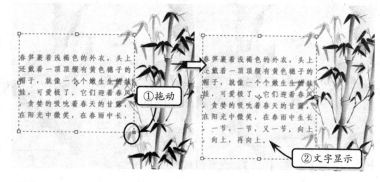

❑ **设置段落文本的对齐方式**

当出现大量文本时，最常用的就是使用文本的对齐方式进行排版。【段落】面板中的【左对齐文本】▤、【居中对齐文本】▤和【右对齐文本】▤是所有文字排版中三

图 3-69 创建文本框

种最基本的对齐方式，它以文字宽度为参照物来使文本对齐，如图 3-70 所示。

图 3-70 设置文本对齐

而【最后一行左对齐】▤、【最后一行居中对齐】▤和【最后一行右对齐】▤是以文本框的宽度为参照物来使文本对齐的。【全部对齐】▤是所有文本行均按照文本框的宽度左右强迫对齐。

❑ **设置缩进**

【左缩进】选项可以从边界框左边界开始缩进整个段落，【右缩进】选项可以从边界框右边界开始缩进整个段落。【首行缩进】选项与【左缩进】选项类似，只不过是【首行缩进】选项只缩进左边界第一行文字，如图 3-71 所示。

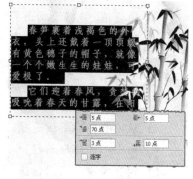

图 3-71 设置文本缩进

3.4 使用路径

路径是 Photoshop 中的重要工具，主要用于进行光滑图像选择区域及辅助抠图，从而绘制出光滑线条、定义画笔等工具的绘制轨迹、输出输入路径及在选择区域之间转换。在屏幕上表现为一些不可打印、不活动的矢量形状。

3.4.1 形状工具

在 Photoshop 中，现有的几何与预设的形状路径工具可以更简单地创建出想要的路径效果。常见的几种几何图形，在 Photoshop 工具箱中均能够找到现有的工具。通过设置每个工具中的参数，还可以变换出不同的效果。

1. 矩形工具

使用【矩形工具】■可以绘制矩形、正方形的路径。其方法是，选择【矩形工具】■，在画布任意位置单击作为起始点，同时拖动鼠标，随着光标的移动将出现一个矩形框，如图3-72 所示。

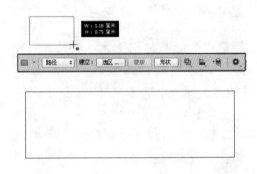

图 3-72 绘制矩形路径

在【矩形工具】■选项栏上单击【几何选项】■按钮，弹出一个选项面板。默认启用的是【不受约束】选项，而其他选项如下。

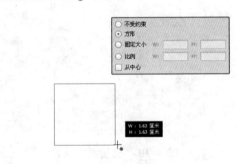

- □ **方形** 启用该选项后，在绘制矩形路径时，可以绘制正方形路径，如图 3-73 所示。

- □ **固定大小** 启用该选项，可以激活右侧的参数栏。在参数栏文本框中输入相应的数值，能够绘制出固定大小的矩形路径，如图 3-74 所示。

图 3-73 绘制正方形路径

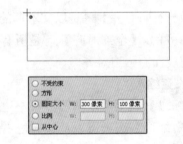

- □ **比例** 启用该选项，能够在激活右侧的参数文本框中输入相应的数值，来控制矩形路径的比例大小。

- □ **从中心** 启用该选项，可以绘制以起点为中心的矩形路径。

- □ **对齐像素** 启用该选项，在绘制矩形路径时，路径会以每个像素为边缘进行建立。

图 3-74 绘制固定尺寸矩形路径

2. 圆角矩形工具

【圆角矩形工具】■能够绘制出具有圆角的矩形路径。该工具的选项与【矩形工具】■唯一的不同就是，前者具有【半径】选项。

该选项默认的参数为 10 像素，其参数值范围为 0～1000 像素。通过设置半径的大小，可以绘制出不同的圆角矩形路径，如图 3-75 所示。而在圆角矩形选项栏中，设

网页设计与网站建设（CS6中文版）标准教程

置越大的半径数值，得到的圆角矩形越接近
正圆。

3. 椭圆路径

【椭圆工具】用于建立椭圆（包括正圆）
的路径。其方法是，选择该工具，在画布任意
位置单击，同时拖动鼠标，随着光标的移动出
现一个椭圆形路径，如图 3-76 所示。

4. 多边形工具

【多边形工具】能够绘制等边多边形，
比如等边三角形、五角星和星形等。Photoshop
默认的多边形边数为 5，只要在画布中单击并
拖动鼠标，即可创建出等边五边形路径，如图
3-77 所示。

在该工具选项栏中，可以设置多边形的边
数，其范围是 3~100。同理，多边形边数越
大，越接近于正圆，如图 3-78 所示。

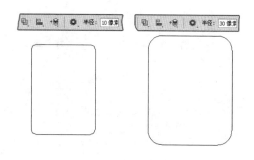

图 3-75 绘制圆角矩形路径

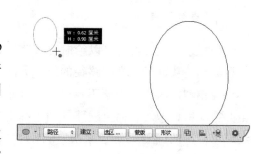

图 3-76 绘制椭圆路径

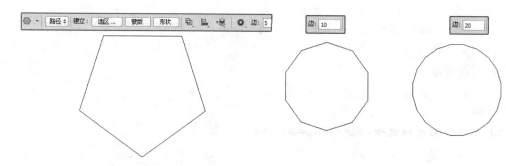

图 3-77 绘制等边五边形路径　　　**图 3-78** 绘制多边形路径

单击该工具选项栏中的【几何选项】按
钮，在弹出的面板中，可以设置各种选项参数，
来建立不同效果的多边形路径。

- ❑ **半径**　通过设置该选项，可以固定所绘
  制多边形路径的大小，参数范围是 1~
  150000 像素，如图 3-79 所示。
- ❑ **平滑拐角或平滑缩进**　用平滑拐角或
  缩进渲染多边形，如图 3-80 所示。
- ❑ **星形**　启用该选项，能够绘制出星形的
  多边形，如图 3-81 所示。

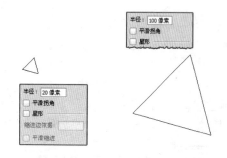

图 3-79 设置半径选项

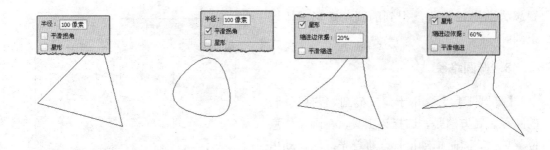

图 3-80　禁用与启用平滑拐角选项　　　图 3-81　不同星形形状

5. 直线工具

【直线工具】 ✐ 既可以绘制直线路径，也可以绘制箭头路径。直线路径的绘制方法与矩形路径相似，只要选中该工具后，在画布中单击并拖动鼠标即可。而直线路径的粗细则是通过选项栏中的【粗细】选项来决定的，如图 3-82 所示。

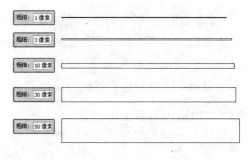

图 3-82　绘制直线路径

打开该工具的选项面板，其中的选项能够设置直线的不同箭头效果。其中，绘制直线路径时，同时按住 Shift 键可以绘制出水平、垂直或者 45 度的直线路径。

- ❏ 起点与终点　启用不同的选项，箭头将出现在直线的相应位置，如图 3-83 所示。
- ❏ 宽度　该选项用来设置箭头的宽度，其范围是 10%～1000%，如图 3-84 所示。

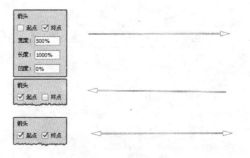

图 3-83　起点与终点效果

- ❏ 长度　该选项用来设置箭头的长度，其范围是 10%～5000%，如图 3-85 所示。

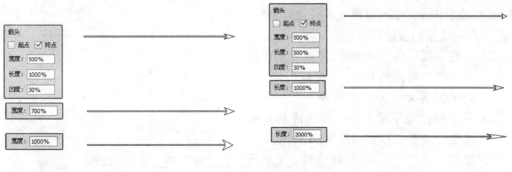

图 3-84　设置宽度选项　　　　　　　图 3-85　设置长度选项

❑ **凹度** 该选项用来设置箭头的凹度,其范围是–50% ~ 50%,如图 3-86 所示。

6.【自定形状工具】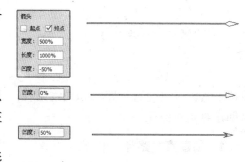

要想建立几何路径以外的复杂路径,可以使用工具箱中的【自定形状工具】。在 Photoshop 中大约包含 250 多种形状可供选择,范围包括星星、脚印与花朵等各种符号化的形状。当然,用户也可以自定义喜欢的图像为形状路径,以方便重复使用。

图 3-86 设置凹度选项

❑ **创建形状路径**

选择【自定形状工具】,在工具选项栏中单击【形状】右侧的小按钮。在打开的【定义形状】拾色器中,选择形状图案,即可在画布中建立该图案的路径,如图 3-87 所示。

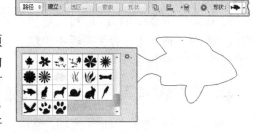

单击拾色器右上角的小三角按钮,在打开的关联菜单中,既可以设置图案的显示方式,也可以载入预设的图案形状,如图 3-88 所示。

图 3-87 绘制自由形状路径

❑ **自定义形状路径**

如果不满意 Photoshop 中自带的形状,还可以将自己绘制的路径保存为自定义形状,方便重复使用。

方法是在画布中创建路径后,执行【编辑】|【定义自定形状】命令,在【形状名称】对话框中直接单击【确定】按钮,即可将其保存到【自定形状】拾色器中,如图 3-89 所示。

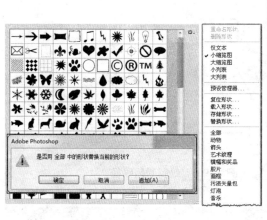

图 3-88 载入预设图案

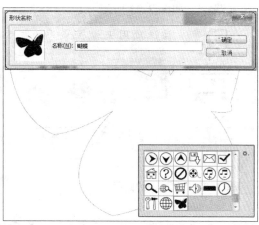

图 3-89 保存自定形状路径

选择【自定形状工具】后,在【自定形状】拾色器中选择定义好的形状,即可绘制出路径和图形,如图 3-90 所示。

3.4.2　钢笔工具

【钢笔工具】是建立路径的基本工具，使用该工具可以创建直线路径和曲线路径，还可以创建封闭式路径。

1．创建直线路径

在空白画布中，选择工具箱中的【钢笔工具】✎，启用工具选项栏中的【路径】功能，在画布中连续单击，即可创建出直线段路径，而在【路径】面板中出现"工作路径"，如图 3-91 所示。

2．创建曲线路径

曲线路径是通过单击并拖动来创建的。方法是使用【钢笔工具】✎在画布中单击 A 点，然后到 B 点单击并同时拖动，释放鼠标后即可建立曲线路径，如图 3-92 所示。

图 3-90　创建自定形状路径

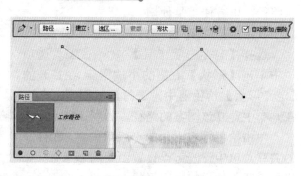

图 3-91　绘制直线路径

3．创建封闭式路径

使用【钢笔工具】✎，在画布中单击 A 点作为起始点。然后分别单击 B 点和 C 点后，指向起始点（A 点），这时钢笔工具指针右下方会出现一个小圆圈。单击后可以形成封闭式路径，如图 3-93 所示。

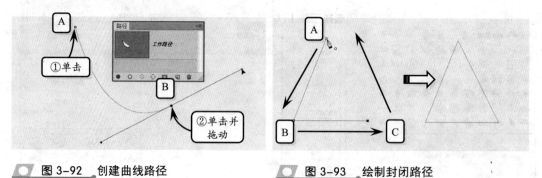

图 3-92　创建曲线路径　　　　　　**图 3-93**　绘制封闭路径

3.5　课堂练习：制作网站 Logo

对于一个追求精美的网站，Logo 更是它的灵魂所在，即所谓的"点睛"之处。一个好的网站，Logo 往往会反映网站的某些信息，而设计网站 Logo 往往以所在网站的风格为依据，要么与网站风格相统一，要么使用鲜艳色彩，使其在网页中更加突出，如图 3-94

所示。

图 3-94 设计工作室网站

操作步骤:

1 新建一个【宽度】和【高度】分别为 1100
和 800 像素的白色背景文档。新建"图层 1",
使用【椭圆工具】 。设置【W】为 420
像素,【H】为 320 像素,建立椭圆路径。
使用【转换点工具】 和【路径选择工具】
,调整路径,如图 3-95 所示。

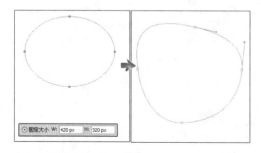

图 3-95 建立路径

2 按 Ctrl+Enter 快捷键,将路径转换为选区。
填充任意颜色,取消选区。双击"图层 1",
打开【图层样式】对话框,启用【渐变叠加】

命令,设置参数,如图 3-96 所示。

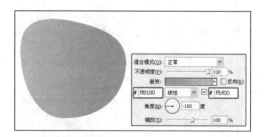

图 3-96 添加渐变效果

3 按住 Ctrl 键,载入"图层 1"选区。执行【选
择】|【修改】|【收缩】命令,设置【收缩
量】为 15 像素。并选择【选框工具】将选
区向左和向上各移动 7 个像素,如图 3-97
所示。

4 新建"图层 2",将选区填充任意颜色。取
消选区,启用【渐变叠加】样式,添加渐变
效果,设置参数,如图 3-98 所示。

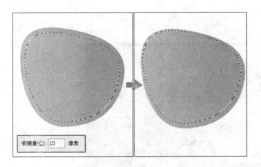

图 3-97　建立选区

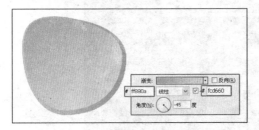

图 3-98　添加渐变效果

5　使用【钢笔工具】，建立路径。新建"图层 3"，将路径转换为选区，填充白色。单击【图层】面板下【添加图层蒙版】按钮，在蒙版处于工作状态下，执行黑白渐变，如图 3-99 所示。

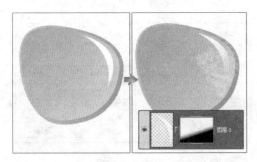

图 3-99　添加高光

6　新建"图层 4"，使用【钢笔工具】，建立路径。按照上述（2）操作，启用【渐变叠加】样式，设置参数，如图 3-100 所示。

7　载入"图层 4"选区，新建"图层 5"。按照上述（3）和（4）操作，建立选区，使用【渐变叠加】样式添加渐变效果，设置参数，如图 3-101 所示。

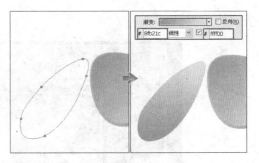

图 3-100　绘制图形

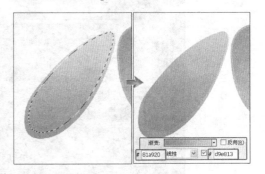

图 3-101　添加渐变效果

8　使用【钢笔工具】，建立路径。将路径转换为选区，新建"图层 6"，填充白色。取消选区，设置该图层【填充】为 0%，添加【渐变叠加】样式，设置由前景色（白色）到透明度渐变，如图 3-102 所示。

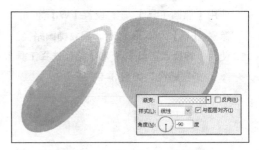

图 3-102　添加高光

提 示

通过【渐变工具】和【渐变叠加】样式两种方法都可以对图像执行透明渐变。但通过【渐变叠加】样式方法，可以方便更改渐变角度及位置。

9　如同上例操作方法，绘制图像。设置参数如图 3-103 所示。

网页设计与网站建设（CS6 中文版）标准教程

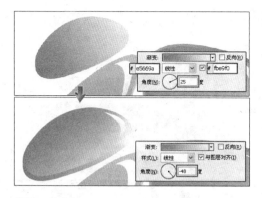

图 3-103 绘制红色花瓣图像

10 如同上例，绘制黄色花瓣图像。设置渐变参数如图 3-104 所示。

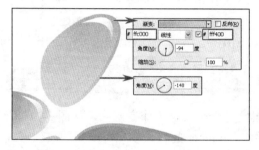

图 3-104 绘制黄色花瓣图像

11 如同上例方法，再次绘制蓝色花瓣图像。设置【渐变叠加】样式参数，如图 3-105 所示。

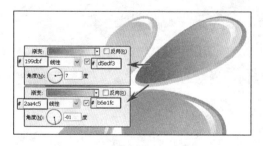

图 3-105 绘制蓝色花瓣图像

12 使用【横排文字工具】 T，在图像下方输入 Seasons Design 字母。设置【字体】为 Swis721 BlkCn BT；【字号】为 110 点，设置参数如图 3-106 所示。

13 新建一个【宽度】和【高度】分别为 3 像素，透明背景文件。使用【矩形选框工具】，设置【宽度】和个【高度】分别为 1 像素，

在画布右上角建立选区，填充黑色。并向左和向下各移动 1 个像素后，填充黑色。再次重复一次此操作，如图 3-107 所示。

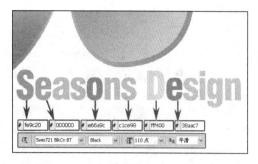

图 3-106 输入文字

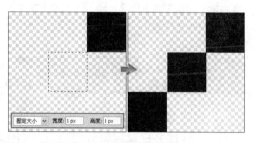

图 3-107 绘制图像

14 执行【编辑】|【定义图案】命令，打开【图案名称】对话框。设置【名称】为"方格图案"，如图 3-108 所示。单击【确定】按钮，即可添加自定义图案。

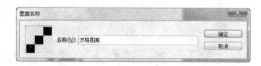

图 3-108 自定义图案

15 返回到网站 Logo 文件，将"背景"层以外的图层合并，命名图层为 Logo 图层。双击该图层，打开【图层样式】对话框，启用【图案叠加】选项，设置【填充图案】为自定义的"方格图案"，【混合模式】为"亮光"，如图 3-109 所示。

16 分别启用【描边】和【投影】选项，对图像添加投影和描边效果，设置参数如图 3-110 所示。

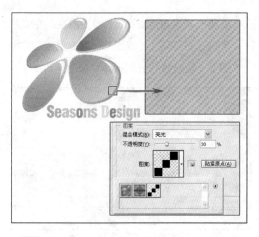

图 3-109　添加图案纹理

17 整个 Logo 制作完成，即可将图像放置到网页的合适位置。

图 3-110　添加描边和投影效果

3.6 课堂练习：设计工作室网页 Banner 制作

　　根据网站的主题来设计网页 Banner，本案例是一个设计工作室网站，如图 3-111 所示。依据题目名称设定整体风格，画面比较柔和。Banner 的背景以一种纸张的纹理形式出现，在背景上绘制有一片灰色的墨迹水印效果，彩色图案与黑白色图案结合，蕴含着一种诗意味道。

图 3-111

操作步骤：

1 新建一个【宽度】和【高度】分为 1000 和 250 像素，10%灰色背景的文档。执行【滤镜】|【纹理】|【纹理化】命令，打开【纹理化】对话框，设置【纹理】为"画布"，设置参数如图 3-112 所示。

2 新建"图层 1"，填充蓝色（#ABD5CF），单击【图层】面板下的【添加图层蒙版】按钮 ，对图层添加蒙版。在蒙版处于工作状态下，使用黑色【画笔工具】 ，设

置【硬度】为 0%，在画布中央进行涂抹，如图 3-113 所示。

图 3-112　添加纹理效果

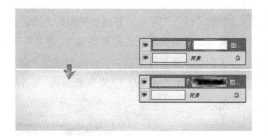

図 3-113　擦除部分图像

3 打开"墨迹"图片素材，使用【魔棒工具】，设置【容差】为 30 像素，在画布白色处点击建立选区。按 Ctrl+Shift+I 快捷键，反选选区。新建"图层 1"，将选区填充土黄色（#D1b57A），取消选区，如图 3-114 所示。

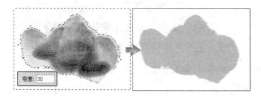

図 3-114　绘制图形

4 使用【移动工具】，将图像放置到 Banner文档中，命名图层为"墨迹"图层。按 Ctrl+T快捷键，对图像进行缩小变换，并按 Enter键结束变换，如图 3-115 所示。

図 3-115　放置图像

5 按住 Ctrl 键，单击该图层缩览图，载入选区。执行【选择】|【修改】|【扩展】命令，设置【扩展量】为 5 像素，如图 3-116 所示。

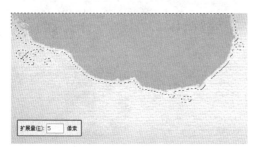

図 3-116　建立选区

6 新建图层"墨迹 1"，填充土黄色（#D1b57A），设置【不透明度】为 30%。如同步骤（2）操作，对"墨迹"添加蒙版后在图像边缘进行涂抹，如图 3-117 所示。

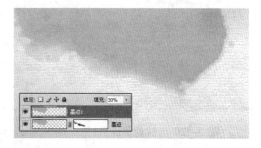

図 3-117　绘制墨迹水印效果

7 打开"水墨画"图片素材，执行【图像】|【模式】|【灰度】命令。将图像由彩色转换为黑白，并将图像【水平翻转】，如图 3-118所示。

図 3-118　彩色图像转换为黑白图像

8 将图像放置于 Banner 文档的右上角，并将该图像图层的【混合模式】设置为"正片叠底"。按 Ctrl+J 快捷键，复制该图层，对副本图像执行【滤镜】|【模糊】|【高斯模糊】命令，设置【半径】为 5 像素，如图 3-119所示。

図 3-119　模糊图像

9 打开"植物"和"七星瓢虫"素材文档，将其放置于 Banner 文档中。双击"七星瓢虫"

所在图层，打开【图层样式】对话框。启用
【投影】选项，设置参数如图 3-120 所示。

10　使用【钢笔工具】，绘制路径。新建"藤
条"图层，选择硬【画笔工具】，设置
【画笔大小】为 3 像素。在【路径】面板中
右击，执行【描边路径】命令。打开【路径
描边】对话框，启用【模拟压力】选项，如
图 3-121 所示。

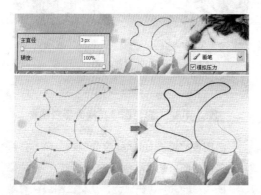

图 3-121　绘制线条

11　双击"藤条"图层，打开【图层样式】对话
框，启用【渐变叠加】选项。设置由#B3DD32
到#619304 渐变，设置参数如图 3-122
所示。

图 3-122　添加渐变效果

12　放置"绿叶"素材，并通过复制的方法，将
其均匀地排列放置在藤条图像上。将所有叶
子图层及藤条图层合并，合并图层为"绿叶
藤条"，添加投影，设置参数如图 3-123
所示。

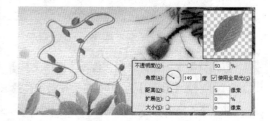

图 3-123　绘制图像

13　使用【横排文字工具】，输入"意蕴设
计"白色文字。设置【字体】为"迷你简汉
真广标"，并分别选中单个字，设置【字体
大小】参数，如图 3-124 所示。

图 3-124　输入文字

14　双击文字图层，打开【图层样式】对话框。
启用【描边】选项，添加棕色（#482803）
描边，设置参数如图 3-125 所示。并按住
Alt 键同时，按向右移动箭头→6 次，复制 6
次文字图层。

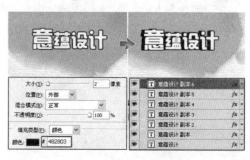

图 3-125　绘制文字立体效果

15 使用【横排文字工具】T，输入"工作室"白色文字，设置与上例文字相同字体，并放置"蝴蝶"素材，如图3-126所示。

图 3-126 放置"蝴蝶"图像

16 如同上例方法，执行【投影】图层样式，对蝴蝶添加投影，设置参数如图 3-127 所示。

17 选中蝴蝶所在图层，执行【图层】|【图层样式】|【创建图层】命令，将投影单独放置在图层中。选中该投影图层，按 Ctrl+T 快捷键，对投影图像进行缩小变换。按 Enter

键结束变换，如图3-128所示。整体 Banner 设计完成，放置导航菜单。

图 3-127 添加投影效果

图 3-128 缩小投影

3.7 课堂练习：制作脱出框架的照片效果

一个平面的图像可以表现出立体突出的效果，本案例主要运用了【魔棒工具】抠出显示器，【钢笔工具】抠取海豚。执行【自由转换】命令对图像进行调整，通过【定义图案】命令制作出需要的【填充图案】及添加【蒙版】和【滤镜】命令来制作脱出框架的照片效果，如图 3-129 所示。

图 3-129 最终效果图

操作步骤：

1 按 Ctrl+N 新建一个 1024×768 大小的文件，设置背景为白色。然后把素材"显示器"粘贴进来。运用【魔棒工具】 抠出显示器，如图 3-130 所示。

图 3-130　扣出显示器

2 使用【钢笔工具】 绘制出显示器的显示范围，并保存路径命名为"路径 1"以备后用，如图 3-131 所示。

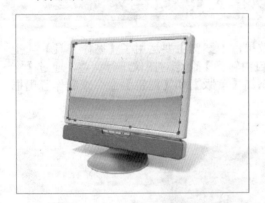

图 3-131　绘制显示范围路径

3 载入"海豚"素材。新建图层命名为"路径辅助图层"，按住 Ctrl 键点击"路径 1"获得选区，填充黑色。修改透明度为 50% 左右。执行"自由变换"，调整海豚图像角度，如图 3-132 所示。

4 再次导入"路径 1"的选区，在"海豚图层"上面建立蒙版。锁定蒙版，隐藏"路径辅助图层"。此时的工作区显示如图 3-133 所示。

图 3-132　调整图像

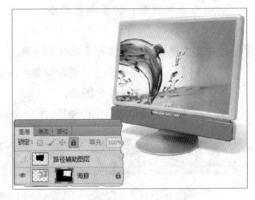

图 3-133　建立蒙版

5 按住 Shift 键点击"海豚图层"蒙版，把蒙版暂时关掉。"海豚图层"上的图像会全显示出来，效果如图 3-134 所示。

图 3-134　关闭蒙版

6 执行【钢笔工具】 沿要"脱出"的海豚部分绘制路径按 Ctrl+N 转换为选区，执行【图层】|【新建】|【通过拷贝的图层】命令

抠出到新的图层，命名为"海豚 2"，恢复
"图层"的蒙版，并把背景以上的图层全部
加以连接，效果如图 3-135 所示。

图 3-135　抠出海豚

7　获取海豚选区后，同时按住 Ctrl+Alt 组合键
点击"路径辅助图层"缩览图获取如图
3-136 所示选区。

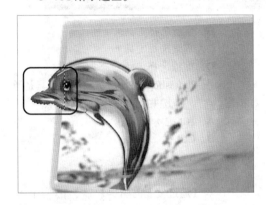

图 3-136　建立脱出部分选区

8　按 Ctrl+J 组合键，在"海豚图层"下面新建
一个图层命名为"半边海豚"，建立选区并
填充黑色，执行【滤镜】|【模糊】|【高斯
模糊】命令，向下移动 5 个像素左右做半边
海豚阴影，如图 3-137 所示。

9　按 Ctrl+N 组合键，新建一个 1×2 像素的文
档。选择【铅笔工具】，把笔尖调到最
小。在图像下半部分点一下，然后按 Ctrl+A
组合键，执行【编辑】|【定义为图案】
命令，不用保存，图案效果如图 3-138
所示。

图 3-137　制作阴影

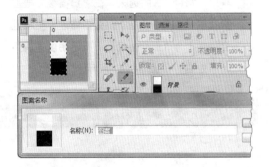

图 3-138　定义图案

10　在"海豚图层"上新建图层，命名为"扫面
线"。然后按 Shift+F5 组合键弹出【填充图
案】对话框，选择刚做好的图案，效果如图
3-139 所示。

图 3-139　添加扫描线

11　把"辅助层"移到最上面，按 Ctrl+T 组合
键参照"路径选区图层"调整扫描线的角度，
如图 3-140 所示。

图 3-140　调整扫描线角度

12 获取"路径 1"的选区，在"扫描线"层上建立蒙版。在【图层】调板中修改【图层混合模式】为"正片叠底",【不透明度】调为20%左右，如图 3-141 所示。

图 3-141　调整扫描线

13 最后合并除"海豚"和"阴影"外的图层并执行【滤镜】|【模糊】|【高斯模糊】命令，以达到突出主体效果。

3.8　思考与练习

一、填空题

1. ＿＿＿＿＿可以模拟真实的绘画技术，如混合画布上的颜色、组合画笔上的颜色以及在描边过程中使用不同的绘画湿度。

2. 定义特殊画笔时，只能定义＿＿＿＿＿，而不能定义画笔颜色。

3. 修复工具组包括四种用于修复图像的工具，分别为【修复画笔工具】、＿＿＿＿＿、【修补工具】和＿＿＿＿＿。

4. 如果要采用对齐链接图层，首先要建立＿＿＿＿＿或者以上的图层链接；如果要采用分布链接图层，则要建立＿＿＿＿＿或者以上的图层链接。

5. 图层混合模式主要控制上下两个图层在叠加时所显示的 ＿＿＿＿＿ ，通常设置＿＿＿＿＿的混合模式。

6. 比较模式组包括差值模式、排除模式、＿＿＿＿＿和＿＿＿＿＿。

二、选择题

1. 在 Photoshop 中，可用于定义画笔及图案的选区工具是下列各项中的＿＿＿＿＿。

    A．圆形选择工具

    B．矩形选择工具

    C．套索选择工具

    D．魔棒选择工具

2. 在 Photoshop 中使用仿制图章工具是通过按住＿＿＿＿＿键并单击可以确定取样点。

    A．Alt 键

    B．Ctrl 键

    C．Shift 键

    D．Alt+Shift 键

3. 与【通过复制的图层】命令相对应的快捷键是＿＿＿＿＿。

    A．Ctrl＋Shift＋I

    B．Ctrl＋Shift＋J

    C．Ctrl＋I

    D．Ctrl＋J

4. 要将当前图层与下一图层合并，可以按下快捷键＿＿＿＿＿。

    A．Ctrl＋E

    B．Ctrl＋F

    C．Ctrl＋D

    D．Ctrl＋G

5. 双击"背景"以外的图层，能够打开＿＿＿＿＿对话框。

    A．图层样式

    B．图层属性

C. 面板选项

D. 图层组属性

三、问答题

1. 在 Photoshop 中，哪些工具可以定义新的画笔？

2. 【污点修复画笔工具】 与【修复画笔工具】 有什么区别？

3. 利用仿制图章工具可以在哪些对象之间进行克隆操作？

4. 如何为现有的图层创建图层组？

5. 如何为图像添加图层样式效果？

6. 在添加图层样式后，如何为样式添加其他效果？

第4章

Flash CS6 基础知识

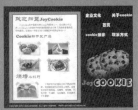

  Flash 是目前最流行的二维动画格式，也是设计这种动画最主要的软件。在各种商业动画设计领域中，Flash 具有无可替代的地位。相比之前的版本，Flash CS6 制作动画的效率更高，界面设计也更加人性化，因此在发布之初就得到了业界的普遍好评。

  本章将介绍 Flash CS6 的基本界面和新增功能。除此之外，还将介绍使用 Flash CS6 图形绘制的基础工具等相关内容。

本章学习目标：

➢ 了解 Flash CS6 的工作界面

➢ 了解 Flash CS6 的新增功能

➢ 掌握 Flash CS6 文件的创建与保存

➢ 掌握图形对象的绘制与填充

➢ 掌握对象的基本操作

4.1 Flash CS6 工作界面

Flash CS6 是 Flash 系列软件中的最新版本，打开 Flash CS6 后，即可查看其软件的工作界面，如图 4-1 所示。

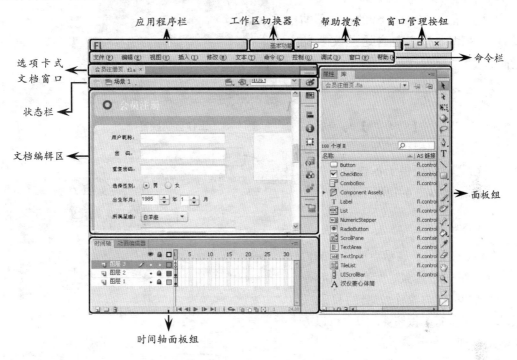

📀 **图 4-1** **Flash CS6 工作界面**

在使用 Flash CS6 制作矢量动画时，可以通过窗口中的各种命令和工具，实现对矢量图形的修改操作。

1．应用程序栏

与 Photoshop 类似，应用程序栏显示当前软件的名称。除此之外，右击带有 "Fl" 字样的图标，可以打开【快捷菜单】，并对 Flash 窗口进行操作，如图 4-2 所示。

2．工作区切换器

📀 **图 4-2** **应用程序栏**

在【工作区切换器】中，提供了多种工作区模式供用户选择，以更改 Flash 中各种面板的位置、显示或隐藏方式。

Flash 提供了 7 种预置的工作区模式供用户进行选择，包括动画、传统、调试、设计人员、开发人员、基本功能、小屏幕等，适合于不同用户的需求，如图 4-3 所示。

3．帮助搜索

在【工作区切换器】右侧，是 Flash 的【帮助搜索】文本框。用户可在该文本框中输入文本，然后单击左侧的【搜索】按钮 🔍，在 Adobe 的在线帮助或本地帮助中搜索包含这些文本的页面。

4．命令栏

Flash CS6 的【命令栏】与绝大多数软件类似，都提供了分类的菜单项目，并在菜单中提供了各种命令供用户选择执行，如图 4-4 所示。

5．状态栏

【状态栏】用于显示当前打开的内容从属于哪一个场景、元件和组等，从而反映内容与整个文档的目录关系。单击【上行】按钮 ⇦，用户可以方便地跳转到上一个级别。

【状态栏】右侧提供了【编辑场景】按钮 🖽 和【编辑元件】按钮 🔷。单击这两个按钮，可以分别查看当前 Flash 文档所包含的场景和元件列表。选择其中某一个项目，可以对其进行编辑，如图 4-5 所示。

除此之外，在【状态栏】最右侧，还提供了查看当前文档缩放比例的下拉列表菜单，用户可在此设置文档的缩放比例以供查看。

图 4-3　工作区切换器

图 4-4　命令栏

图 4-5　状态栏

6．文档编辑区

【文档编辑区】的作用是显示 Flash 打开的各种文档，并提供各种辅助工具，帮助用户编辑和浏览文档。

❑ 标尺

在 Flash 文档的上方和左侧提供两个辅助工具栏，并在其中显示尺寸。执行【视图】|【标尺】命令，用户可以更改标尺的显示方式，如图 4-6 所示。

❑ 辅助线

辅助线用于对齐文档中的各种元素。将鼠标光标置于标尺栏上方，然后按住鼠标左键，向文档编辑区拖曳以添加辅助线，如图 4-7 所示。

图 4-6　标尺

图 4-7　辅助线

执行【视图】|【辅助线】|【编辑辅助线】命令，可以设置辅助线的基本属性，包括颜色、贴紧方式和贴紧精确度等。用户不需要再更改 Flash 影片的辅助线，可选择【锁定辅助线】的复选按钮。此时，所有辅助线都将无法被移动，如图 4-8 所示。

❑ 网格

网格是一种用于图像内容对齐的辅助线工具。在 Flash CS6 中，执行【视图】|【网格】|【编辑网格】命令，即可设置网格的属性，如图 4-9 所示。

7. 面板组

面板组中，包括【属性】面板、【库】面板和【工具箱】面板。其中【属性】面板又被称作【属性】检查器，是 Flash 中最常用的面板之一。用户在选择 Flash 影片中的各种元素后，即可在【属性】面板中修改这些元素的属性。

【库】面板的作用类似一个仓库，其中存放着当前打开的影片中所有的元件。用户可直接将【库】面板中的元件拖曳到舞台场景中，或对【库】面板中的元件进行复制、编辑和删除

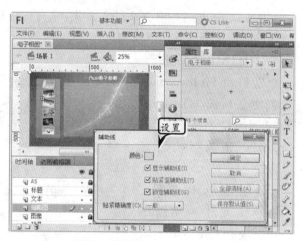

图 4-8　设置辅助线

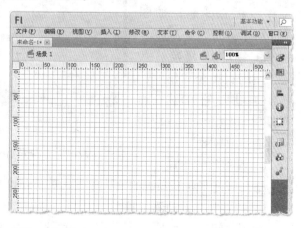

图 4-9　网格

等操作，如图 4-10 所示。

【工具箱】面板也是 Flash CS6 中最常用的面板之一。在【工具箱】面板中，列出了 Flash CS6 中常用的 30 种工具，用户可以单击相应的工具按钮，或按下这些工具所对应的快捷键，来调用这些工具。

一些工具是以工具组的方式存在的。此时，用户可以右击工具组，或者按住工具组的按钮 3 秒，均可打开该工具组的列表，在列表中选择相应的工具。

图 4-10　【库】面板

4.2　Flash CS6 的新增功能

Flash CS6 软件内含强大的工具集，具有排版精确、版面保真和丰富的动画编辑功能，能帮助用户清晰地传达创作构思。详细介绍如下：

❑ **HTML 的新支持**

以 Flash Professional 的核心动画和绘图功能为基础，利用新的扩展功能（单独提供）来创建交互式 HTML 内容。导出 JavaScript 来针对 CreateJS 开源架构进行开发。

❑ **生成 Sprite 表单**

导出元件和动画序列，以快速生成 Sprite 表单，协助改善游戏体验、工作流程和性能，如图 4-11 所示。

❑ **锁定 3D 场景**

使用直接模式作用于针对硬件加速的 2D 内容的开源 Starling Framework，从而增强渲染效果。

图 4-11　生成 Sprite 表单

❑ **高级绘制工具**

借助智能形状和强大的设计工具，可更精确有效地设计图稿。

❑ **行业领先的动画工具**

使用时间轴和动画编辑器创建和编辑补间动画，使用反向运动为人物动画创建自然的动画。

网页设计与网站建设（CS6 中文版）标准教程

❑ **高级文本引擎**

通过"文本版面框架"获得全球双向语言支持和先进的印刷质量排版规则 API。从其他 Adobe 应用程序中导入内容时仍可保持较高的保真度。

❑ **Creative Suite 集成**

使用 Adobe Photoshop CS6 软件对位图图像进行往返编辑，然后再用 Adobe Flash Builder 4.6 软件紧密集成。

❑ **专业视频工具**

借助随附的 Adobe Media Encoder 应用程序，将视频轻松并入项目中并高效转换视频剪辑，如图 4-12 所示。

图 4-12　**Adobe Media Encoder 应用程序**

❑ **滤镜和混合效果**

为文本、按钮和影片剪辑添加有趣的视觉效果，创建出具有表现力的内容，如图 4-13 所示。

❑ **基于对象的动画**

控制个别动画属性，将补间直接应用于对象而不是关键帧。使用贝赛尔手柄轻松更改动画。

❑ **3D 转换**

借助激动人心的 3D 转换和旋转工具，让 2D 对象在 3D 空间中转换为动画，让对象沿 x、y 和 z 轴运动。将本地或全局转换应用于任何对象，如图 4-14 所示。

图 4-13　**滤镜使用**

❑ **骨骼工具的弹起属性**

借助骨骼工具的动画属性，创建出具有表现力、逼真的弹起和跳跃等动画属性。强大的反向运动引擎可制作出真实的物理运动效果。

❑ **装饰绘图画笔**

借助装饰工具的一整套画笔添加高级动画效果可制作颗粒现象的移动（如云彩或雨水），并且绘出特殊样式的线条或多种对象图案，如图 4-15 所示。

图 4-14　**3D 旋转**

❑ **轻松实现视频集成**

用户可在舞台上拖动视频并使用提示点属性检查器，简化视频嵌入和编码流程。在舞台上直接观赏和回放 FLV 组件。

❏ **反向运动锁定支持**

将反向运动骨骼锁定到舞台，为选定骨骼设置舞台级移动限制。为每个图层创建多个范围，定义行走循环等更复杂的骨架移动。

❏ **统一的 Creative Suite 界面**

借助直观的面板停放和弹起加载行为简化用户与 Adobe Creative Suite 版本中所有工具的互动，大幅提升用户的工作效率。

❏ **精确的图层控制**

在多个文件和项目间复制图层时，保留重要的文档结构。

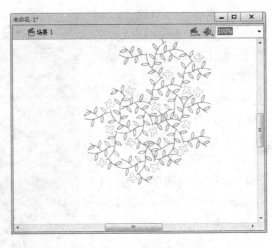

图 4-15　绘图画笔

❏ **特定平台和设备访问**

使用预置的本地扩展功能访问特定平台与设备，例如电池电量和振动。

❏ **Adobe AIR 移动设备模拟**

模拟屏幕方向、触控手势和加速计等常用的移动设备的应用互动来加速测试流程。

❏ **ActionScript 编辑器**

借助内置的 ActionScript 编辑器提供的自定义类代码提示和代码完成功能，简化开发作业，有效地参考用户本地或外部的代码库。

❏ **基于 XML 的 FLA 源文件**

借助 XML 格式的 FLA 文件实施，更轻松地实现项目协作。解压缩项目的操作方式类似于文件夹，可使用户快速管理和修改各种资源。

❏ **代码片段面板**

借助于常见操作、动画和多点触控手势等预设的便捷代码片段，加快项目完成速度。这也是一种学习 ActionScript 的更简单的方法。

❏ **顺畅的移动测试**

在支持 Adobe AIR 运行时并使用 USB 连接的设备上执行源码级调试，直接在设备上运行内容。

❏ **有效地处理代码片段**

使用 pick whip 预览并以可视方式添加 20 多个代码片段，其中包括用于创建移动和 AIR 应用程序、用于加速计以及多点触控手势的代码片段。

❏ **Flash Builder 集成**

与开发人员密切合作，让用户使用 Adobe Flash Builder 软件对用户的 FLA 项目文件内容进行测试、调试和发布，能够提高工作效率。

❏ **返回顶部创建一次，即可随处部署**

使用预先封装的 Adobe AIR captive 运行时创建应用程序，在台式计算机、智能手机、平板电脑和电视上呈现一致的效果。

❏ **广泛的平台和设备支持**

锁定最新的 Adobe Flash Player 和 AIR 运行时，使用户能针对 Android 和 iOS 平台进

行设计。

❑ **高效的移动设备开发流程**

管理针对多个设备的 FLA 项目文件。跨文档和设备目标共享代码和资源，为各种屏幕和设备有效地创建、测试、封装和部署内容。

❑ **创建预先封装的 Adobe AIR 应用程序**

使用预先封装的 Adobe AIR captive 运行时创建和发布应用程序。简化应用程序的测试流程，使终端用户无需额外下载即可运行用户的内容。

❑ **在调整舞台大小时缩放内容**

元件和移动路径已针对不同屏幕大小进行优化设计，因此在进行跨文档分享时可节省时间。

❑ **简化的"发布设置"对话框** 使用直观的"发布设置"对话框，可更快、更高效地发布内容。

❑ **跨平台支持** 在用户选择的操作系统上工作：Mac OS 或 Windows。

❑ **元件性能选项** 借助新的工具选项、舞台元件栅格化和属性检查器可提高移动设备上的 CPU、电池和渲染性能。

❑ **增量编译** 使用资源缓存缩短使用嵌入字体和声音文件的文档编译时间，提高丰富内容的部署速度。

❑ **自动保存和文件恢复** 即使在计算机崩溃或停电后，也可以确保文件的一致性和完整性。

❑ **多个 AIR SDK 支持** 使用该功能可帮用户轻松创建新出版目标的菜单命令以添加多个 Adobe AIR 软件开发工具包（SDK）。

❑ **返回顶部快速编写代码和轻松执行测试** 使用预制的本地扩展功能可访问平台和设备的特定功能，以及模拟常用移动设备的应用互动。

4.3 创建与保存 Flash 文件

在 Flash CS6 中，可以通过两种方式创建动画文档：一种是通过欢迎屏幕创建预设的各种动画文档，另一种则是通过执行命令，根据弹出的对话框创建动画文档。

1. 快速创建动画文档

打开 Flash CS6 后，在默认显示的欢迎屏幕中，单击【新建】列表中相应的项目，即可创建相关的文档，如图 4-16 所示。

除了上面的方法外，还可以单击【从

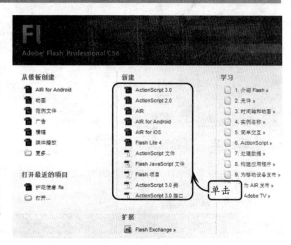

图 4-16 创建文档

模板创建】列表中的各种项目，在打开的【从模板新建】对话框中选择相关的类型。例如，在【从模板创建】对话框中单击【动画】项目，在弹出的对话框中可以选择 Flash 提供的多种模板，如图4-17 所示。

2．执行新建命令

在 Flash CS6 中，执行【文件】|【新建】命令，即可打开【新建文档】对话框。在该对话框中，用户可以方便地创建各种类型的 Flash 文档，如图4-18 所示。

图 4-17　从模板创建

在【新建文档】对话框中，用户也可以创建基于模板的 Flash 文档。单击【模板】的选项卡之后，即可切换到【从模板创建】对话框，创建基于模板的文档。

3．设置文档属性

在创建动画文档后，用户可以设置与其相关的各种基本属性，这样使动画文档更加符合实际设计的需求。

在 Flash 文档中，右击执行【文档属性】命令后，打开【文档设置】对话框。在该对话框中，可以设置 Flash 影片的基本属性，如标尺、3D 透视角度、标尺单位等，如图4-19 所示。

图 4-18　【新建文档】对话框

图 4-19　文档设置

在 Flash 文档中，可设置的基本属性主要包括以下几种，如表4-1 所示。

表 4-1　属性设置

属　　性		作　　用
尺寸	宽度	定义 Flash 文档的水平尺寸
	高度	定义 Flash 文档的垂直尺寸

属　　　性	作　　　用
调整3D透视角度	选中后，可为 3D 透视角度保留当前投影
标尺单位	定义 Flash 文档的标尺单位，包括英寸、点、厘米、毫米和像素等
匹配	为 Flash 影片设置显示方式，以匹配打印机或屏幕
背景颜色	设置 Flash 影片的背景颜色
帧频	设置 Flash 影片的刷新频率
设为默认值	将已为 Flash 影片进行的设置项目保存为新建文档的默认值

4．保存文档

创建并且编辑 Flash 文件后，要想永久性地以后再次使用或者编辑该文件，首先需要将该文件加以保存。方法是执行【文件】|【保存】命令（快捷键 Ctrl＋S），将 Flash 文件保存为 FLA 格式文件，如图 4-20 所示。

Flash 中一个完整的动画文件包括两个格式的文件，一个是源文件，格式为 FLA；另外一个是浏览文件，格式为 SWF。后者只作为浏览动画使用，不能够编辑。生成方法是执行【控制】|【测试影片】命令（快捷键 Ctrl＋Enter），在浏览的同时即可将其自动保存，如图 4-21 所示。

在 Flash 中还可以将创建的 Flash 文件保存为模板，这样就可以在以后重复使用该文档创建 Flash 文件。方法是执行【文件】|【另存为模板】命令，然后设置对话框中的【名称】、【类别】与【描述】选项，最后单击【保存】按钮即可。这时再次打开【从模板新建】对话框后，就可以选择保存后的模板创建 Flash 文件。

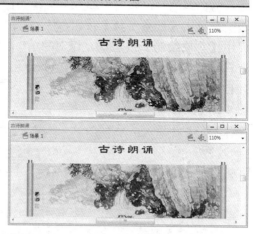

图 4-20　保存文档

图 4-21　浏览文件

4.4　图形对象的绘制与填充

在 Flash 中要创建出生动有趣，具有活力和个性的作品，除了要求用户掌握一定的绘制要素与技巧以外，还需要熟练掌握 Flash 提供的多种绘图和填充工具的使用方法。

4.4.1　使用线条工具

使用【线条工具】可以方便地绘制各种矢量直线笔触。在【工具】面板中单击【线条工具】按钮，然后在舞台中拖动鼠标，即可绘制简单直线笔触，如图 4-22 所示。

在绘制矢量笔触后，单击【选择工具】，将鼠标置于矢量直线笔触上方，当光标转换为带有弧线的箭头后，拖动鼠标即可将绘制的直线笔触转换为曲线笔触，如图 4-23 所示。

在单击【线条工具】按钮后，启用【对象绘制】按钮，以对象的方式绘制矢量直线笔触。此时，Flash 会自动以组的方式绘制矢量图形，如图 4-24 所示。

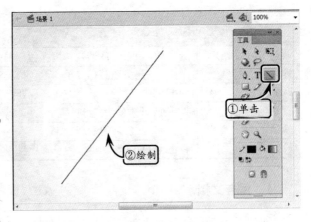

图 4-22　绘制线条

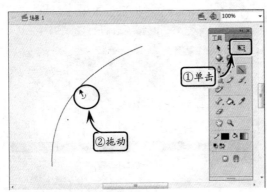

图 4-23　拖动线条

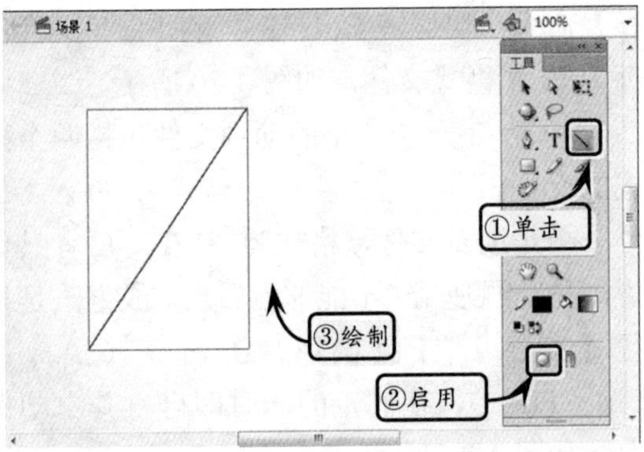

图 4-24　对象绘制

在绘制矢量直线笔触之前，用户也可启用【贴紧至对象】按钮，此时，绘制的矢量直线将自动与各种辅助线贴紧。

4.4.2　使用铅笔工具

【铅笔工具】用于绘制一些随鼠标运动轨迹而延伸的线条。单击【铅笔工具】按钮，在舞台中拖动鼠标，即可绘制鼠标轨迹经过的矢量笔触，如图 4-25 所示。

在使用【铅笔工具】时，单击【选项】区域中辅助选项按钮，系统提供了三种类型的绘图模式。

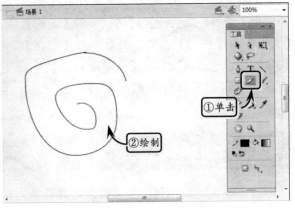

图 4-25　铅笔工具

❑ 直线化

选择该模式，在绘制线条时只要勾勒出图形的大致轮廓，Flash 就会自动将图形转化成接近的规则图形，如图 4-26 所示。

❑ 平滑

选择该模式，系统可以平滑所绘曲线，达到圆弧效果，使线条更加光滑，如图 4-27 所示。

图 4-26　直线化　　　　　　　　　　图 4-27　平滑

❑ 墨水

选择该模式绘制图形时，系统完全保留徒手绘制的曲线模式，不加任何更改，使绘制的线条更加接近于手写的感觉，如图 4-28 所示。

4．设置笔触样式

在绘制线条之前或之后，用户可以通过【属性】检查器设置该线条的样式。如线条颜色、粗细、样式等，如图 4-29 所示。

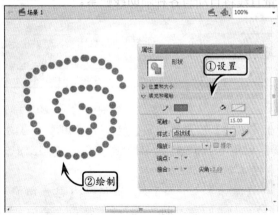

图 4-28　墨水　　　　　　　　　　图 4-29　设置属性

在【线条工具】◥或【铅笔工具】◢的【属性】检查器设置中，主要包括以下几种属性，如表 4-2 所示。

表 4-2 属性作用

属 性	作 用
笔触颜色 ✏ ▇	单击该颜色拾取器,可定义笔触的颜色
笔触	定义笔触的宽度
样式	单击右侧下拉列表选择笔触样式类型
编辑笔触样式 ✏	单击该按钮,可对笔触样式进行详细设置
缩放	定义播放 Flash 时笔触缩放的属性
提示	将笔触锚点保存为全像素以防止播放时缩放产生的锯齿
端点	定义笔触的两个端点形状
接合	定义笔触的节点形状
尖角	如定义笔触的节点为尖角,则可在此设置尖角的像素大小

在设置笔触的样式时,可以单击【编辑笔触样式】✏按钮,在弹出的【笔触样式】对话框中对笔触进行详细的设置。

4.4.3 使用椭圆工具

单击【椭圆工具】按钮,在【属性】检查器中设置参数,然后在舞台中拖动鼠标绘制椭圆形,如图 4-30 所示。

在【椭圆选项】选项卡中,用户可以将椭圆转换为扇形、圆环、扇环等复合图形,如表4-3 所示。

图 4-30 绘制椭圆

表 4-3 【椭圆选项】选项卡属性的作用

属 性 名	作 用
开始角度	定义扇形和扇环的起始角度
结束角度	定义扇形和扇环的结束角度
内径	可以在文本框中输入内径的数值,或单击滑块相应地调整内径的大小。或者直接可以输入介于 0 和 99 之间的值,以表示删除的填充的百分比
闭合路径	确定椭圆的路径是否闭合。如果指定了一条开放路径,但未对生成的形状应用任何填充,则仅绘制笔触。默认情况下选择闭合路径
重置	选中该选项,则 Flash 将清除以上几种属性,将图形转换为普通椭圆形

例如,使用椭圆工具绘制一个扇形。首先在【属性】检查器中设置【开始角度】为 210;【结束角度】为 320,即可在舞台中绘制扇形,如图 4-31 所示。

【基本椭圆工具】◉的功能与【基本矩形工具】▭类似,都可以绘制出更富有可编辑性的矢量图形。单击【基本椭圆工具】按钮◉,在【属性】检查器中设置基本椭圆的各种属性,然后在舞台中拖动鼠标即可绘制基本椭圆,如图4-32 所示。

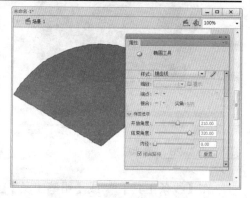

图 4-31 角度设置

【基本椭圆工具】 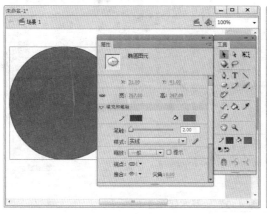 与【椭圆工具】 的区别在于，在绘制椭圆后，还允许用户在【属性】检查器中修改其属性，如图 4-33 所示。

图 4-32　基本椭圆工具

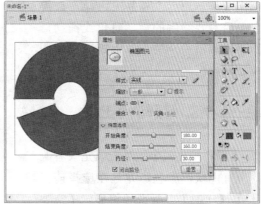

图 4-33　属性设置

4.4.4　使用矩形工具

单击【矩形工具】按钮，在舞台中将鼠标沿着要绘制的矩形对角线拖动，即可绘制出矩形，如图 4-34 所示。

在绘制矢量矩形之前，用户还可以在【属性】检查器中设置【矩形工具】 的属性，包括笔触样式、填充颜色等，如图 4-35 所示。

在【矩形选项】的选项卡中，还可以分别调整矩形 4 个角的圆滑度，以绘制出圆角矩形，如图 4-36 所示。

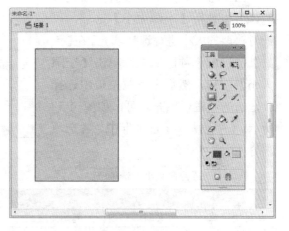

图 4-34　绘制矩形

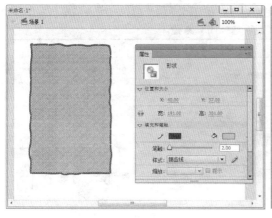

图 4-35　设置属性

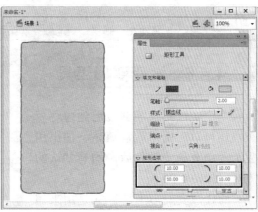

图 4-36　矩形选项

与【矩形工具】■相比，【基本矩形工具】■绘制的矩形更易于修改。单击【基本矩形工具】按钮■，在舞台中沿着要绘制的矩形对角线拖动，即可绘制出一个矢量基本矩形，如图4-37所示。

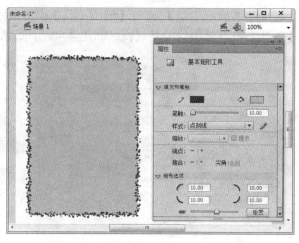

图 4-37　基本矩形工具

4.4.5　颜料桶工具

【颜料桶工具】用于填充或者改变现有色块的颜色，并且在选择该工具后，【工具】面板选项将显示【空隙大小】选项。

当图形中有缺口，没有形成闭合时，可以使用【空隙大小】选项，以针对缺口的大小进行选择填充。在【工具】面板的选项区域中，单击【空隙大小】按钮，然后在下拉菜单中选择合适的选项进行填充即可，如图4-38所示。【空隙大小】选项卡中，各选项内容如表4-4所示。

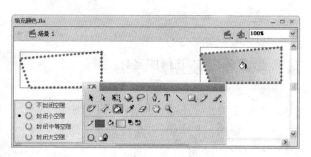

图 4-38　【空隙大小】选项

表4-4　【空隙大小】选项卡

属　性　名	作　　　用
不封闭空隙	定义扇形和扇环的起始角度。
封闭小空隙	定义扇形和扇环的结束角度。
封闭中等空隙	可以在框中输入内径的数值，或单击滑块相应地调整内径的大小。或者直接输入介于 0 和 99 之间的值，以表示删除的填充的百分比。
封闭大空隙	确定椭圆的路径是否闭合。如果指定了一条开放路径，但未对生成的形状应用任何填充，则仅绘制笔触。默认情况下选择闭合路径。

4.4.6　渐变变形工具

渐变颜色不仅能够应用到内容填充，还可以应用于笔触填充。使用相应工具填充渐变颜色后，均是默认的方向，如图4-39所示。

而【渐变变形工具】■是用来调整填充的大小、方向、中心以及变形渐变填充和位图填充。选择【渐变变

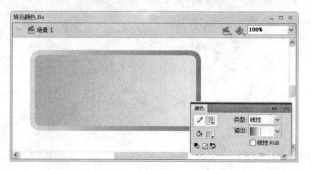

图 4-39　渐变工具

形工具】，并且单击填充区域，这时图形上会出现两条水平线。如果使用放射状渐变填充色对图形进行填充，则在填充区域会出现一个渐变圆圈以及4个圆形或方形手柄，如图4-40所示。

使用渐变线的方向手柄、距离手柄和中心手柄，可以移动渐变线的中心、调整渐变线的距离以及改变渐变线的倾斜方向，如图4-41所示。

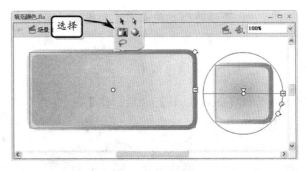

图 4-40　放射状渐变填充

4.4.7　Deco 工具

【Deco 工具】是装饰性绘画工具，使用该工具可以将创建的图形形状转变为复杂的几何图案。

1. 应用藤蔓式填充效果

当选择【Deco 工具】后，【属

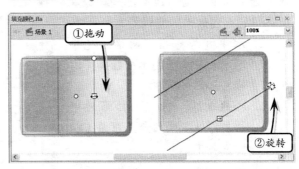

图 4-41　修改渐变线

性】面板中默认的填充效果为"藤蔓式填充"，只要在舞台中单击，即可看到藤蔓图案以动画形式填充到整个画布，如图4-42所示。

选择该工具，在【属性】面板中更改【叶】和【花】的颜色值后，单击即可得到不同色调的藤蔓图案，如图4-43所示。而【高级选项】组中的选项介绍如下。

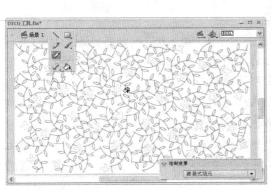

图 4-42　藤蔓式填充

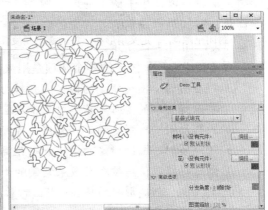

图 4-43　设置属性

- **图案缩放**　缩放操作会使对象同时沿水平方向（沿 x 轴）和垂直方向（沿 y 轴）放大或缩小。
- **段长度**　指定叶子节点和花朵节点之间的段的长度。
- **动画图案**　指定效果的每次迭代都绘制到时间轴中的新帧。在绘制花朵图案时，此选项将创建花朵图案的逐帧动画序列。

❑ **帧步骤** 指定绘制效果时每秒要横跨的帧数。

2. 应用网格填充效果

选择【Deco 工具】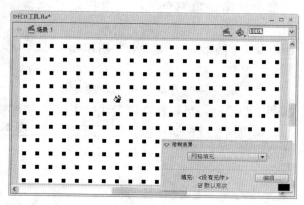后，在【属性】面板中选择"网格填充"样式，在舞台中单击即可填充网格图案，如图 4-44 所示。"网格填充"样式中的各个选项如下，通过设置这些参数，能够得到不同效果的网格图案。

❑ **水平间距** 指定网格填充中所用形状之间的水平距离（以像素为单位）。

❑ **垂直间距** 指定网格填充中所用形状之间的垂直距离（以像素为单位）。

❑ **图案缩放** 可使对象同时沿水平方向（沿 x 轴）和垂直方向（沿 y 轴）放大或缩小。

图 4-44　网格填充

3. 应用对称效果

选择"对称刷子"样式，将显示一组手柄。可以使用手柄，通过增加元件数、添加对称内容的方式来控制对称效果，如图 4-45 所示。

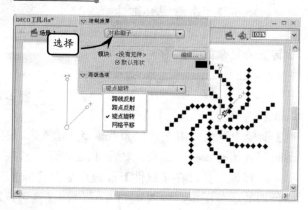

图 4-45　对称效果

而【高级选项】组中的各个选项是用来设置不同的填充方式的，各选项介绍如下。

❑ **绕点旋转** 围绕指定的固定点旋转对称的形状。默认参考点是对称的中心点。若要围绕对象的中心点旋转对象，按圆形运动进行拖动。

❑ **跨线反射** 跨指定的不可见线条等距离翻转形状。

❑ **跨点反射** 围绕指定的固定点等距离放置两个形状。

❑ **网格平移** 使用按对称效果绘制的形状创建网格。每次在舞台上单击 Deco 绘画工具都会创建形状网格。使用由对称刷子手柄定义的 x 和 y 坐标调整这些形状的高度和宽度。

❑ **测试冲突** 不管如何增加对称效果内的实例数，可防止绘制的对称效果中的形状相互冲突。取消选择此选项后，会将对称效果中的形状重叠。

4. 应用树刷子效果

选择【Deco 工具】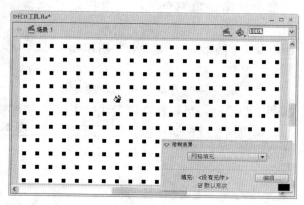后，在【属性】面板中选择"树刷子"样式，在舞台中单击即可填充树图案，如图 4-46 所示。

"树刷子"样式中的各个选项介绍如下。设置这些参数，能够得到不同效果的颜色图案。

❏ **树比例**　缩放操作会使对象同时沿水平方向（沿 x 轴）和垂直方向（沿 y 轴）放大或缩小。

❏ **分支颜色**　指定树填充中所用形状的枝干颜色（以十六进制单位）。

❏ **树叶颜色**　指定树填充中所用形状的树叶颜色（以十六进制单位）。

❏ **花/果实颜色**　指定树填充中所用形状的花/果实颜色（以十六进制单位）。

图 4-46　树刷子效果

5. 应用闪电效果

选择【Deco 工具】后，在【属性】面板中选择"闪电刷子"样式，在舞台中单击即可填充闪电图案，如图 4-47 所示。

"闪电刷子"样式中的各个选项介绍如下。设置这些参数，能够得到不同效果的闪电图案。

❏ **闪电大小**　指定闪电填充中所用形状的大小（以像素为单位）。

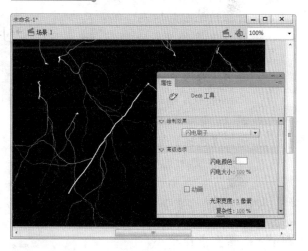

图 4-47　闪电效果

❏ **闪电颜色**　指定闪电填充中所用形状的颜色（以十六进制单位）。

4.5　对象的基本操作

仅仅使用绘图工具创建图形对象，是无法满足动画需求的，这时就需要对图形对象进行简单的编辑。例如，图形对象的选择、变形、复制、移动、删除、对齐和排列等操作。

4.5.1　使用选择工具选择对象

该工具主要用来选取或者调整场景中的图形对象，并能够对各种动画对象进行选择、拖动、改变尺寸等操作。利用该工具选择对象，主要包括的几种操作方法介绍如下，如图 4-48 所示。

❏ 单击可以选取某个色块或者某条曲线。

❏ 双击可以选取整个色块以及与其相连的其他色块和曲线等。

❏ 如果在选取过程中按下 Shift 键，则可以同时选中多个动画对象，也就是选中多个不同的色块和曲线。

❏ 在舞台上单击鼠标并拖动区域，可以选取区域中的所有对象。

在 Flash 中，当选择了某个对象时，在【属性】面板中会显示与其相关的信息，介绍如下，如图 4-49 所示。

❏ 对象的笔触和填充、像素尺寸以及对象的变形点的 x 和 y 坐标。

❏ 如果选择了多个项目，则会显示所选项目组的像素尺寸以及 x 和 y 坐标。

❏ 通过【属性】面板显示的内容，可以改变所选形状的笔触和填充。

使用【选择工具】，可以对动画对象进行操作，主要包括两种方法，介绍如下，如图 4-50 所示。

❏ 一种是选择对象后，直接使用鼠标拖放到舞台的其他位置；

❏ 另一种是不选中对象，而是直接使用鼠标拖放对象，此时可以改变对象的形状。

2．部分选择工具

此工具是一个与【选择工具】 完全不同的选取工具，它没有辅助选项，它具有智能化的矢量特性，在选择矢量图形时，单击对象的轮廓线，即可将其选中，并且会在该对象的四周出现许多节点，如图 4-51 所示。

如果要改变某条线条的形状，可以将光标移到该节点上，当指针下方出现空白矩形点时，进行拖动即可；还可以调整节点两侧的滑杆以改变线条的形状，当指针下方出现

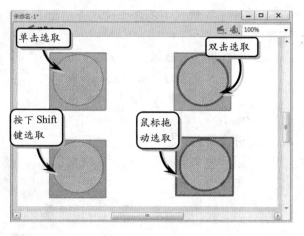

图 4-48　选择对象

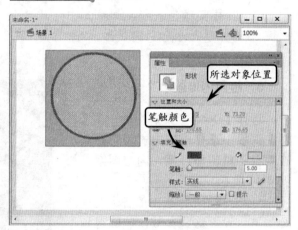

图 4-49　设置属性

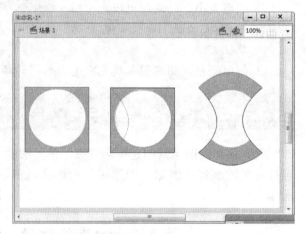

图 4-50　调整形状

实心矩形点时，单击可以移动该对象，如图 4-52 所示。

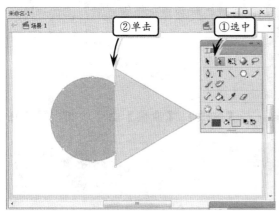

图 4-51　部分选择工具

图 4-52　修改形状

4.5.2　使用套索工具选择对象

　　该工具适合于选取对象的局部或者选取场景中不规则的区域。通常，在工具箱中选择该工具后，通过在选项区域中单击【多边形模式】按钮 ，可以在不规则和直边选择模式之间切换。在 Flash 中，启用【套索工具】可以创建三种形状的选择区域，如下所示。

❑ **不规则选择区域**

　　使用【套索工具】 在舞台上单击后拖动鼠标，轨迹会沿鼠标轨迹形成一条任意曲线。拖放鼠标后，系统会自动连接起始点，在起始点之间的区域将被选中，该方法适合绘制不规则的平滑区域，如图 4-53 所示。

❑ **直边选择区域**

　　在工具栏的选项区域中，单击【多边形模式】 按钮，然后在对象的顶点上单击即可。结束选择时，在终点位置双击鼠标，这时，将各顶点之间用直线连接起来，该方法适合绘制直边选择区域，如图 4-54 所示。

❑ **不规则和直边都有的选择区域**

　　可以使用【套索工具】 与【多边形模式】 功能的结合。如果要绘制一条不

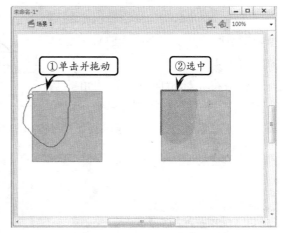

图 4-53　不规则选择区域

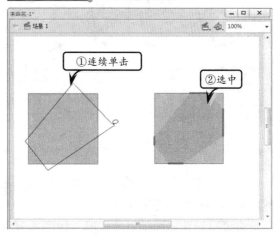

图 4-54　直边选择区域

规则线段,则在舞台上拖动【套索工具】🖎,若要绘制直线段,则按住 Alt 键,然后单击设置每条新线段的起点和终点;绘制完毕后可以通过释放鼠标按键或者双击选择区域线的起始端,闭合选择区域。

4.5.3 使用任意变形工具

【工具】面板中的【任意变形工具】▦,与【修改】|【变形】命令功能相同,并且两者相通。均是用来对图形对象进行变形,比如缩放、旋转、倾斜、扭曲等。

选中图形对象后,选择【任意变形工具】▦,这时图形四周显示变形框。在所选内容的周围移动光标,光标会发生变化,指明哪种变形功能可用,如图4-55 所示。

比如,将光标指向变形框四角的某个控制点时,可以缩小或者放大图形对象,如图 4-56 所示。

如果将光标指向变形框四角的某个控制点,并且与该控制点具有一定距离,即可对图形对象进行旋转,如图 4-57 所示。

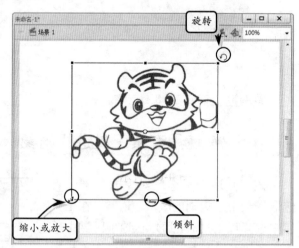

图 4-55　任意变形工具

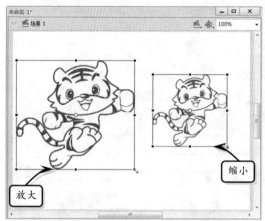

图 4-56　图形的缩小与放大

图 4-57　图形旋转

当选择【任意变形工具】▦后,如果单击该面板底部的某个功能按钮,即可针对相应的变形功能进行变形操作。例如,单击面板底部的【旋转与倾斜】按钮▱,就只能对图形对象进行旋转和倾斜的变形,如图 4-58 所示。

使用【任意变形工具】▦可以方便快捷地操作对象,但是却不能控制其精确度。

而利用【变形】面板可以通过设置各项参数，可以精确地对其进行缩放、旋转、倾斜和翻转等操作。

❑ **精确缩放对象**

选中舞台中的图形对象后，执行【窗口】|【变形】命令（快捷键 Ctrl+T），打开【变形】面板。在该面板中，可以沿水平方向、垂直方向缩放图形对象。比如单击水平方向的文本框，在其中输入 70，即可以图形原宽度尺寸的 70%缩小，如图4-59 所示。

要想成比例缩放图形对象，可以在设置之前单击【约束】按钮 ⛓。然后在任一个文本框中输入数值，即可得到成比例的缩放效果，如图 4-60 所示。

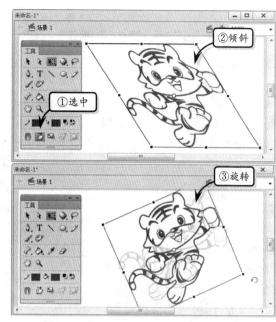

图 4-58　图形旋转和倾斜

图 4-59　设置尺寸

图 4-60　约束

❑ **精确旋转与倾斜对象**

在【变形】面板中，当启用【旋转】单选框时，可以在文本框中输入数值，进行360 度的旋转；当启用【倾斜】单选框时，则可以进行水平或者垂直方向的倾斜变形，如图 4-61 所示。

❑ **重制选区和变形**

当启用【旋转】单选框进行图形旋转时，设置旋转角度后，还可以通过连续单击【重制选区和变形】按钮 ⛶，得到复制的旋转图形，如图 4-62 所示。

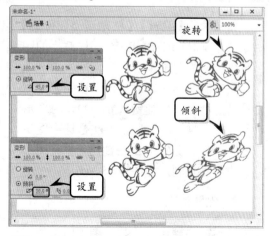

图 4-61　精确旋转与倾斜对象

4.5.4 移动、复制和删除对象

在 Flash 中，在选择和变形图形对象后，就可以对图形对象进行移动、复制和删除等操作。其中图形对象的复制包括多种方式，而图形对象的删除也分为对不同区域的删除。

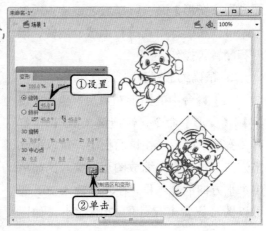

图 4-62　重制选区和变形

1．复制对象

只要选中某个图形对象后，采用【编辑】|【复制】（快捷键 Ctrl+C）与【剪切】命令（快捷键 Ctrl+X）即可执行，如图 4-63 所示。

按 Ctrl+C 快捷键复制图形对象后，执行【编辑】|【粘贴至中心位置】命令（快捷键 Ctrl+V），即可将图形粘贴至舞台的中心位置，如图 4-64 所示。

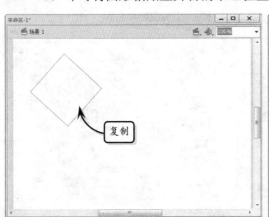

图 4-63　复制

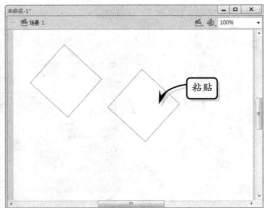

图 4-64　粘贴

如果执行【编辑】|【粘贴至当前位置】命令（快捷键 Ctrl+Shift+V），粘贴后的图形对象将与原对象重合。

在复制图形对象时，还可以通过【直接复制】命令（快捷键 Ctrl+D），对图形对象进行有规律的复制。方法是选中图形对象后，连续按 Ctrl+D 快捷键，进行图形对象的重复复制，如图 4-65 所示。

2．删除对象

当不需要舞台中的某个图形时，使用【选择工具】选中该图形对象后，按

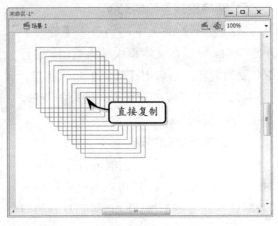

图 4-65　直接复制

Delete 键即可删除该对象，如图 4-66 所示。

3. 移动对象

移动对象可以调整图形的位置，
能够在绘制图形过程中，使其互不影
响。移动对象包括多种情况，不同的
方式得到的效果也不尽相同，详细介
绍如下：

❏ 使用【选择工具】选中对象，
通过拖动将对象移动到新位
置，如图 4-67 所示。

❏ 在移动对象的同时按住 Alt
键，可以复制对象并拖动其副
本，如图 4-68 所示。

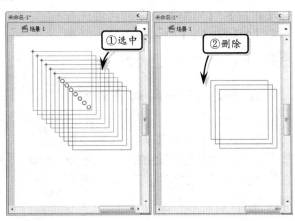

图 4-66　删除

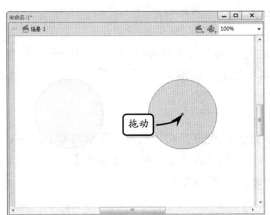

图 4-67　拖动

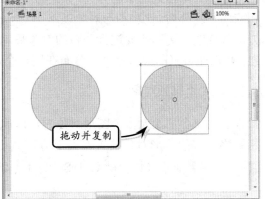

图 4-68　拖动并复制

❏ 在移动对象时按住 Shift 键拖
动，可以将对象的移动方向限
制为 45 度的倍数，如图 4-69
所示。

❏ 在选择所需移动对象之后，通
过按下一次方向键可以将所选
对象移动 1 个像素，若按下 Shift
键和方向键，则使所选对象一
次移动 10 个像素。

在【属性】面板的【X】和【Y】
文本框中输入所需移动数值，按
下 Enter 键即可移动对象，如图 4-70
所示。

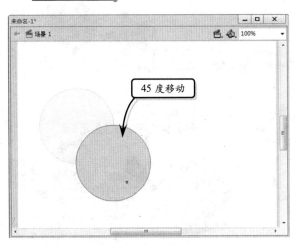

图 4-69　45 度移动

同样，选择所需移动对象之后，执行【窗口】|【信息】命令，通过在右上角【X】和【Y】文本框中输入所需数值，按下 Enter 键即可移动对象。

4.5.5　排列和对齐对象

通过排列与对齐对象功能，可以让舞台中的对象按照指定的层叠顺序或布局样式排列，以完善动画内容、提高制作效率。

1．平均分布对象

在横向排列图形对象过程中，可以根据图形对象排列的不同方向，来进行相应的平均分布。比如图形对象以水平方向放置时，选中所要进行分布的对象后，在【对齐】面板中单击【水平居中分布】按钮 ，即可将图形对象平均分布在同一个水平面上，如图 4-71 所示。

2．上下排列对象

当在舞台中绘制多个图形对象时，Flash 会以堆叠的方式显示各个图形对象。这时，想要将下方的图形对象放置在最上方，只要选中该图形对象，执行【修改】|【排列】|【移至顶层】命令（快捷键 Ctrl+Shift+↑）即可，如图 4-72 所示。

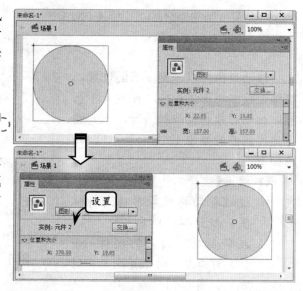

图 4-70　设置属性

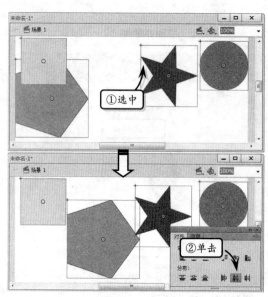

图 4-71　平均分布对象

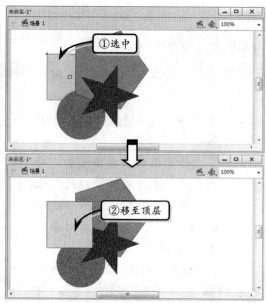

图 4-72　上下排列对象

如果想要将图形对象向上移动一层，那么选中该图形对象后，执行【修改】|【排列】|【上移一层】命令（快捷键 Ctrl+↑）即可，如图 4-73 所示。

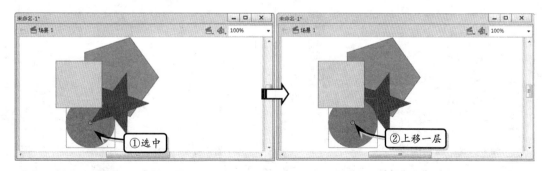

图 4-73　上移一层

4.6　课堂练习：制作机械角色

通常机械角色都是由大量规则的图形或整齐的线条组成的。因此，在设计机械角色时，可以使用【钢笔工具】进行创作，通过【钢笔工具】绘制直线，然后再使用【转换锚点】工具对直线进行修改，使之符合角色设计的要求。本练习将使用路径绘制的各种工具，设计并绘制一个星球大战中的机器角色 R2，如图 4-74 所示。

图 4-74　机械角色

操作步骤：

1　在 Flash 中，新建 R2.fla 文件。使用【钢笔工具】在舞台中绘制圆筒，如图 4-75 所示。

2　再用【钢笔工具】绘制 R2 机器人的脚部线条，如图 4-76 所示。

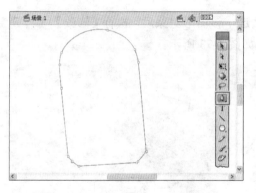

图 4-75　绘制圆筒

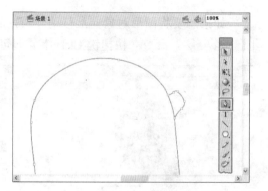

图 4-78　绘制扫描头轮廓

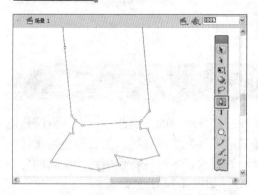

图 4-76　绘制机器人脚部轮廓

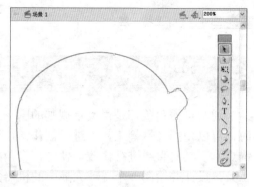

图 4-79　删除多余线条

3 在【工具】面板中选择【选择工具】 ，选中两次绘图中重合的部分，将其删除，如图 4-77 所示。

6 选择【颜料桶工具】 ，将整个轮廓背景填充为"黑色"（#000000），然后删除轮廓线，如图 4-80 所示。

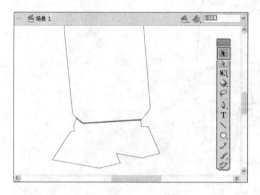

图 4-77　删除重合的线条

图 4-80　填充颜色

4 选择【钢笔工具】 ，在机器人身体上部绘制机器人的扫描头轮廓，如图 4-78 所示。

5 用之前同样的方法删除多余的线条，使整个轮廓变成同一个封闭图形，如图 4-79 所示。

7 使用【钢笔工具】 绘制机器人右脚部分的结构，并使用【颜料桶工具】 为其填充"白色"（#FFFFFF），如图 4-81 所示。

8 用同样的方法绘制 R2 机器人的左脚部分，并为其填充"白色"（#FFFFFF），如图 4-82 所示。

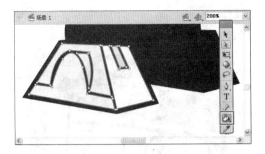

图 4-81　绘制右脚并填充颜色

图 4-82　绘制左脚并填充颜色

9　绘制 R2 机器人的双腿，并为其填充"白色"（#FFFFFF），如图 4-83 所示。

图 4-83　绘制双腿并填充颜色

10　绘制机器人的右臂，并为其填充颜色，如图 4-84 所示。

图 4-84　绘制右臂并填充颜色

11　绘制机器人的身体部分，并为其填充"白色"（#FFFFFF），如图 4-85 所示。

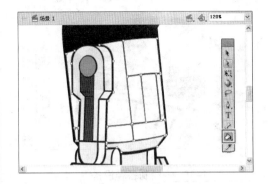

图 4-85　绘制身体并填充颜色

12　绘制机器人头部的轮廓，然后填充"深灰色"（#E0E7EB），如图 4-86 所示。

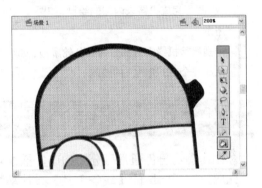

图 4-86　绘制头部并填充颜色

13　在机器人头部绘制各种设备的位置，并填充"黑色"（#000000），如图 4-87 所示。

图 4-87　绘制各种设备位置

14　在头部各种设备的位置中绘制色块，并填充颜色，如图 4-88 所示。

图 4-89 绘制眼睛

图 4-88 绘制各种设备

15 绘制机器人的眼睛部分，并绘制反光的斑点，如图 4-89 所示。

16 绘制机器人头部突出的扫描头，并填充颜色，即可完成机器人内部的绘制，如图 4-90 所示。

17 分别删除机器人各部分的红色轮廓线，即可完成整个 R2 机器人的绘制。

图 4-90 完成颜色填充

4.7 课堂练习：制作动物角色

制作动物角色通常可分为构图、描绘轮廓和填充颜色等步骤。在绘制动物角色时，首先应使用 Flash 的【线条工具】设计动物角色的结构，然后再通过【选择工具】等辅助工具绘制轮廓，最后使用【颜料桶工具】为角色填充颜色，如图 4-91 所示。

图 4-91 绘制海龟

操作步骤：

1. 在 Flash 中，新建 fla 文档。右击舞台空白处，执行【文档属性】命令。在弹出的 【文档属性】对话框中设置【尺寸】为 800 像素×600 像素，如图 4-92 所示。

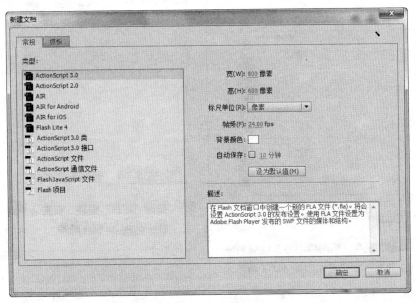

图 4-92 设置文档尺寸

2. 使用【线条工具】 ╲ 绘制两个拱形，并使用【选择工具】 ▶ 调整各弧线的弧度，分别在创建的"头"和"躯干"等两个图层中绘制海龟的轮廓图，如图 4-93 所示。

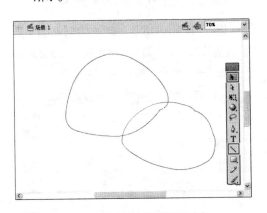

图 4-93 绘制拱形并调整弧度

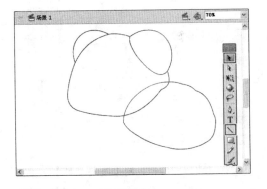

图 4-94 绘制眼泡

3. 在"头"图层中，头部绘制两个小拱形作为海龟的眼睛泡，如图 4-94 所示。

4. 在"躯干"图层中，根据躯干的轮廓线绘制海龟的腿和尾巴，如图 4-95 所示。

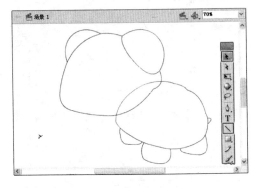

图 4-95 绘制海龟的腿和尾巴

5 　新建"背甲"图层，用【线条工具】
绘制海龟背上的斑点，并用【选择工具】
调整斑点中各线条的弧度，如图 4-96
所示。

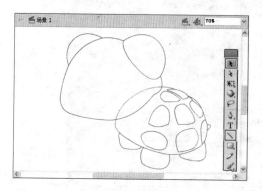

🔵 图 4-96 　绘制海龟背部斑点

6 　新建"脚趾"图层，用同样的方式绘制海龟
的脚趾，并调整其弧度，如图 4-97 所示。

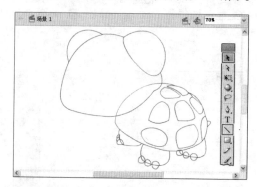

🔵 图 4-97 　绘制脚趾

7 　在"头"图层中，用【线条工具】绘制
海龟的脖子部分和头部的阴影轮廓，如图
4-98 所示。

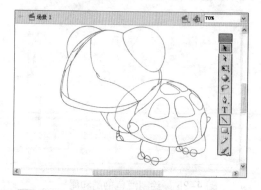

🔵 图 4-98 　绘制海龟头部轮廓

8 　新建"眼鼻"图层，用【线条工具】绘
制海龟的眼睛和鼻孔，如图 4-99 所示。

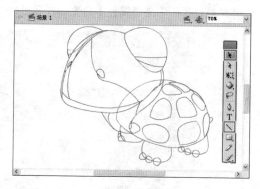

🔵 图 4-99 　绘制眼睛和鼻孔

9 　新建"眼珠"图层，在图层中绘制海龟的眼
珠，如图 4-100 所示。

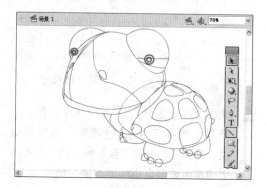

🔵 图 4-100 　在新图层绘制眼珠

10 　新建"投影"图层，在图层中用【椭圆工具】
绘制一个椭圆形，作为海龟的投影范围，
完成手绘部分，如图 4-101 所示。

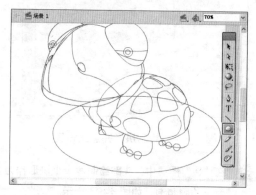

🔵 图 4-101 　绘制投影范围

11 　执行【窗口】|【颜色】命令，在弹出的【颜

色】面板中设置【类型】为"放射状",并设置填充颜色的调节柄。然后,使用【颜料桶】工具为投影填充颜色,如图 4-102 所示。

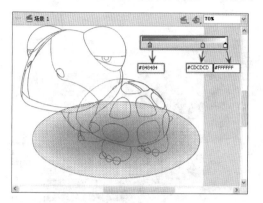

图 4-102　为投影填充颜色

12　为海龟的四肢使用"线性"渐变填充,并为尾巴和背甲使用"放射状"渐变填充,如图 4-103 所示。

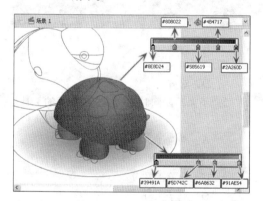

图 4-103　为四肢、尾巴和背甲填充颜色

13　用"放射状"渐变为海龟的脚趾填充颜色,如图 4-104 所示。

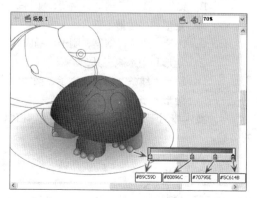

图 4-104　为脚趾填充颜色

14　再用"放射状"渐变为海龟背甲上的斑点填充颜色,如图 4-105 所示。

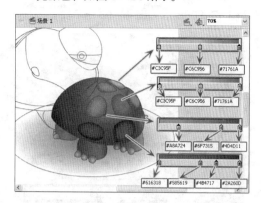

图 4-105　填充斑点颜色

15　用同样的方法为海龟的头部、颈部以及眼白、鼻孔填充颜色,如图 4-106 所示。

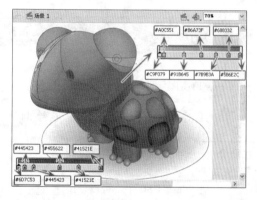

图 4-106　为海龟头部填充颜色

16　放大舞台的显示比例,并在"眼珠"图层中填充海龟的两个眼珠,如图 4-107 所示。

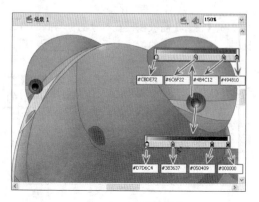

图 4-107　填充眼珠颜色

17 新建"眼珠遮罩"图层，绘制两个大小和眼白相同的遮罩，并填充"浅绿色"（#D0F08B），如图 4-108 所示。

右击执行【遮罩层】命令，即可将眼珠遮罩住。然后选中所有图层，在【属性】检查器中设置【笔触颜色】为☑，如图 4-109 所示。

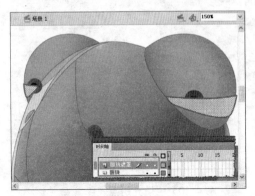

图 4-108 绘制眼珠遮罩

18 在【时间轴】面板的"眼珠遮罩"图层上，

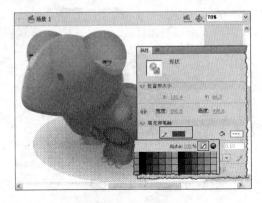

图 4-109 完成角色绘制

4.8 思考与练习

一、填空题

1．【对象绘制】允许将图形绘制成_____，而且在叠加时不会自动合并。

2．一般渐变色是由起始颜色和_____颜色决定的。

3．在 Flash CS6 中，可以使用_____来调整对象填充的大小、方向、中心以及变形渐变填充和位图填充。

4．如果要在选择对象的同时编辑该对象，可以使用_____。

5．使用【任意变形工具】　选中对象时会出现_____个控制句柄。

6．【变形】面板在设置对象的宽与高的百分比时，如果百分比的数值大于_____，那么对象就将放大。

7．在使用【变形】面板缩放、旋转和倾斜实例、组以及字体时，可以通过该面板中的_____按钮，将变形的对象还原到初始状态。

二、选择题

1．下列关于编辑图形说法不正确的是_____。

　　A．缩放

　　B．旋转

　　C．导入

　　D．对齐

2．下面不能同时绘制填充和笔触的工具是_____。

　　A．椭圆工具

　　B．矩形工具

　　C．钢笔工具

　　D．刷子工具

3．【对象绘制】支持的工具有_____。

　　A．铅笔、线条、任意变形、刷子、椭圆、矩形和多边形工具

　　B．铅笔、线条、钢笔、刷子、颜料桶、矩形和多边形工具

　　C．铅笔、线条、钢笔、刷子、椭圆、矩形和墨水瓶工具

　　D．铅笔、线条、钢笔、刷子、椭圆、矩形和多边形工具

4．魔术棒用于选择图形中_____相似的区域。

　　A．颜色

　　B．形状

　　C．大小

　　D．坐标

5. 旋转对象可以用_____面板设置。

    A.【对齐】

    B.【变形】

    C.【信息】

    D.【属性】

6. 下列是打开【变形】面板的快捷键的是_____。

    A. Ctrl+J

    B. Ctrl+R

    C. Ctrl+T

    D. Ctrl+G

三、问答题

1. 自定义颜色的方法可根据需要进行自由选择,试述有哪 3 种方法可供用户参考?

2. 使用【填充变形】工具调节线性渐变色、放射状渐变色与位图填充时,其周围控制点有哪些?其意义各是什么?

3. 如何柔化填充边缘?其主要参数包括哪些?

4.【套索工具】的两种选取方式是什么?

第 5 章

交互动画设计

Flash 动画在网页中的用途十分广泛，不仅可用于制作一般的网页动画元素，还可实现网页与用户的交互。在实现交互的过程中，Flash 可以为动画元素添加各种特效。

在本章中，除了介绍文本和滤镜以外，还将介绍 Flash 多种类型的动画。例如，补间动画、引导动画、遮罩动画和形状动画等。

本章学习目标：

➢ 掌握文本工具的使用

➢ 掌握文本的属性设置

➢ 了解滤镜的使用及属性设置

➢ 掌握补间动画

5.1 文本工具的使用

文本是 Flash 动画中不可缺少的组成部分，在网页上，经常会看到利用文字制作的特效动画。对于 Flash 动画中的文本，由于动画所播放的载体不同，所以其中的文本可分为不同的类型，来适用相应的播放载体。而不同类型的文本，其属性选项以及编辑方法也会有所不同。

5.1.1 创建文本

Flash CS6 中，文本可以分为静态文本、动态文本和 TLF 文本三种。创建文本的方法非常简单，只要选择【工具】面板中的【文本工具】 [T]，然后在舞台中单击，即可输入文本。

1. 创建静态文本

静态文本包括可扩展文本块和固定文本块。固定文本块是指当输入的文字达到文本框的宽度后，将自动进行换行。可扩展文本块是指文本框的宽度无限，在输入的文字达到文本框的宽度后，不会自动进行换行，而是延伸文本框的宽度。

在默认状态下，当选择【文本工具】 [T] 后，在舞台中单击后，输入的文本为静态文本的可扩展文本块，如图 5-1 所示。

要想输入固定文本块的静态文本，可以在选择该工具后，在舞台中单击并拖动鼠标建立文本框。然后在其中输入文字时，发现文字到达文本框的边缘后会自动换行，如图 5-2 所示。

2. 创建动态文本

动态文本可以显示动态更新的文本，例如体育得分、股票报价或者是天气预报。创建方法是，选择【文本工具】 [T] 后，在【属性】面板的下拉列表中，选择"动态文本"

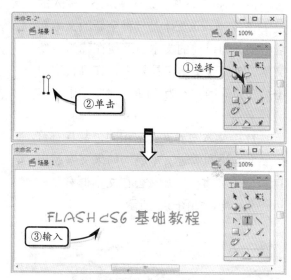

图 5-1 输入文本

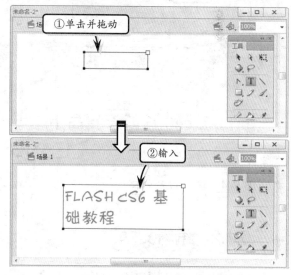

图 5-2 设置文本块

子选项。然后在舞台中单击创建文本框，输入文本后，文本框显示为虚线框，如图 5-3 所示。

3．输入 TLF 文本

在 Flash CS6 中，默认情况下，输入的是 TLF 文本，该文本是一种全新的文本布局框架，而以前的文本引擎现在称为传统文本。选择【文本工具】 T ，在舞台中单击后，输入的文本为 TLF 文本，如图 5-4 所示。

TLF 文本与静态文本相同，都具有可扩展文本块和固定文本块。如果文字超出 TLF 固定文本框，那么会在文本框右侧显示红色加号，如图 5-5 所示。

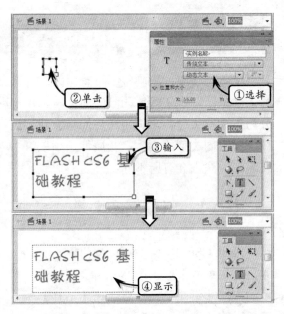

图 5-3　输入动态文本

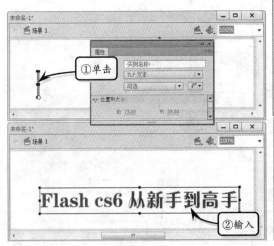

图 5-4　输入 TLF 文本

图 5-5　显示红色加号

5.1.2　编辑文本

在创建文本后，若不满足动画的要求，则要对其进行编辑修改，才能达到预期的效果。所有的文本类型，其编辑方法基本相同，只是 TLF 文本具有特殊的编辑方法，那就是文本布局。

1．选中文本

选择【工具】面板中的【选择工具】 ，单击舞台中的文本，在该文本外出现一个边框，说明文本已被选中，如图 5-6 所示。

2. 选择部分文本

如果要对一段文字中的部分文字进行编辑，那么需要使用【文本工具】T进行单击或拖动选中，这时可以看到文本被文本框包围，若在文本框中出现闪动的光标，则表示可以对文字进行编辑，如图5-7所示。

3. 控制文本显示范围

当输入文本后，若要重新设置文本显示的范围，则可以使用【选择工具】选中文本，并且将光标指向文本框右侧，进行左右拖动即可。这时文本框会根据其宽度来决定高度，使其中的文本完整显示，如图5-8所示。

4. 文本布局

Flash CS6 中的 TLF 固定文本块，虽然限制了文本显示范围，但是可以通过创建新固定文本块，使之与前者串联，将隐藏的文本显示在新固定文本块中，如图5-9所示。

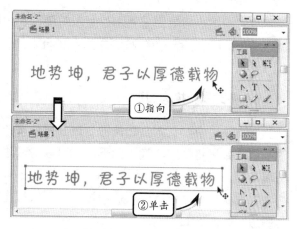

图 5-6　选中文本

图 5-7　选中部分文本

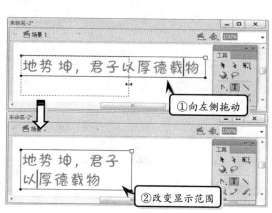

图 5-8　控制显示范围

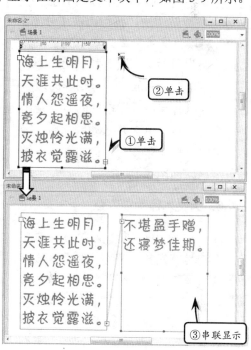

图 5-9　串联显示

这时，缩小前者固定文本块显示范围，其中的文本会显示在后者固定文本块中。通过该方法，可以任意放置 TLF 文本在舞台中的位置，而确保其中的文本完整显示，如图5-10 所示。

5．将文本转换为图形

在 Flash 中，文本虽然能够通过其属性来改变文字的外观，但是还是无法脱离文字的限制。如果将文字转换为图形，就可以对其进行修改了，比如边缘的变形与渐变颜色的填充等。

如果是单个文字，那么选中该文字，执行【修改】|【分离】命令，即可将文字转换为图形，如图 5-11 所示。

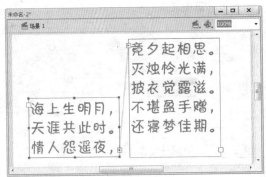

图 5–10 内容显示

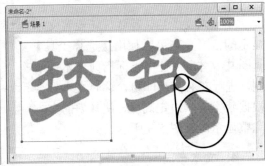

图 5–11 转换为图形

如果是两个或者两个以上文字，则按 Ctrl+B 快捷键两次，执行两次【分离】命令。将段落文本分离为单个文字，然后再转换为图形，如图 5-12 所示。

这时，把光标放在字母轮廓的边缘上，就可以看到在鼠标指针的右下角出现一个直角线，单击并拖动鼠标后，字母的形状就发生了变化，说明文本已转换为图形，如图 5-13 所示。

6．为文本添加渐变色

在 Flash 中可以为文本添加渐变色。方法是首先要对文本执行两次【修改】|【分离】命令，将其分离并转化为图形。然后在打开的【颜色】面板中设置其渐变类型及渐变条中的颜色及滑块。设置完成后，发现文字的每个单独部分都产生了一个完整的过渡渐变，如图 5-14 所示。

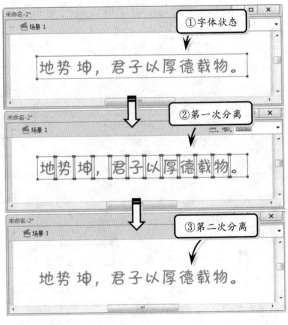

图 5–12 转换为图形

如果需要让所有的文字在整体上产生一个过渡渐变，这时需要使用【颜料桶工具】 从文字的左侧拖动至文字的右侧，当松开鼠标时文字的颜色从左至右产生一个完整的过渡渐变，按下 Ctrl+G 快捷键将文字整体组合即可，如图5-15所示。

图 5-13　修改图形文本

图 5-14　渐变文本

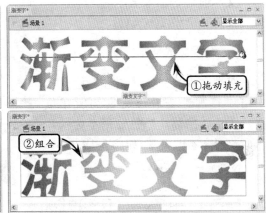

图 5-15　组合文本

7．为文本添加笔触

在 Flash 中，在文本状态下是不能为其添加【笔触颜色】的，必须将文本转换为图形，才能创建【笔触颜色】。

首先使用【选择工具】 选择文本，执行【修改】|【分离】命令，将文字打散，再执行一次该命令，将文字转换为图形，如图5-16所示。

然后，选择【工具】面板中的【墨水瓶工具】 ，设置【笔触颜色】的参数值，在文字上单击即可为文字添加笔触，添加完成后可以在【属性】面板中，更改笔触的大小和样式，如图5-17所示。

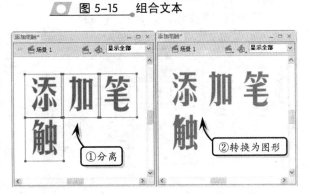

图 5-16　转换为图形

8．制作半透明字

如果要设置文字的透明度，可以在输入文本后使用【选择工具】 单击文本，在【工具】面板中单击【填充颜色】色块，在弹出的色板中设置 Alpha 选项即

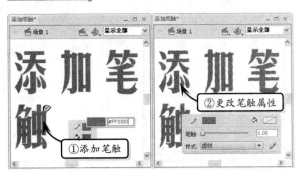

图 5-17　添加笔触

可，如图 5-18 所示。

5.1.3 设置文本属性

无论是传统文本还是 TLF 文本，文本的基本属性均是相同的。比如位置、大小、字符和段落等。而无论是输入文本前还是输入文本后，均能够重复设置字符和段落属性。

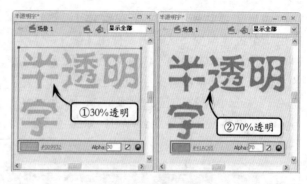

1. 设置文本基本选项

选中文本后，在【属性】检查器中可以直观地查看该文本的所在位置、大小、字体、颜色等基本选项，从而改变文本的外观，如图 5-19 所示。

2. 设置段落格式

【属性】检查器中的【段落】选项组主要是用来控制段落文本的对齐方式，以及行距等选项，从而改变段落文字的显示外观，如图 5-20 所示。

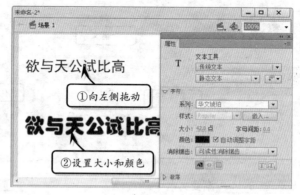

图 5-19 设置文本颜色

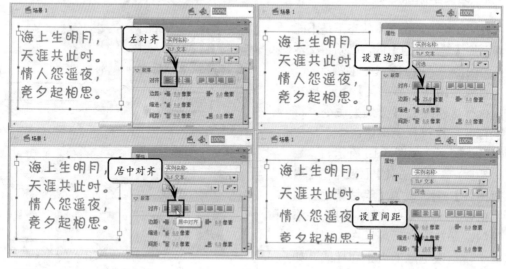

图 5-20 设置段落格式

3. 高级字符与高级段落

TLF 文本除了能够设置【字符】和【段落】选项组中的选项外，还可以设置【属性】检查器中的【高级字符】和【高级段落】选项组。

在【高级字符】选项组中，可以设置更多的字符样式，比如连字、下划线、删除线、大小写、数字格式及其他，如图 5-21 所示。

【高级段落】选项组中，可以控制更多字体属性，包括【标点挤压】、【避头尾法则类型】和【行距模型】选项，如图 5-22 所示。

4. 容器和流

【容器和流】选项组是用来对 TLF 文本中固定文本块内文本的显示进行设置，比如支持多列、末行对齐选项、边距、缩进、段落间距和容器填充值，如图 5-23 所示。

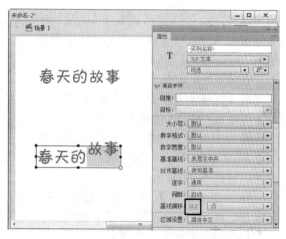

图 5-21　设置偏移

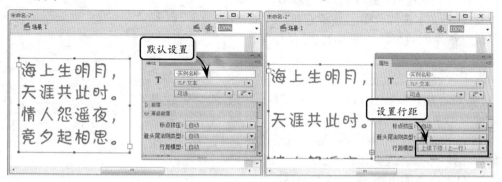

图 5-22　设置行距

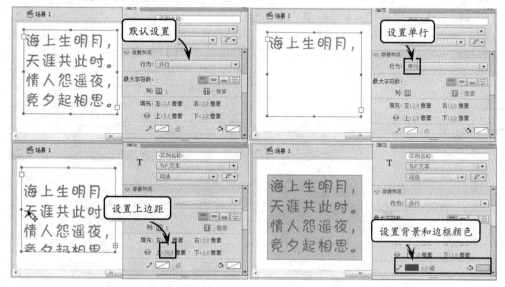

图 5-23　【容器和流】选项组

5. 3D 定位与查看

当创建 TLF 文本后，在【属性】检查器中，除了能够设置文本在二维平面中的位置与宽度外，还可以设置文本在 3D 空间中的位置与宽度，这是传统文本无法达到的效果。

在【3D 定位与查看】选项组中，能够通过【选项 3DX 位置】、【选项 3DY 位置】与【选项 3DZ 位置】来设置 TLF 文本在舞台中的显示位置。其中【选项 3DZ 位置】用来设置 TLF 文本在舞台中的远近效果，如图 5-24 所示。

除了在【属性】检查器中设置 TLF 文本在三维空间中的精确位置，还可以使用【工具】面板中的【3D 平移工具】进行手动移动。而【3D 旋转工具】则可以改变 TLF 文本在舞台中的显示方向，使其呈现三维空间效果，如图 5-25 所示。

6．色彩效果

【色彩效果】选项组在 Flash CS6 中不仅能够应用于影片剪辑元件，还可以直接应用于 TLF 文本，而不需要将其放置在影片剪辑元件中。通过色彩效果的设置，可以改变 TLF 文本的色相、亮度以及不透明度等显示效果。

在【属性】检查器中，【色彩效果】

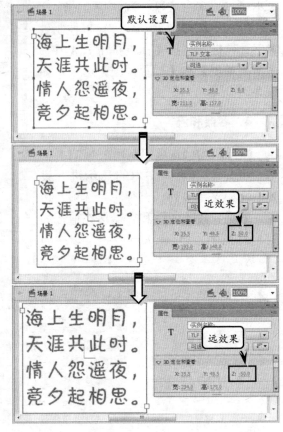

图 5-24　设置显示效果

选项组中的选项均显示在【样式】下拉列表中。选择不同的子选项，在其下方显示相应的参数设置。当设置下方的选项参数后，即可发现选中的 TLF 文本发生色彩变化，如图 5-26 所示。

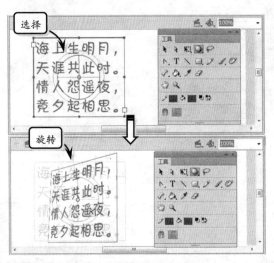

图 5-25　文本旋转

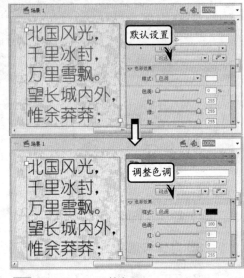

图 5-26　调整色调

7. 显示

【显示】选项组中的【混合模式】选项与
【色彩效果】选项组相同，同样不需要建立影
片剪辑元件，直接为 TLF 文本设置混合模式
选项即可。而不同的模式选项得到的显示效
果如图 5-27 所示。

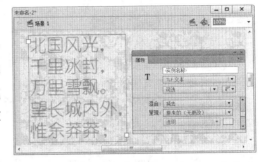

图 5-27　【显示】选项组

5.2　滤镜

滤镜是 Flash 动画中一个重要的组
成部分，用于为动画添加简单的特效，
如投影、模糊、发光、斜角等，使动
画表现得更加丰富、真实。

5.2.1　投影滤镜

投影滤镜是将模拟对象投影到一
个表面的效果。要想添加投影滤镜，
首先选择一个对象，然后单击【属性】
检查器中的【添加滤镜】按钮，在弹
出的菜单中执行【投影】命令即可，
如图 5-28 所示。

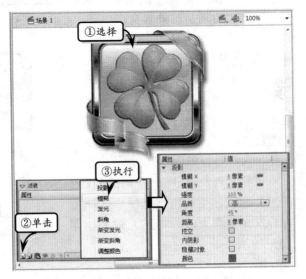

图 5-28　投影滤镜

在添加投影滤镜后，可以通过【滤
镜】选项组中的参数来更改投影的效果，其中常用选项的说明如下。

- ❏ **模糊**　该选项用于控制投影的宽度和高度。
- ❏ **强度**　该选项用于设置阴影的明暗度，数值越大，阴影就越暗。
- ❏ **品质**　该选项用于控制投影的质量级别，设置为"高"则近似于高斯模糊，设置
  为"低"可以实现最佳的回放性能。
- ❏ **颜色**　单击此处的色块，可以打开【颜色拾取器】，设置阴影的颜色。
- ❏ **角度**　该选项用于控制阴影的角度，在其中输入一个值或单击角度选取器并拖动
  角度盘。
- ❏ **距离**　该选项用于控制阴影与对象之间的距离。
- ❏ **挖空**　选择此复选框，可以从视觉上隐藏源对象，并在挖空图像上只显示投影。
- ❏ **内侧阴影**　启用此复选框，可以在对象边界内应用阴影。
- ❏ **隐藏对象**　启用此复选框，可以隐藏对象并只显示其阴影，从而可以更轻松地创
  建逼真的阴影。

5.2.2　模糊滤镜

模糊滤镜可以柔化对象的边缘和细节。将模糊应用于对象，可以让它看起来好像位于其他对象的后面，或者使对象看起来好像是运动的。在添加模糊滤镜效果后，默认的参数即可得到模糊效果，如图 5-29 所示。

该滤镜中的参数与投影滤镜中的基本相同，只是后者模糊的是投影效果，前者模糊的是对象本身。

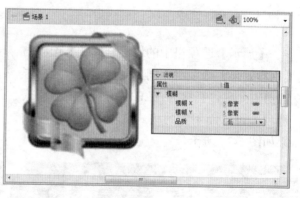

图 5-29　模糊滤镜

5.2.3　发光滤镜

添加发光滤镜后，发现其中的参数与投影滤镜的基本相似，只是没有【距离】、【角度】等参数。而其默认发光颜色为红色，如图 5-30 所示。

在参数列表中，唯一不同的是【内发光】选项，当启用该选项后，即可将外发光效果更改为内发光效果，如图 5-31 所示。

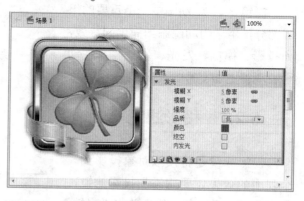

图 5-30　发光滤镜

5.2.4　渐变发光滤镜

渐变发光与发光滤镜有所不同，其发光颜色是渐变颜色，而不是单色。在默认情况下，其效果与投影相似，但是发光颜色为渐变颜色，如图 5-32 所示。

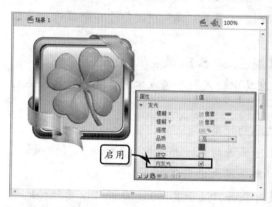

图 5-31　添加内容光

图 5-32　渐变发光滤镜

渐变发光颜色与【颜色】面板中渐变颜色的设置方法相同。但是，渐变发光要求渐变开始处颜色的 Alpha 值为 0，并且不能移动此颜色的位置，但可以改变该颜色，如图 5-33 所示。

在渐变发光滤镜中，还可以定义发光效果。只要在【类型】下拉列表中，选择不同的子选项即可。默认情况下为"外侧"，如图 5-34 所示。

图 5-33　设置渐变发光颜色

5.2.5　斜角滤镜

斜角滤镜可以向对象应用加亮效果，使其看起来凸出于背景表面。在 Flash 中，此滤镜功能多用于按钮元件。

斜角滤镜的参数在投影的基础上，添加了【阴影】和【加亮显示】颜色控件。如果设置这两个颜色控件，那么会得到不同的立体效果。斜角滤镜的选项大部分与投影滤镜重复，然而有些选项属于斜角滤镜独有，如下所示。

图 5-34　设置发光效果

- ❑ **加亮显示**　单击右侧的色块，即可打开颜色拾取器，选择为斜角加亮的颜色。

- ❑ **类型**　设置斜角滤镜出现的位置，包括内侧、外侧和全部等 3 种，默认设置为内侧，如图 5-35 所示。

通过【类型】下拉列表中的选项，可以设置为不同的立体效果，如图 5-36 所示。

图 5-35　斜角滤镜

图 5-36　外侧

5.2.6 渐变斜角滤镜

应用渐变斜角可以产生一种凸起效果，使对象看起来好像从背景上凸起，且斜角表面有渐变颜色。渐变斜角要求渐变中间有一种颜色的 Alpha 值为 0。

渐变斜角滤镜中的参数，只是将斜角滤镜中的【阴影】和【加亮显示】颜色控件替换为【渐变颜色】控件。所以渐变斜角立体效果，是通过渐变颜色来实现的，如图 5-37 所示。

图 5-37 渐变斜角滤镜

5.2.7 调整颜色滤镜

调整颜色滤镜的作用是设置对象的各种色彩属性，在不破坏对象本身填充色的情况下，转换对象的颜色以满足动画的需求，如图 5-38 所示。

在调整颜色滤镜中，包含有以下 4 个选项，其详细介绍如下。

❑ **亮度**

调整对象的明亮程度，其值范围是−100～100，默认值为 0。当亮度为−100 时，对象被显示为全黑色。而当亮度为 100 时，对象被显示为白色。

❑ **对比度**

调整对象颜色中黑到白的渐变层次，其值范围是−100～100，默认值为 0。对比度越大，则从黑到白的渐变层

图 5-38 调整颜色滤镜

次就越多，色彩越丰富。反之，则会使对象给人一种灰蒙蒙的感觉。

❑ **饱和度**

调整对象颜色的纯度，其值范围是−100～100，默认值为 0。饱和度越大，则色彩越丰富，如饱和度为−100，则图像将转换为灰度图。

❑ **色相**

色彩的相貌，用于调整色彩的光谱，使对象产生不同的色彩，其值范围是−180～180，默认值为 0。例如，原对象为红色，将对象的色相增加 60，即可转换为黄色。

5.3 创建补间动画

在 Flash CS6 中，除了可以制作补间动画外，还可以制作补间形状动画、引导动画和遮罩动画等，它们帮助用户在动画中方便快速地制作各种效果。

5.3.1 创建补间动画

补间动画可以将图层中的对象按照指令完成一系列的动作，如移动、变色、旋转等，这样在很大程度上提高了创建动画的效率。

1. 创建传统补间动画

新建文档，在舞台中绘制对象或者导入素材，例如导入一只卡通"鹅"，然后将其转换为影片剪辑，如图 5-39 所示。

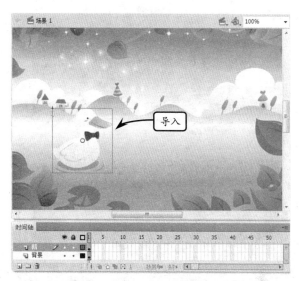

图 5-39　创建传统补间动画

右击第 40 帧，在弹出的菜单中执行【插入关键帧】命令，插入关键帧，将该帧作为补间动画的结束关键帧。然后将"鹅"移动到舞台的右侧，如图 5-40 所示。

右击起始和结束关键帧之间的任意一帧，在弹出的菜单中执行【创建传统补间】命令，创建传统补间动画，如图 5-41 所示。

最后，执行【控制】|【测试影片】|【测试】命令预览动画效果，可以看到"鹅"从"池塘"的左侧游向右侧，如图 5-42 所示。

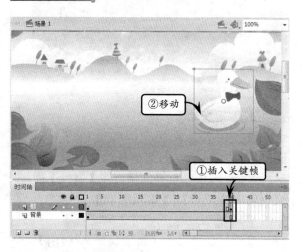

图 5-40　插入关键帧

2. 设置传统补间属性

选择起始和结束关键帧之间的任意一帧，在【属性】检查器中可以设置补间动画的减速方式、对象是否旋转以及支持沿路径运作等属性，如图 5-43 所示。

在【属性】检查器中，各个选项的说明如下。

❏ **缓动**

通过逐渐调整变化速率，创建更为自然的加速或减速效果，如图 5-44 所示。

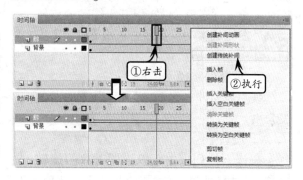

图 5-41　创建传统补间

图 5-42 补间动画效果

❏ 编辑缓动

除了输入元件缓动的幅度值以外，Flash 还允许用户通过可视化的界面设置缓动。例如，选中任意补间帧，在【属性】面板中单击【补间】|【编辑缓动】按钮，如图 5-45 所示。

然后，在弹出的【自定义缓入/缓出】对话框中，用鼠标按住缓动的矢量速度端点，对其进行拖曳，以实现基于缓动的旋转动画。在完成缓动设置后，单击【确定】按钮，如图 5-46 所示。

❏ 调整到路径

使对象沿路径运动，并随路径方向而改变角度。

❏ 旋转

在该下拉列表中可以设置对象的旋转运动，包括自动、顺时针和逆时针 3 个选项。

❏ 同步

启用该复选框，使图形元件实例的动画

图 5-43 属性检查器

图 5-44 缓动

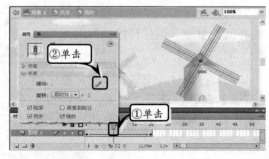

图 5-45 编辑缓动

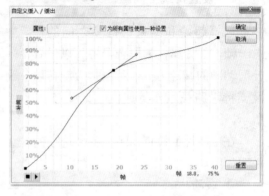

图 5-46 自定义缓入/缓出

网页设计与网站建设（CS6 中文版）标准教程

和主时间轴同步。

❑ 贴紧

如果使用运动路径，则选择此复选框，以根据其注册点将补间元素附加到运动路径。

5.3.2 创建补间形状

形状补间动画用于创建两个不同形状对象之间的变化过程，只需要定义初始形状和最终形状即可。

1. 创建补间形状动画

选择图层的第 1 帧，在舞台中绘制一朵花，将该帧作为补间形状动画的起始关键帧，如图 5-47 所示。

选择第 40 帧并右击，在弹出的菜单中执行【插入空白关键帧】命令，在该帧处插入空白关键帧。然后，在舞台中绘制一只蝴蝶，如图 5-48 所示。

右击这两个关键帧之间的任意 1 帧，在弹出的菜单中执行【创建补间形状】命令，这样即在起始关键帧和结束关键帧之间创建了补间形状动画，如图 5-49 所示。

最后，执行【控制】|【测试影片】|【测试】命令预览动画效果，可以看到"花朵"渐渐变形成为"蝴蝶"，如图 5-50 所示。

2. 设置补间形状动画

Flash CS6 不仅允许用户制作补间形状动画，还支持设置补间形状的"缓动"和"混合"等属性，使补间形状动画更加丰富多彩。

图 5-47　绘制图像

图 5-48　绘制蝴蝶

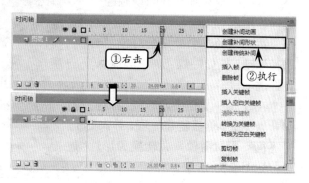

图 5-49　创建补间形状

在 Flash 中选择补间形状所在的帧，然后在【属性】检查器的【缓动】文本框中输入数值（其值范围是–100～100），即可更改动画的缓动效果，如图 5-51 所示。

图 5-50　补间形状

在【混合】下拉列表中包含有两个选项：分布式和角形，用于设置变形的过渡模式。其中，"分布式"选项可使补间的形状过渡更加光滑；"角形"选项可使补间的形状保持棱角，适用于有尖锐棱角的图形变换，如图 5-52 所示。

图 5-51　设置属性　　　　　　　　　　　　　　图 5-52　设置混合模式

5.3.3　创建引导动画

运动引导动画是补间动画的一个延伸，用户可以在舞台中绘制辅助线作为运动路径，引导某个对象沿着该路径运动，例如蝴蝶飞舞、气球飘浮、青蛙跳动等。

在 Flash 文档中，首先为舞台添加背景图像。然后新建图层，导入"直升飞机"素材图像，并转换为影片剪辑，如图 5-53 所示。

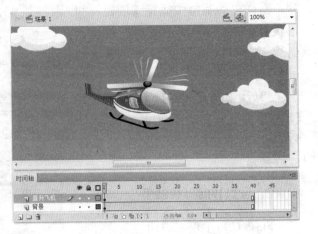

图 5-53　导入图像

右击"直升飞机"图层，在弹出的菜单中执行【添加传统运动引导层】命令，为该图层添加一个传统运动引导图层。然后，使用【铅笔工具】在舞台中绘制"直升飞机"的运动路径，如图 5-54 所示。

选择"直升飞机"影片剪辑，将其拖到线条的左侧端点，作为运动引导动画的起始位置，如图 5-55 所示。

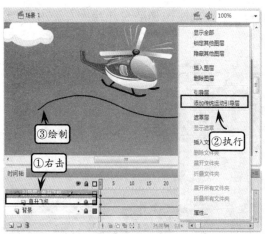

图 5-54　添加引导层

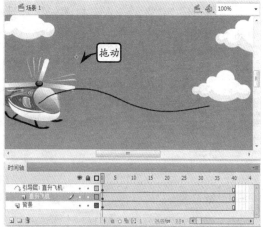

图 5-55　拖动至起始位置

在该图层的最后一帧处插入关键帧，将"直升飞机"影片剪辑拖到线条的右侧端点，作为运动引导动画的结束位置。然后，在这两个关键帧之间创建传统补间动画，如图 5-56 所示。

最后，执行【控制】|【测试影片】|【测试】命令预览动画效果，可以看到"直升飞机"沿着绘制的运动路径向右飞行，如图 5-57 所示。

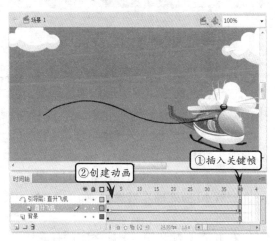

图 5-56　创建动画

5.3.4　创建遮罩动画

在遮罩动画中，普通层被覆盖在遮罩层下，透过遮罩层中的对象才能查看到普通层的内容，通常用于制作图像之间的过渡效果。方法是新建一个空白文档，将一张素材图像导入到舞台中，如图 5-58 所示。

图 5-57　效果图

新建图层 2，将另一张素材图像导入到舞台中。这两张图像的尺寸与舞台大小相同，如图 5-59 所示。

图 5-58　导入图像

图 5-59　创建图层并导入图像

新建图层 3，在舞台的中间绘制一个任意颜色的圆形，该圆形作为遮罩层中的遮罩物，如图 5-60 所示

在第 40 帧处插入关键帧，使用【任意变形工具】放大圆形的尺寸，使其可以覆盖整个舞台。同时，在图层 1 和图层 2 的第 40 帧处插入普通帧，如图 5-61 所示。

右击第 1 帧和第 40 帧之间的任意一帧，在弹出的菜单中执行【创建补间形状】命令，创建补间形状动画，如图 5-62 所示。

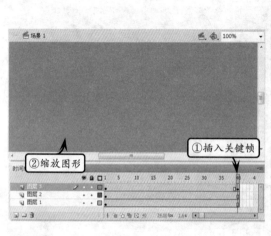

图 5-60　绘制圆形

图 5-61　放大图形

图 5-62　创建补间形状

右击图层 3，在弹出的菜单中执行【遮罩层】命令，将其转换为遮罩图层，如图 5-63 所示。

最后，执行【控制】|【测试影片】|【测试】命令预览动画效果，可以看到通过圆形区域不断地扩大，渐渐地由第一张图像切换到第二张图像，如图 5-64 所示。

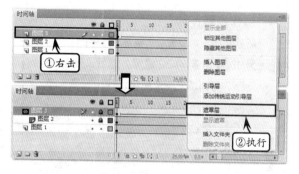

图 5-63　创建遮罩层

图 5-64　效果图

5.4　课堂练习：制作日出特效

在设计日出特效时，可以使用 Flash CS6 自带的各种滤镜为绘制的太阳添加效果。例如，添加模糊、发光等特效，模拟日出时太阳发射的各种光线。除此之外，还可以为远处的各种对象添加模糊滤镜，使其看起来有一种朦胧效果，如图 5-65 所示。

图 5-65　日出特效

操作步骤：

1 新建文档，并设置【文档属性】中的【尺寸】
为 1020 像素×400 像素。然后，绘制一个
矩形，为其填充渐变颜色，作为背景图像，
如图 5-66 所示。

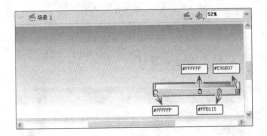

图 5-66　绘制矩形背景

2 新建"太阳"图层，然后在图层中绘制一个
圆形，填充"放射渐变"效果以作为太阳。
再按 F8 快捷键将太阳转换为影片剪辑元
件，如图 5-67 所示。

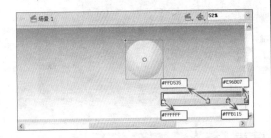

图 5-67　绘制太阳并转换为元件

3 选择"太阳"元件，在【属性】检查器中打
开【滤镜】选项卡，为元件添加发光滤镜，
如图 5-68 所示。

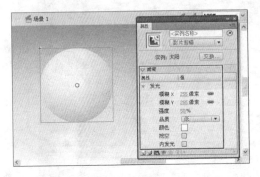

图 5-68　为太阳添加滤镜

4 用同样的方式再为太阳的影片剪辑元件，添
加一个红色的发光滤镜，如图 5-69 所示。

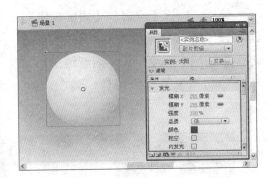

图 5-69　再为太阳添加发光滤镜

5 为太阳的影片剪辑元件添加模糊滤镜，并设
置模糊的属性，如图 5-70 所示。

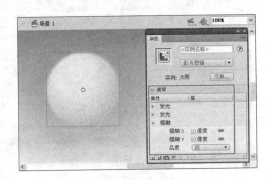

图 5-70　为太阳添加模糊滤镜

6 新建"云层"图层，绘制云彩并为其填充颜
色，如图 5-71 所示。

图 5-71　绘制云彩并填充颜色

7 新建"山脉"图层，绘制远处的山峰，并为
其填充颜色，将所有山峰转换为影片剪辑元
件，如图 5-72 所示。

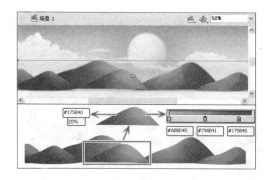

图 5-72　绘制山峰并填充颜色

8　在【属性】检查器中，为山峰的元件添加模糊滤镜，设置【模糊 X】和【模糊 Y】均为 10，如图 5-73 所示。

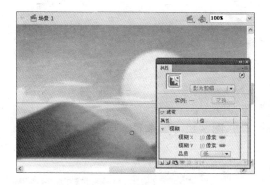

图 5-73　添加模糊滤镜

9　新建 "小树" 图层，绘制山峰附近的小树，并为其填充颜色。将几棵小树转换为影片剪辑元件，如图 5-74 所示。

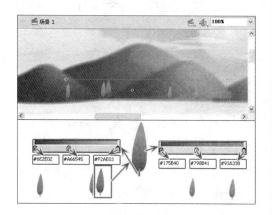

图 5-74　绘制小树并转换颜色

10　在【属性】检查器中为小树的元件添加模糊滤镜，设置【模糊 X】和【模糊 Y】值为 3，如图 5-75 所示。

图 5-75　添加模糊滤镜

11　新建 "大树" 图层，在小树旁边绘制近处的大树，并填充颜色，如图 5-76 所示。

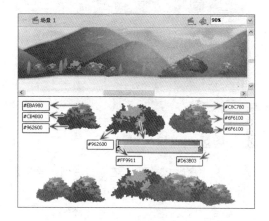

图 5-76　绘制大树并填充颜色

12　新建 "大地" 图层，在图层中绘制一个矩形并填充颜色，作为大地，如图 5-77 所示。

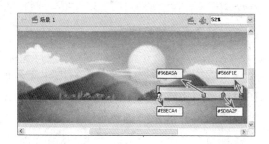

图 5-77　绘制大地

⑬ 将大地转换为元件，然后为其添加模糊滤镜，并设置【模糊X】为0，【模糊Y】为3，如图 5-78 所示。

3，即可完成日出特效的制作，如图 5-82 所示。

图 5-78 为大地添加模糊滤镜

⑭ 新建"房屋 1"图层，在场景左侧的大树前导入房屋的素材，如图 5-79 所示。

图 5-79 导入房屋

⑮ 新建"房屋 2"图层，在场景右侧再导入房屋的素材，如图 5-80 所示。

⑯ 新建"道路"图层，在大地上绘制道路，并填充颜色，如图 5-81 所示。

⑰ 将道路转换为影片剪辑元件，然后添加模糊滤镜，设置【模糊X】为0，【模糊Y】为

图 5-80 导入房屋素材

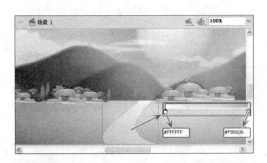

图 5-81 绘制道路

图 5-82 为道路添加滤镜

5.5 课堂练习：节约用水广告设计

节约用水广告属于公益广告的一个方面，其目的是提高人们对水资源的珍惜意识。在设计该广告时，水是整个动画的主角，也是所要表现的主题。因此，广告以水龙头"哗哗"流水为开场，给浏览者一种视觉上的刺激，从而产生较为深刻的印象。最后，以黑色背景为衬托突出"节约用水，从我做起"的宣传口号，如图 5-83 所示。

图 5-83 节约用水广告

操作步骤：

1 新建 680 像素 × 550 像素的空白文档，将绘
制好的"背景"图形拖入到舞台，并将其转
换为图形元件，如图 5-84 所示。

图 5-84 拖入背景图像

2 新建"水池"图层，在舞台的左下角绘制一
个"水池"图形，并将其转换为图形元件，
如图 5-85 所示。

3 新建"水龙头"图层，在水池的左侧绘制一

个"水龙头"图形，并将其转换为图形元件，
如图 5-86 所示。

图 5-85 绘制水池

4 新建"流水[动画]"影片剪辑元件，在舞台
中绘制一个"水流"图形，并将其转换为图
形元件，如图 5-87 所示。

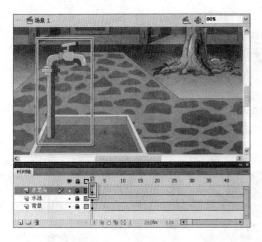

图 5-86　绘制水龙头

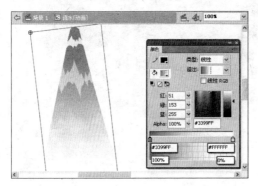

图 5-87　绘制水流图形

5 在第 3 帧处插入空白关键帧，在舞台的相同位置绘制"水流"的另一状态图形，并将其转换为图形元件，如图 5-88 所示。

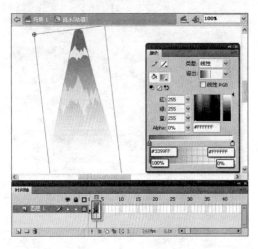

图 5-88　绘制另一水流图形

6 返回场景。新建"流水"图层，将"流水[动

画]"影片剪辑拖入到舞台中的"水龙头"处，如图 5-89 所示。

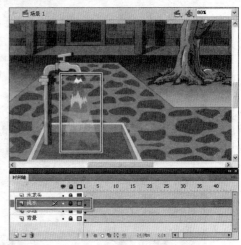

图 5-89　拖入流水影片剪辑

7 新建"水面"影片剪辑元件，在舞台中绘制一个四边形，并为其填充蓝白渐变色，如图 5-90 所示。

图 5-90　绘制水面

8 在第 6 帧处插入关键帧，使用【选择工具】向外调整四边形的 4 个角，使其产生水面上升的效果，如图 5-91 所示。

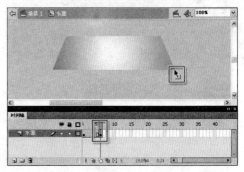

图 5-91　调整图形大小

9 使用相同的方法，在第 6 帧的后面插入多个
关键帧，并调整其大小，效果如图 5-92
所示。

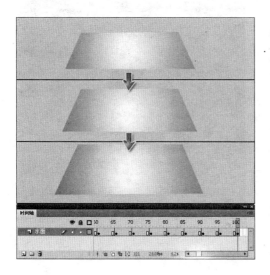

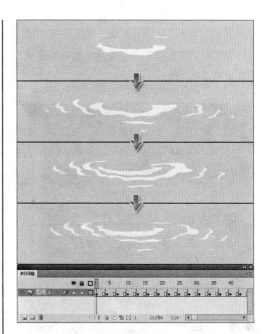

🖸 **图 5-94** 创建水波纹动画

图 5-92 水面上升动画

10 返回场景。在"水龙头"图层下新建图层，
将"水面"影片剪辑拖入到"水池"影片剪
辑的上面，如图 5-93 所示。

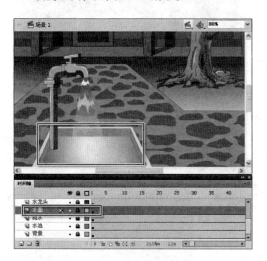

🖸 **图 5-93** 拖入水面影片剪辑

11 新建"水波纹"影片剪辑，在舞台中绘制一
个"波纹"图形，然后插入其他关键帧，并
对该图形进行修改，使其产生水波流动的效
果，如图 5-94 所示。

12 返回场景。新建"水波纹"图层，将"水波
纹"影片剪辑拖入到"水面"的中间，使其
与水流冲击下的位置相对应，如图 5-95
所示。

🖸 **图 5-95** 拖入水波纹影片剪辑

13 新建"黑幕"图层，在第 90 帧处插入关键
帧，绘制一个与舞台大小相同的透明黑色矩
形。然后，在第 103 帧处插入关键帧，设置
矩形的 Alpha 值为 75%，并创建补间形状
动画，如图 5-96 所示。

14 新建"文字_1"图层，在舞台中输入"节约

用水"文字，并将其分离。然后在第 103~ 120 帧之间制作文字旋转放大的补间动画，如图 5-97 所示。

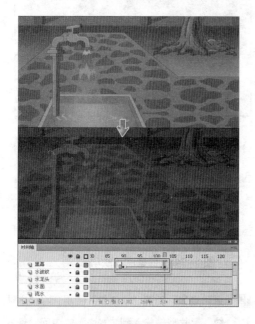

图 5-96　创建黑幕动画

15　新建"文字_2"图层，使用相同的方法在第 116~130 帧之间制作另一文字的旋转放大动画，如图 5-98 所示。

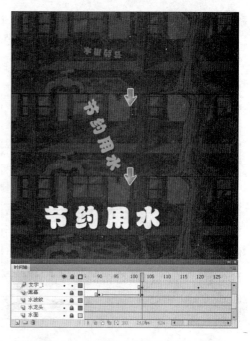

图 5-97　制作文字动画

图 5-98　宣传语动画

5.6　课堂练习：制作汽车色彩效果

在绘制漫画风格的汽车之前，首先应绘制汽车的各种局部结构图，然后再为其填充颜色，最后再调节汽车的色彩效果。一辆汽车是由车轮、底盘、车厢以及其他附件组成。本例为汽车的各部分组件添加色彩效果，模拟灯光照射汽车产生的图像，如图 5-99 所示。

图 5-99　漫画风格汽车

操作步骤：

1. 打开 hummer.fla 文件，并显示已经绘制好的悍马汽车素材。然后，双击该图像进行元件的编辑模式，如图 5-100 所示。

图 5-100　导入汽车素材

2. 选中"车厢侧面"图层，在【属性】检查器中打开【色彩效果】选项卡，设置 Alpha 值为 60%，如图 5-101 所示。

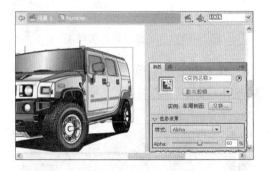

图 5-101　设置元件的透明度

3. 选中"前玻璃"图层，在【属性】检查器中，设置前玻璃元件的透明度为 50%，以显示车厢内部的陈设，如图 5-102 所示。

图 5-102　设置元件透明度

4. 选中"发动机前盖"图层，设置"前盖板"元件的透明度为 60%，如图 5-103 所示。

图 5-103　设置前盖板透明度

5. 选中"车体轮廓"图层，用同样的方式设置其透明度为 60%，如图 5-104 所示。

图 5-104　设置车体轮廓透明度

6. 选中"车灯与进气口"图层，设置"车灯与进气口"元件的样式，使其色调为"黄色"(#FFFF00)，色调饱和度为 20%，如图 5-105 所示。

图 5-105　设置色调

7 分别在"左前轮"、"左后轮"以及"右前轮"等图层中，设置其中的元件【色调】为"黄色"（#FFFF00），色调饱和度为10%，如图5-106所示。

图 5-106　设置色调

8 选中"底盘"图层，用同样的方式设置图层中"底盘"元件的色调为黄色，色调饱和度为20%，如图5-107所示。

图 5-107　设置汽车底盘色调

9 选中"阴影"图层，为汽车的"阴影"元件添加"发光"滤镜和"模糊"滤镜，如图5-108所示。

10 在【属性】检查器中，打开【色彩效果】选项卡，设置阴影的【Alpha】值为70%，如图5-109所示。

图 5-108　设置汽车阴影的滤镜

图 5-109　设置阴影的透明度

11 编辑完阴影后，即可退出"hummer"元件的制作。为影片添加背景和文字，即可完成制作，如图5-110所示。

图 5-110　完成绘制

5.7　课堂练习：制作都市室外场景

在绘制都市室外场景时，应以场景中的景物远近安排层次。例如，在场景中安排一些模糊的高楼轮廓作为远景，以花朵和草等方法的景物作为近景等。为使场景中的天空充实一些，可以在天空中添加一些云彩等，如图 5-111 所示。

图 5-111 图 5-111 都市室外场景

操作步骤：

1 在【文档属性】中设置影片的尺寸为 1020 像素×500 像素，然后在影片中使用【线条工具】 绘制大地的草图，如图 5-112 所示。

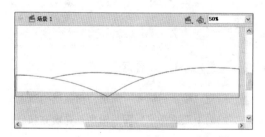

图 5-112 绘制大地的轮廓线

2 新建"远景轮廓"图层，绘制远景部分楼宇的草图，如图 5-113 所示。

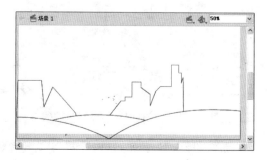

图 5-113 绘制远景的草图

3 新建"楼宇轮廓"图层，绘制中等距离楼宇的草图，如图 5-114 所示。

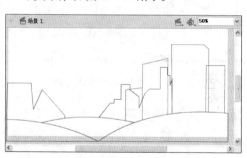

图 5-114 绘制中距离楼宇草图

4 新建"树木轮廓"图层，绘制楼宇附近树木的草图，如图 5-115 所示。

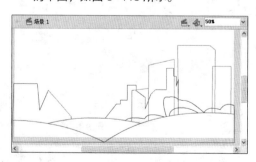

图 5-115 绘制楼宇附近树木的草图

5 新建"云彩位置"图层，用椭圆形标出天空中云彩的大小和位置，如图 5-116 所示。

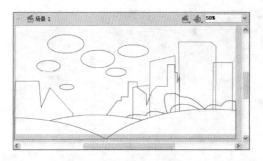

图 5-116 标出云彩的大小与位置

6 新建"天空"图层，在【工具面板】中选择【矩形工具】，绘制一个与影片尺寸相同的矩形，并设置其渐变填充，作为天空背景，如图 5-117 所示。

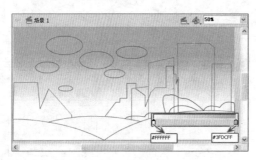

图 5-117 绘制天空的渐变背景

7 新建"远景"图层，根据草图使用【线条工具】绘制远处楼宇的轮廓，并为其填充灰色（#006A7F），设置其透明度为 30%，如图 5-118 所示。

图 5-118 绘制远处楼宇轮廓

8 在"远景"图层中使用【矩形工具】绘制一些小的白色矩形，并使用【对齐】命令将其对齐，放在楼宇轮廓上作为窗口，如图

5-119 所示。

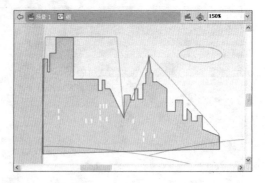

图 5-119 绘制并排列窗口

9 用同样的方法为另一片远景楼宇制作窗口，如图 5-120 所示。

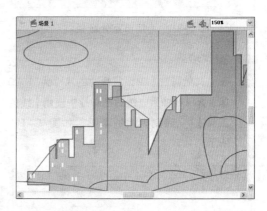

图 5-120 制作远景楼宇窗口

10 新建"楼宇后树木"图层，根据结构草图，绘制中距离楼宇后面的树木，并填充颜色，如图 5-121 所示。

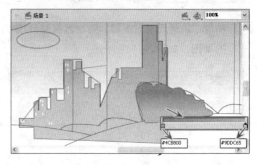

图 5-121 绘制中距离楼宇后的树木

11 新建"楼宇 1"图层，绘制楼宇，并为其填充颜色，如图 5-122 所示。

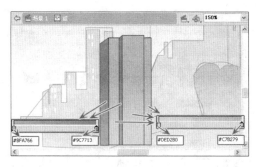

图 5-122 绘制楼宇

12 在"楼宇 1"图层中，使用【矩形工具】⬜
绘制一些白色小矩形作为楼宇的窗口，再使
用【对齐】面板将这些窗口对齐，如图 5-123
所示。

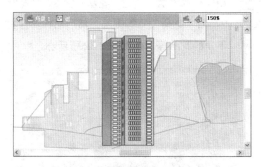

图 5-123 绘制楼宇窗口

13 在"楼宇 1"图层下，新建"楼宇 2"图层。
用同样的方式绘制第 2 个楼宇，为楼宇填充
颜色，并绘制"红色"（#DAB288）的窗户，
如图 5-124 所示。

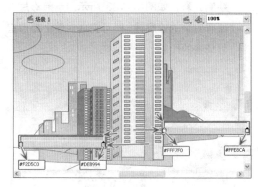

图 5-124 绘制楼宇 2

14 再在"楼宇 2"图层下面，新建"楼宇 3"
和"楼宇 4"两个图层，绘制其他两栋楼宇，

如图 5-125 所示。

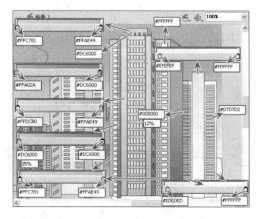

图 5-125 绘制其他两栋楼宇

15 在"楼宇 1"图层上面，新建"树木"图层，
绘制楼宇前面的树木，并为其填充颜色，如
图 5-126 所示。

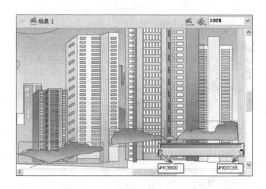

图 5-126 绘制楼宇前的树木

16 新建"大地"图层，根据大地轮廓的草图绘
制大地，并填充颜色，如图 5-127 所示。

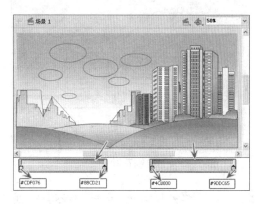

图 5-127 绘制大地并填充颜色

17 新建"道路"图层，为大地绘制道路，并填充"白色"（#FFFFFF），如图 5-128 所示。

图 5-128　绘制道路

18 新建"花丛背景 1"图层，绘制花丛的绿色背景，如图 5-129 所示。

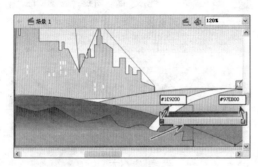

图 5-129　绘制花丛背景

19 新建"花叶 1"图层，绘制各种花的叶子，如图 5-130 所示。

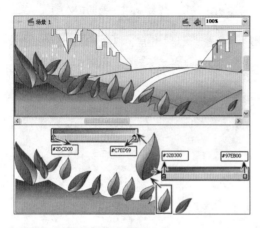

图 5-130　绘制花叶

20 新建"花朵 1"图层，绘制各种大小不一的花朵，如图 5-131 所示。

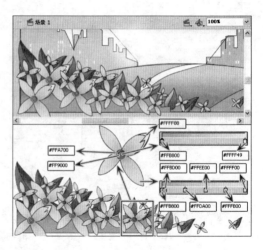

图 5-131　绘制花朵

21 用同样的方法，新建"花丛背景 2"、"花叶 2"和"花朵 2"等图层，然后制作舞台右下角的花丛等，如图 5-132 所示。

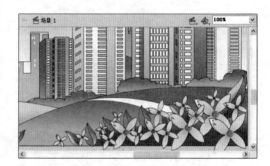

图 5-132　绘制右下角的花丛

22 新建"云彩"图层，根据"云彩"结构草图绘制云彩，如图 5-133 所示。清除影片中所有对象的轮廓线，即可完成对整个都市室外场景的绘制。

图 5-133　绘制云彩

5.8 思考与练习

一、填空题

1．滤镜效果只适用于文本、＿＿＿＿＿和按钮中。

2．一个图形最多可以使用＿＿＿＿＿＿个形状提示。

3．补间动画分为动画补间和＿＿＿＿＿＿补间。

二、选择题

1．在下列选项中，＿＿＿＿＿＿＿不属于滤镜的功能。

A．模糊

B．展开

C．斜角

D．渐变发光

2．在下列帧表示方法中，表示补间形状动画的是＿＿＿＿＿＿。

A．
B．
C．
D．

3．要使用实体、位图、文本块等元素创建形状补间动画，必须先将它们＿＿＿＿＿＿。

A．组合

B．分离

C．对齐

D．变形

三、问答题

1．Flash 中可以创建哪些类型的动画效果，它们之间的区别是什么？

2．补间动画可以分为哪些类型，它们的主要作用分别是什么？区别又是什么？

3．简述文本的创建过程及属性设置。

第6章

Dreamweaver CS6 入门基础

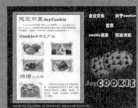

Dreamweaver 是组建网站和设计网页的专业工具，以"所见即所得"的特点，使不同层次的用户都可以快速创建网页。而 Dreamweaver CS6 是目前 Dreamweaver 系列软件中的最新版本，与之前版本的 Dreamweaver 相比，CS6 的功能更加强大，操作也更为简单。

本章学习目标：

➢ 掌握 Dreamweaver CS6 的界面
➢ 了解 Dreamweaver CS6 的新增功能
➢ 了解 Dreamweaver CS6 的工作环境设置
➢ 掌握插入文本的方法
➢ 掌握项目列表和编号列表的创建

6.1 了解 Dreamweaver CS6

Dreamweaver 是由 Macromedia 公司（现被 Adobe System 公司收购）开发的一种基于可视化界面的、带有强大代码编写功能的网页设计与开发软件。

6.1.1 Dreamweaver CS6 界面介绍

与之前的版本相比，Dreamweaver CS6 提供了全新界面，供用户以更加高效的方式创建网页。在打开 Dreamweaver CS6 之后，即可进入 Dreamweaver 窗口主界面。Dreamweaver CS6 主要包括两种模式，即可视化模式和代码模式。在默认情况下，Dreamweaver 将以可视化的方式显示打开或创建的文档，如图 6-1 所示。

图 6-1 **Dreamweaver CS6 界面**

在使用 Dreamweaver CS6 编写网页文档时，有可能会使用到 Dreamweaver CS6 的代码模式。Dreamweaver CS6 的代码模式与可视化模式在文档窗口方面有很大的不同，在代码模式下，提供了多种工具以帮助用户编写代码，如图 6-2 所示。

在使用 Dreamweaver CS6 设计和制作网页时，可以通过 Dreamweaver 窗口中的各种命令和工具实现对网页对象的操作。

1. 应用程序栏

在 Dreamweaver 窗口中，应用程序栏可显示当前软件的名称。除此之外，右击带有 "Dw" 字样的图标，可打开【快捷菜单】对 Dreamweaver 窗口进行操作。

編碼工具栏

行号

代码片段

图 6-2 代码模式

2. 工作区切换器

在【工作区切换器】中，提供了多种工作区模式，供用户选择，以更改 Dreamweaver 中各种面板的位置、显示或隐藏方式，满足不同类型用户的需求。

3. 在线帮助

【在线帮助】是 Dreamweaver CS6 的新特色之一。提供了一个搜索框与 Adobe 官方网站以及 Adobe 公共帮助程序链接。当用户在搜索框中输入关键字并按下【Enter】键之后，即可通过互联网或本地 Adobe 公共帮助程序，索引相关的帮助文档。

4. 命令栏

Dreamweaver CS6 的【命令栏】与绝大多数软件类似，都提供了分类的菜单项目，并在菜单中提供各种命令供用户执行。

5. 嵌入文档

由于网页文档的特殊性，很多网页文档都嵌入了大量外部的文档，包括各种 CSS 样式规则文档、JavaScript 脚本文档以及其他应用程序文档等。

在【嵌入文档】栏中，将显示当前网页文档所嵌入的各种文档的名称。单击这些名称即可在【文档窗口】打开文档，对文档进行修改。如需要返回源文档，可单击【源代码】的按钮，Dreamweaver 会返回源文档。

6. 文档工具

【文档工具】栏的作用是提供视图切换工具、浏览器调用工具、各种可视化助理、网页标题修改工具等，帮助用户编辑和测试网页。

其中，【代码】和【设计】按钮用于切换代码视图与设计视图。如用户需要在编辑代码的同时查看代码的效果，可单击【拆分】按钮进入拆分视图模式，Dreamweaver 会以左右分栏的方式分别显示代码和设计结果。

【实时视图】的作用是以 Dreamweaver 内置的网页引擎解析页面，为用户提供一个类似真实网页浏览器的环境，以调试网页。在选中【实时视图】按钮后，用户还可以选择【实时代码】按钮，使用 Dreamweaver 解析文档中的各种脚本代码，更进一步地调试网页文档中的脚本。

7．文档窗口

与以往版本相比，Dreamweaver CS6 的【文档窗口】更加灵活多样，既可以显示网页文档的内容，又可以显示网页文档的代码。同时，用户还可以使之同时显示内容和代码等信息。

执行【查看】|【标尺】|【显示】命令后，用户可将标尺工具添加到【文档窗口】中，更加精确地设置网页对象的位置。

8．状态栏

状态栏的作用是显示当前用户选择的网页标签及其树状结构，供用户进行选择。同时，状态栏还提供了【选取工具】、【手形工具】以及【缩放工具】等三个按钮，帮助用户选择网页对象、拖放视图以及对视图进行放大和缩小。

在【缩放工具】按钮右侧的下拉列表中，用户还可以直接输入或选择缩放的百分比大小，更改视图的缩放比例。

另外，用户可单击显示视图尺寸的区域，右击执行【编辑大小】命令，更改以窗口方式打开的【文档窗口】的尺寸。在【状态栏】最右侧，显示了网页文档的大小以及编码方式，供用户查看和编辑。

9．属性检查器

Dreamweaver【属性】检查器提供了大量的选项供用户选择。当用户选中【设计视图】中的某个网页对象后，即可在【属性】检查器中设置该网页对象的属性。

10．面板组

【面板组】是 Adobe 系列软件中共有的工具集合。在【面板组】中，几乎包含了对网页进行所有操作的工具和功能。

6.1.2　Dreamweaver CS6 新增功能

Dreamweaver CS6 作为 Adobe Dreamweaver 的最新版本，在立足于 Adobe Dreamweaver 的固有功能上，又新增加了以下几种功能。

1．新站点管理器

虽然大部分功能保持不变，但【管理站点】对话框(【站点】|【管理站点】)给人焕然一新的感觉。附加功能包括创建或导入 Business Catalyst 站点的能力，如图 6-3 所示。

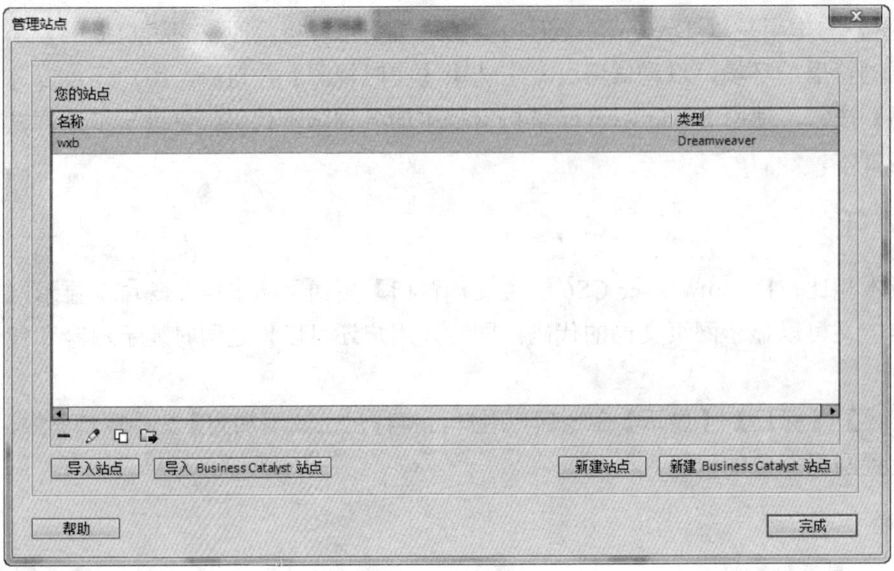

图 6-3　站点管理

2．CSS 过渡效果

使用新增的【CSS 过渡效果】面板可将平滑属性变化更改应用于基于 CSS 的页面元素，以响应触发器事件，如悬停、单击和聚焦。常见例子是当用户悬停在一个菜单栏的某一项时，它会逐渐从一种颜色变成另一种颜色。而现在用户不需要再编写代码，可以直接使用代码级支持以及新增的【CSS 过渡效果】面板来（【窗口】|【CSS 过渡效果】）创建 CSS 过渡效果，如图 6-4 所示。

图 6-4　CSS 过渡效果

3．基于流体网格的 CSS 布局

在 Dreamweaver 中使用新增的流体网格布局（【新建】|【新建流体网格布局】）来创建能应对不同屏幕尺寸的最合适的 CSS 布局。在使用流体网格生成 Web 页时，布局及其内容会自动适应用户的查看装置。例如，无论台式机、绘图板或智能手机等，如图 6-5 所示。

4．多个 CSS 类选区

现在可以将多个 CSS 类应用于单个元素。选择一个元素，打开"多类选区"对话框，然后选择所需类。在用户应用多个类之后，Dreamweaver 会根据用户的选择来创建新的多类。然后，新的多类会在用户进行 CSS 选择的其他位置变得可用。

HTML 用户可以从多个访问点打开【多类选区】对话框：

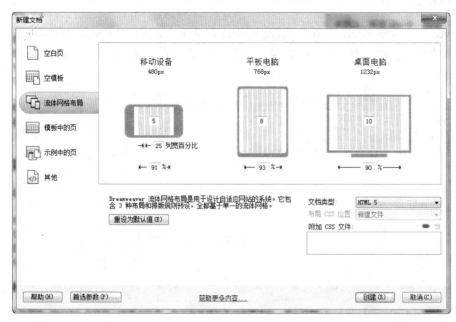

图 6-5 　CSS 布局

- ❏ HTML 属性检查器（从菜单中选择"应用多个类"）。
- ❏ CSS 属性检查器的"目标规则"弹出菜单。
- ❏ "文档"窗口的底部的标记选择器的上下文菜单（右键单击标记并选择【设置类】|【应用多个类】，如图 6-6 所示）。

5．PhoneGap Build 集成

通过与令人激动的新增 PhoneGap Build 服务的直接集成，Dreamweaver CS6 用户可以使用其现有的 HTML、CSS 和 JavaScript 技能来生成适用于移动设备的本机应用程序。

图 6-6 　多类选区

在通过【PhoneGap Build 服务】面板（【站点】|【PhoneGap Build 服务】）登录到 PhoneGap Build 后，可以直接在 PhoneGap Build 服务上生成 Web 应用程序，并且将生成的本机移动应用程序下载到用户的本地桌面或移动设备上。PhoneGap Build 服务管理用户的项目，并允许用户为大多数流行的移动平台生成本机应用程序，包括 Android、iOS、Blackberry、Symbian 和 WebOS，如图 6-7 所示。

图 6-7 　PhoneGap Build 集成

6．jQuery Mobile 1.0

Dreamweaver CS6 附带 jQuery 1.6.4，以及 jQuery Mobile 1.0 文件。jQuery Mobile 起始页可以从【新建文档】对话框（【文件】|【新建】|【示例中的页】|【Mobile 起始页】）中获得，如图 6-8 所示。

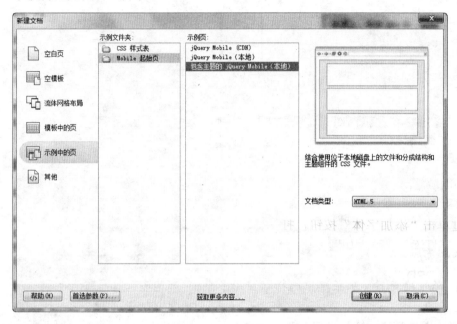

图 6-8　jQuery Mobile 1.0

现在，当用户创建 jQuery Mobile 页时，还可以在两种 CSS 文件之间进行选择：完全 CSS 文件或被拆分成结构和主题组件的 CSS 文件。

7．jQuery Mobile 色板

用户通过使用新的【jQuery Mobile 色板】面板（【窗口】|【jQuery Mobile 色板】），可以在 jQuery Mobile CSS 文件中预览所有色板（主题）。然后，使用此面板来应用色板，或从 jQuery Mobile Web 页的各种元素中删除它们。使用此功能，用户可以将色板逐个应用于标题、列表、按钮和其他元素，如图 6-9 所示。

8．新 Business Catalyst 站点

用户可以直接从 Dreamweaver 中创建新的

图 6-9　jQuery Mobile 色板

Business Catalyst 试用站点，并且探索 Business Catalyst 为用户和项目提供的广泛能力。

9．Business Catalyst 面板

在登录到 Business Catalyst 站点后，可以在 Dreamweaver 中直接从 Business Catalyst

网页设计与网站建设（CS6 中文版）标准教程

面板（【窗口】|【Business Catalyst】）内插入和自定义 Business Catalyst 模块。用户将可以访问它丰富的功能（如产品目录、博客与社交媒体集成、购物车等）。集成为用户提供了一种在 Dreamweaver 中的本地文件和 Business Catalyst 站点上的站点数据库内容之间进行集成的方式，如图 6-10 所示。

10．Web 字体

现在可以在 Dreamweaver 中使用有创造性的 Web 支持字体（如 Google 或 Typekit Web 字体）。首先，执行【修改】|【Web 字体】命令，打开【Web 字体管理器】对话框，将 Web 字体导入用户的 Dreamweaver 站点。然后，Web 字体将在用户的 Web 页中可用，如图 6-11 所示。

图 6-10　Business Catalyst 面板

如果在【Web 字体管理器】对话框中没有字体，用户可以通过单击"添加字体"按钮，打开【添加 Web 字体】对话框添加字体，如图 6-12 所示。

11．简化的 PSD 优化

Dreamweaver CS5【图像预览】对话框现在被称
作【图像优化】对话框。要打开此对话框，请在【文档】窗口中选择一个图像，然后单击属性检查器中的"编辑图像设置"按钮。以前的 CS5【图像预览】对话框中的一些选项现在显示在属性检查器中。

图 6-11　字体管理器

当用户更改【图像优化】对话框中的设置时，【设计】视图中会显示图像的即时预览，如图 6-13 所示。

图 6-12　添加字体

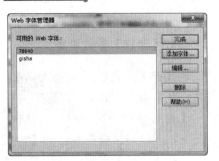

图 6-13　图像优化

12．对 FTP 传递的改进

Dreamweaver 利用多路传递的方式来使用多个渠道同时传输选定文件。Dreamweaver 也允许用户同时使用获取和放置操作来传输文件。如果有足够的可用带宽，FTP 多路异步传递可显著加快传输进度。

6.1.3 Dreamweaver CS6 的工作环境设置

在 Dreamweaver CS6 中，用户可以根据自己的需要来设置工作环境，包括用户界面的整体外观、CSS 样式、布局模式、层、外部编辑器和预览页面，所有这些都可以通过设置【首选参数】对话框来完成。

另外，用户还可以通过单击【文档】工具栏上的相关按钮来切换编辑窗口的模式，以适应不同工作方式的需要。

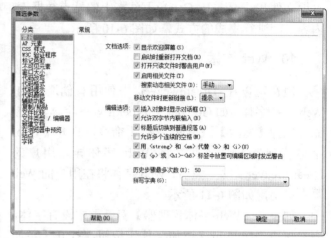

图 6-14 首选参数

1.【常规】参数设置

执行【编辑】|【首选参数】命令或者按下 Ctrl+U 快捷键，打开【首选参数】对话框。默认情况下，在该对话框中左侧的【分类】栏中选中的是【常规】选项卡，如图 6-14 所示。

在【常规】选项卡中，包括【文档选项】和【编辑选项】，各选项的含义如下：

❏ 【显示欢迎屏幕】

用于决定是否在打开 Dreamweaver 时显示【起始页】对话框。

❏ 【启动时重新打开文档】

该项被选中时，启动 Dreamweaver 时会打开在关闭 Dreamweaver 时处于打开状态的任何文档。如果未选择此选项，Dreamweaver 会在启动时显示起始页或空白屏幕。

❏ 【打开只读文件时警告用户】

在打开只读文件时发出警告。为用户提供了【查看】、【设置为可写】和【取消】的选项。

❏ 【移动文件时更新链接】

确定当用户移动、重命名或删除站点中的文档时 Dreamweaver 所执行的操作。可以将该参数设置为【总是】、【从不】或【提示】以执行更新。

❏ 【插入对象时显示对话框】

用于确定在使用【插入】工具栏或【插入】菜单插入图像、表格、Shockwave 影片和其他某些对象时，是否提示用户输入附加的信息。如果禁用该选项，则不出现提示对话框，但用户必须使用【属性】面板来指定图像的源文件和表格中的行数等。对于鼠标经过图像和 Fireworks HTML，当用户插入对象时总是出现一个对话框，而与该选项的设置无关。

❏ 【允许双字节内联输入】

如果用户正在使用适合于双字节文本（如中文字符）处理的开发环境或语言工具包，则用户可以直接将双字节文本输入到【文档】窗口中。如果取消选择该选项，则将显示一个用于输入和转换双字节文本的文本输入窗口；若文本被接受，则显示在【文档】窗口中。

□ 【标题后切换到普通段落】

指定在【设计】视图中于一个标题段落的结尾按下 Enter 键 (Windows)或 Return 键 (Macintosh)时，将创建一个用<p>标签进行标记的新段落（标题段落是用<h1>或<h2>等标题标签进行标记的段落）。当禁用该选项时，在标题段落的结尾按下 Enter 键或 Return 键将创建一个用同一标题标签进行标记的新段落（允许用户在一行中键入多个标题，然后返回并填入详细信息）。

□ 【允许多个连续的空格】

指定在【设计】视图中键入两个或更多的空格时将创建不中断的空格，这些空格在浏览器中显示为多个空格。例如，用户可以在句子之间键入两个空格。该选项主要针对习惯于在字处理程序中键入的用户。当禁用该选项时，浏览器将多个空格当作了单个空格。

□ 【用<strong>和<em>代替<b>和<i><U>】

要用户执行的操作通常会用到<b>标签和<i>标签，Dreamweaver 就应分别使用<strong>标签和<em>标签取代它们。此类操作包括在 HTML 模式下的文本【属性】面板中单击【粗体】按钮 **B** 或【斜体】按钮 *I*，同时也包括执行【文本】|【样式】|【粗体】或【斜体】命令。若要在文档中使用<b>和<i>标签，就取消选择此选项。

□ 【在<p>或<h1>-<h6>标签中放置可编辑区域时发出警告】

指定 Dreamweaver 在用户保存一个段落或标题标签中具有可编辑区域的 Dreamweaver 模板时是否发出警告信息。该警告信息会通知用户将无法在此区域中创建更多段落。该选项默认是打开的。

□ 【历史步骤最多次数】

确定【历史记录】面板中保留和显示的步骤数（步骤数的默认值对于大多数用户来说足够使用）。如果用户超过了【历史记录】面板中的给定步骤数，则将丢弃最早的步骤。

□ 【拼写字典】

列出可用的拼写字典。如果字典中包含多种方言或拼写惯例（如【英语（美国）】和【英语（英国）】），则方言单独列在【字典】下拉菜单中。

2.【复制/粘贴】参数设置

【复制/粘贴】参数设置默认选项，以从其他应用程序中粘贴文本。在此对话框中设置的首选参数仅应用于粘贴到【设计】视图中的内容。在【首选参数】对话框中，单击左侧【分类】栏中的

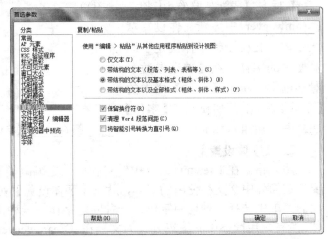

图 6-15　【复制/粘贴】选项卡

【复制/粘贴】选项，就切换到【复制/粘贴】选项卡，如图 6-15 所示。

在该选项卡上，其中各项的含义详细介绍如下：

❑ 【仅文本】

被选中后，粘贴无格式的文本。如果原始文本带有格式，所有格式设置（包括分行和段落）都将被删除。

❑ 【带结构的文本】

选中后，粘贴文本并保留结构，但不保留基本格式设置。例如，用户可以粘贴文本并保留段落、列表和表格的结构，但是不保留粗体、斜体和其他格式设置。

❑ 【带结构的文本以及基本格式】

选中后，可以粘贴结构化并带简单 HTML 格式的文本（例如，段落和表格以及带有 <b>、<i>、<u>、<strong>、<em>、<hr>、<abbr> 或<acronym>标签的格式化文本）。

❑ 【带结构的文本以及全部格式】

选中后，可以粘贴文本并保留所有结构、HTML 格式设置和 CSS 样式。

❑ 【保留换行符】

选中后，可保留所粘贴的文本中的换行符。如果选择了【仅文本】，则此选项将被禁用。

❑ 【清理 Word 段落间距】

如果选择了【带结构的文本】或【带结构的文本以及基本格式】，并想在粘贴文本时删除段落之间的多余空白，就选中此项。

❑ 【将智能引号转换为直引号】

选中此项后，Dreamweaver 将自动判断，把由其他程序复制而来的代码或文本中的弯引号转换为英文中的直引号。

3.【字体】参数设置

【字体】参数设置用来在 Dreamweaver 中为新文件设置默认字体。文档中的字体决定了浏览器中的字体。在【首选参数】对话框中，单击【分类】栏中的【字体】选项，就切换到了【字体】选项卡，如图 6-16 所示。

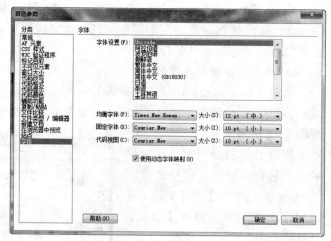

图 6-16 【字体】选项卡

❑ 【字体设置】

用以指定在 Dreamweaver 中针对使用给定编码类型的文档所用的字体集。例如，若要指定简体中文文档使用的字体，就从【字体设置】列表中选择【简体中文】，然后从下面的菜单中选择一种均衡字体、一种固定字体、一种代码视图字体和一种标签检查器字体，所有采用简体中文编码方式的文档在 Dreamweaver 中随后都将使用这些指定的字体显示。

❑ 【均衡字体】

Dreamweaver 用以显示普通文本（如段落、标题和表格中的文本）的字体。其默认

网页设计与网站建设（CS6 中文版）标准教程

值取决于系统上安装的字体。

❑ 【固定字体】

Dreamweaver 用以显示普通文本（如段落、标题和表格中的文本）的字体。其默认值取决于系统上安装的字体。

❑ 【代码视图】

用以显示【代码】视图和代码检查器中所有文本的字体。其默认值取决于系统上安装的字体。

4．窗口的视图模式

在文档工具栏上，有四个进行窗口视图切换的按钮，用户可以根据需要来定义要用的视图状态，大多情况下，用户的工作都在【设计】视图下完成，如果要对代码进行修改，单击【文档】工具栏中的【显示代码视图】按钮，就可以切换到【代码】视图窗口，如图6-17所示。

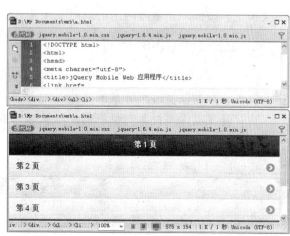

图 6-17 【代码】视图窗口

但是，有些时候，用户需要在修改代码后，希望能立即看到【设计】视图中的显示效果，此时如果频繁地在【设计】视图和【代码】视图之间切换，会显得很不方便，此时就可以单击【文档】工具栏上的【显示代码视图和设计视图】按钮，将窗口拆分为【设计】和【视图】两部分，如图6-18所示。

6.1.4 设置页面属性

页面属性是网页文档的基本属性。Dreamweaver CS6 秉承了之前版本的特色，可提供可视化界面，帮助用户设置网页的基本属性，包括网页的整体外观、统一的超链接样式、标题样式等。

图 6-18 拆分视图

1．页面属性对话框

在 Dreamweaver 中打开已创建的网页或新建空白网页，在空白处右击，执行【页面属性】命令，即可打开【页面属性】对话框，如图6-19所示。

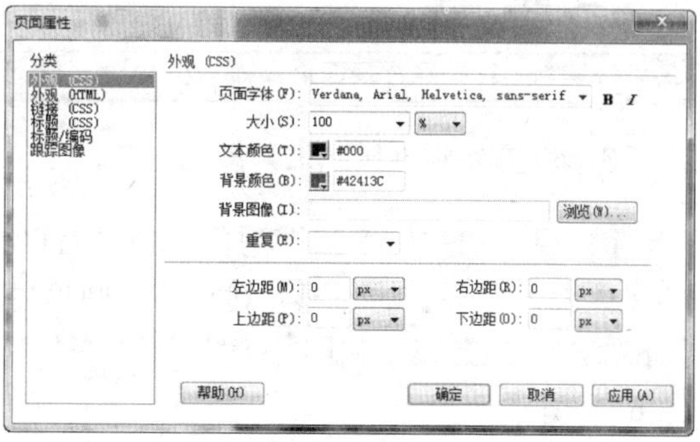

图 6-19 【页面属性】对话框

在该对话框中，主要包含了三个部分，即【分类】的列表菜单、设置区域，以及下方的按钮组等。

用户可在【分类】的列表菜单中选择相应的项目，根据右侧更新的设置区域，设置网页的全局属性。单击下方的【应用】按钮，将更改的设置应用到网页中。用户也可单击【确定】按钮，在更改应用的同时关闭【页面属性】对话框。

2. 设置外观（CSS）属性

【外观（CSS）】属性的作用是通过可视化界面为网页创建 CSS 样式规则，定义网页中的文本、背景以及边距等基本属性。

在打开【页面属性】对话框后，默认显示的就是外观（CSS）属性的设置项目。其主要包括 12 种设置，如表 6-1 所示。

表 6-1　【外观（CSS）】属性

属性名	作　　用
页面字体	在其右侧的下拉列表菜单中，用户可为网页中的基本文本选择字体类型
B	单击该按钮可设置网页中的基本文本为粗体
I	单击该按钮可设置网页中的基本文本为斜体
大小	在其右侧输入数值并选择单位，可设置网页中的基本文本字体的尺寸
文本颜色	通过颜色拾取器或输入颜色数值设置网页基本文本的前景色
背景颜色	通过颜色拾取器或输入颜色数值设置网页背景颜色
背景图像	单击【浏览】按钮，即可选择背景图像文件。直接输入图像文件的 URL 地址也可以设置背景图像文件。
重复	如用户为网页设置了背景图像，则可在此设置背景图像小于网页时产生的重复显示
左边距	定义网页内容与左侧浏览器边框的距离
右边距	定义网页内容与右侧浏览器边框的距离
上边距	定义网页内容与顶部浏览器边框的距离
下边距	定义网页内容与底部浏览器边框的距离

在设置网页背景图像的重复显示时，用户可选择 4 种属性，如表 6-2 所示。

表 6-2　背景图像的重复显示

属性名	作　　用
no-repeat	禁止背景图像重复显示
repeat	允许背景图像重复显示
repeat-x	只允许背景图像在水平方向重复显示
repeat-y	只允许背景图像在垂直方向重复显示

3. 设置外观（HTML）属性

【外观（HTML）】属性的作用是以 HTML 语言的属性来设置页面的外观。其中的一些项目功能与【外观（CSS）】属性相同，但实现的方法不同，如图 6-20 所示。

在【外观（HTML）】属性中，主要包括以下一些设置，如表 6-3 所示。

图 6-20　外观（HTML）属性

表 6-3 【外观（HTML）】属性

属性名	作　用
背景图像	定义网页背景图像的 URL 地址
背景	定义网页背景颜色
文本	定义普通网页文本的前景色
已访问链接	定义已访问的超链接文本的前景色
链接	定义普通链接文本的前景色
活动链接	定义鼠标单击链接文本时的前景色
左边距	定义网页内容与左侧浏览器边框的距离
上边距	定义网页内容与上方浏览器边框的距离
边距宽度	应为右边距，定义网页内容与右侧浏览器边框的距离
边距高度	应为下边距，定义网页内容与底部浏览器边框的距离

4．设置链接（CSS）属性

【链接（CSS）】属性的作用是用可视化的方式定义网页文档中超链接的样式。其属性设置如表 6-4 所示。

表 6-4 【链接（CSS）】属性

属性名	作　用
链接字体	设置超链接文本的字体
B	选中该按钮，可为超链接文本应用粗体
I	选中该按钮，可为超链接文本应用斜体
大小	设置超链接文本的尺寸
链接颜色	设置普通超链接文本的前景色
变换图像链接	设置鼠标滑过超链接文本的前景色
已访问链接	设置已访问的超链接文本的前景色
活动链接	设置鼠标单击超链接文本的前景色
下划线样式	设置超链接文本的其他样式

Dreamweaver CS6 根据 CSS 样式定义了 4 种基本的下划线样式供用户选择，如表 6-5 所示。

表 6-5 下划线样式

下划线样式	作　用
始终有下划线	为所有超链接文本添加始终显示的下划线
始终无下划线	始终隐藏所有超链接文本的下划线
仅在变换图像时显示下划线	定义只在鼠标滑过超链接文本时显示下划线
变换图像时隐藏下划线	定义只在鼠标滑过超链接文本时隐藏下划线

【链接（CSS）】属性所定义的超链接文本样式是全局样式。因此，除非用户为某一个超链接单独设置样式，否则所有超链接文本的样式都将遵从这一属性。

5．设置标题（CSS）属性

标题是标明文章、作品等内容的简短语句。在网页的各种文章中，标题是不可缺少的内容,是用于标识文章主要内容的重要文本。

在 XHTML 语言中,用户可定义 6 种级别的标题文本。【标题(CSS)】属性的作用就是设置这 6 级标题的样式,包括使用的字体、加粗、倾斜等样式,以及分级的标题尺寸、颜色等,如图 6-21 所示。

图 6-21 标题(CSS)属性

6. 设置标题/编码属性

在使用浏览器打开网页文档时,浏览器的标题栏会显示网页文档的名称,这一名称就是网页的标题。【标题/编码】属性可以方便地设置这一标题内容,如图 6-22 所示。

除此之外,【标题/编码】属性还可以设置网页文档所使用的语言规范、字符编码等多种属性,如表 6-6 所示。

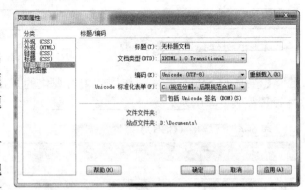

图 6-22 标题/编码属性

表 6-6 【标题/编码】属性

属　　性	作　　用
标题	定义浏览器标题栏中显示的文本内容
文档类型	定义网页文档所使用的结构语言
编码	定义文档中字符使用的编码
Unicode 标准化表单	当选择 utf-8 编码时,可选择编码的字符模型
包括 Unicode 签名	在文档中包含一个字节顺序标记
文件文件夹	显示文档所在的目录
站点文件夹	显示本地站点所在的目录

编码是网页所使用的语言编码。目前我国使用较广泛的编码主要包括以下几种,如表 6-7 所示。

表 6-7 语言编码

编　　码	说　　明
Unicode(UTF-8)	使用最广泛的万国码,可以显示包括中文在内的多种语言。
简体中文(GB2312)	1981 年发布的汉字计算机编码
简体中文(GB18030)	2000 年发布的汉字计算机编码

7. 设置跟踪图像属性

在设计网页时,往往需要先使用 Photoshop 或 Fireworks 等图像设计软件制作一个网页的界面图，然后再使用 Dreamweaver 对网页进行制作。

【跟踪图像】属性的作用是将网页的界面图作为网页的半透明背景，从而插入到网页中。用户在制作网页时即可根据界面图，决定网页对象的位置等，如图 6-23 所示。

在【跟踪图像】属性中，主要包括两种属性设置，如表 6-8 所示。

图 6-23 【跟踪图像】属性

表 6-8 【跟踪图像】属性

属性	作　用
跟踪图像	单击【浏览】按钮，即可在弹出的对话框中选择跟踪图像的路径和文件名。除此之外，用户还可直接在其后的输入文本域中输入跟踪图像的 URL 地址
透明度	定义跟踪图像在网页中的透明度，取值范围包括 0%～100%。当选中 0%时，跟踪图像完全透明；而当选中 100%时，跟踪图像完全不透明

6.2 文本应用

文本是网页中的重要内容，是表述内容的最简单、最基本的载体。使用 Dreamweaver CS6，用户可以方便地为网页插入各种文本内容，并对文本进行排版设置。

6.2.1 插入文本

使用 Dreamweaver CS6 可以方便地为网页插入文本。Dreamweaver 提供了 3 种插入文本的方式，包括直接输入、从外部文件中粘贴，以及从外部文件中导入等。

1．直接输入文本

直接输入是常用的插入文本的方式。在 Dreamweaver 中创建一个网页文档，即可直接在【设计视图】中

图 6-24 输入文本

输入英文字母，或切换到中文输入法输入中文字符，如图 6-24 所示。

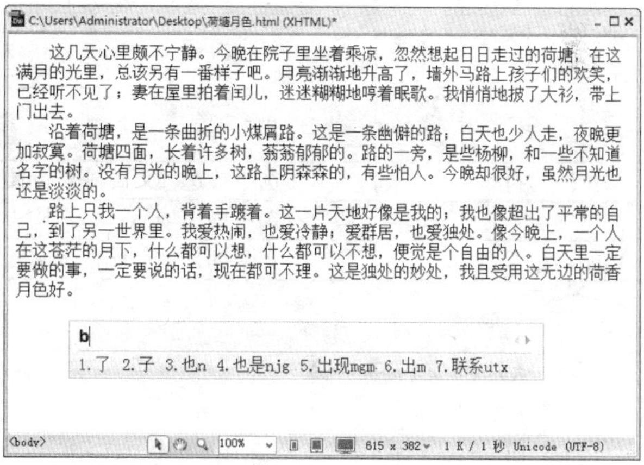

2．从外部文件中粘贴

除直接输入外，用户还可以从其他软件或文档中将文本复制到剪贴板中，然后再切换至 Dreamweaver，右击执行【粘贴】命令或按 Ctrl+V 组合键，将文本粘贴到网页文档

中，如图 6-25 所示。

除了直接粘贴外，Dreamweaver CS6 还提供了选择性粘贴功能，允许用户在复制了文本的情况下，选择性地粘贴文本中的某一个部分。在复制内容后，用户可在 Dreamweaver 打开的网页文档中右击鼠标，执行【选择性粘贴】命令，打开【选择性粘贴】对话框，如图 6-26 所示。

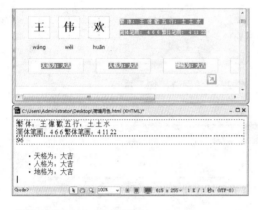

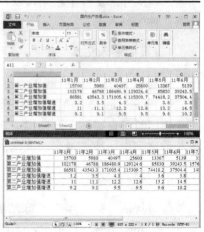

图 6-25 直接粘贴　　　　　　　　　**图 6-26**【选择性粘贴】对话框

在弹出的【选择性粘贴】对话框中，用户可对多种属性进行设置，如表 6-9 所示。

表 6-9【选择性粘贴】对话框属性

属　　性	作　　用
仅文本	仅粘贴文本字符，不保留任何格式
带结构的文本	包含段落、列表和表格等结构的文本
带结构的文本以及基本格式	包含段落、列表、表格以及粗体和斜体的文本
带结构的文本以及全部格式	包含段落、列表、表格以及粗体、斜体和色彩等所有样式的文本
保留换行符	选中该选项后，在粘贴文本时将自动添加换行符号
清理 Word 段落间距	选中该选项后，在复制 Word 文本后将自动清除段落间距
粘贴首选参数	更改选择性粘贴的默认设置

3. 从外部文件中导入

Dreamweaver CS6 还允许用户从 Word 文档或 Excel 文档中导入文本内容。在 Dreamweaver 中，将光标定位到导入文本的位置，然后执行【文件】|【导入】|【Word 文档】命令或【文件】|【导入】|【Excel 文档】命令，选择要导入的 Word 文档或 Excel 文档，即可将文档中的内容导入到网页文档中，如图 6-27 所示。

图 6-27 从外部文件中导入

6.2.2 插入日期

Dreamweaver 还支持为网页插入本地计算机当前的时间和日期。执行【插入】|【日期】命令，或在【插入】面板中，在列表菜单中选择【常用】，然后单击【日期】，即可打开【插入日期】对话框，如图 6-28 所示。

在【插入日期】对话框中，允许用户设置各种格式，如表 6-10 所示。

图 6-28 【插入日期】对话框

表 6-10 【插入日期】对话框属性

选项名称	作 用
星期格式	在选项的下拉列表中可选择中文或英文的星期格式，也可选择不要星期
日期格式	在选项框中可选择要插入的日期格式
时间格式	在该项的下拉列表中可选择时间格式或者不要时间
储存时自动更新	如选中该复选框，则每次保存网页文档时都会自动更新插入的日期时间

6.2.3 插入特殊字符

符号也是文本的一个重要组成部分。使用 Dreamweaver CS6，用户除了可以插入键盘允许输入的符号外，还可以插入一些特殊的符号。

在 Dreamweaver 中，执行【插入】|【特殊字符】命令，即可在弹出的菜单中选择各种特殊符号。或者在【插入】面板中，在列表菜单中选择【文本】，然后单击面板最下方的按钮右侧箭头，亦可在弹出的菜单中选择各种特殊符号，如图 6-29 所示。

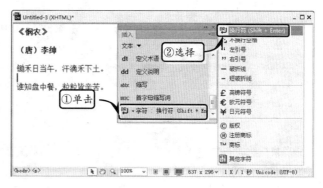

图 6-29 插入换行符

Dreamweaver 允许为网页文档插入 12 种基本的特殊符号，如表 6-11 所示。

表 6-11 特殊字符

图 标	显 示
字符：换行符 (Shift + Enter)	两段间距较小的空格
字符：不换行空格	非间断性的空格
字符：左引号	左引号 "
字符：右引号	右引号 "
字符：破折线	破折线——
字符：短破折线	短破折线—
字符：英镑符号	英镑符号 £
字符：欧元符号	欧元符号 €

图　　　标	显　　　示
¥ ▾ 字符：日元符号	日元符号¥
© ▾ 字符：版权	版权符号©
® ▾ 字符：注册商标	注册商标符号®
™ ▾ 字符：商标	商标符号™

除了以上 12 种符号以外，用户还可选择【其他字符】　图 ▾ 字符：其他字符　，在弹出的【插入其他字符】对话框中选择更多的字符，如图 6-30 所示。

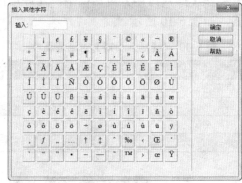

6.2.4　插入段落

段落是多个文本语句的集合。对于较多的文本内容，使用段落可以清晰地体现出文本的逻辑关系，使文本更加美观，也更易于阅读。

段落是指一段格式统一的文本。在网页文档的设计视图中，每输入一段文本，按 Enter 键后，Dreamweaver 会自动为文本插入段落，如图 6-31 所示。

图 6-30　插入其他字符

在 Dreamweaver 中，允许用户使用【属性】面板设置段落的格式，如图 6-32 所示。

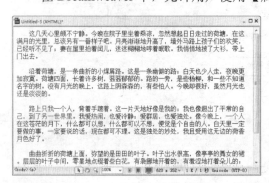

图 6-31　插入段落

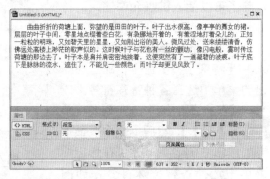

图 6-32　设置属性

6.3　插入列表文本

列表是 HTML 文档中一种重要的文本对象。使用列表技术，用户可将同一类型同一级别的文本内容按照有序或无序的方式排列起来，从而实现这些文本内容的格式化。

6.3.1　项目列表

项目列表又被称作无序列表，是网页文档中最基本的列表形式。项目列表又分为项目列表和嵌套项目列表，这两种列表的创建和样式编辑方法详细介绍如下：

1．创建项目列表

在 Dreamweaver CS6 中，用户可以通过可视化的操作插入项目列表。执行【插入】|【HTML】|【文本对象】|【项目列表】命令，即可插入一个空的项目列表，如图 6-33 所示。

在默认情况下，项目列表的每个列表项目之前都会带有一个圆点"•"作为项目符号。在输入第一个列表项目后，用户可直接按 Enter 键，创建下一个列表项目，并依次输入列表项目的内容。

2．嵌套项目列表

项目列表是可嵌套的。用户可以方便地将一个新的项目列表作为另一个已有项目列表的列表项目，插入到网页文档中。

在已有项目列表中创建一个空列表项目，即可选中该列表项目，右击鼠标执行【列表】|【缩进】命令，创建子项目列表，如图 6-34 所示。

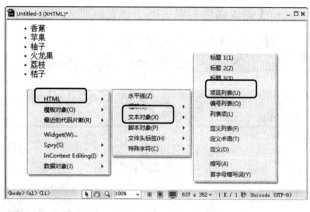

图 6-33　创建项目列表

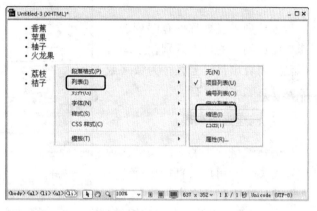

图 6-34　缩进

为子项目列表添加列表项目的方法与直接添加列表项目类似，用户只需按 Enter 键即可。

根据实际需要，用户也可将子项目列表提升级别，将其转换为父级的项目列表。选中子项目列表的列表项目，右击鼠标，执行【列表】|【凸出】命令，即可实现列表项目级别的转换。

3．设置项目列表的样式

项目列表中的文本内容，其格式设置与普通的段落文本类似。用户可直接选中项目列表内的文本，在【属性】检查器中设置这些文本的粗体或斜体等样式。

除了设置项目列表中文本的样式，Dreamweaver 还允许用户设置项目列表中列表项目本身的样式。在选

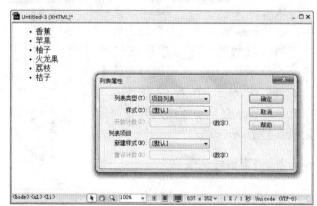

图 6-35　【列表属性】对话框

中项目列表的某一个列表项目后，用户即可在【属性】检查器中单击【列表项目】按钮，在弹出的【列表属性】对话框中设置整个列表或某个列表项目的样式，如图 6-35 所示。

在【列表属性】对话框中，允许设置项目列表的 3 种属性，如表 6-12 所示。

表 6-12　【列表属性】对话框

属性名	作　　用
列表类型	用于将项目列表转换为其他类型的列表
样式	定义项目列表中所有的列表项目符号样式
新建样式	定义当前选择的列表项目符号样式

在默认情况下，项目列表的列表项目符号为圆形的"项目符号"。用户可方便地设置整个列表或列表中某个项目的符号为"方形"。

6.3.2　编号列表

编号列表又被称作有序列表。其与项目列表的最大区别在于编号列表的列表项目符号往往为数字或字母等有顺序的字符。

1．创建编号列表

创建编号列表的方法与创建项目列表类似，用户可直接执行【插入】|【HTML】|【文本对象】|【编号列表】命令，插入一个空的编号列表，如表 6-36 所示。

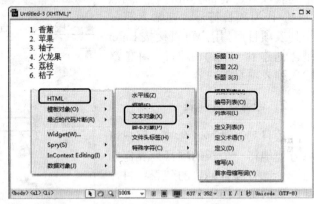

图 6-36　创建编号列表

在默认状态下，编号列表的每个列表项目之前都会带有一个数字作为项目符号。在输入第一个列表项目后，用户可直接按 Enter 键，创建下一个列表项目，并依次输入列表项目的内容。

项目符号的顺序是按照这些项目排列的顺序定义的。如果用户在两个项目之间插入一个新的项目，则 Dreamweaver 会自动重排列列表项目，如图 6-37 所示。

2．嵌套编号列表

与项目列表不同的是，在 Dreamweaver 中显示的编号列表在默认

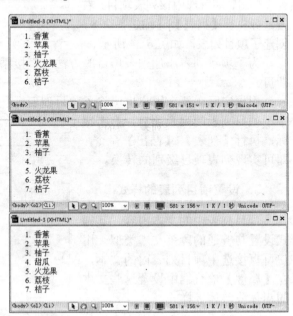

图 6-37　自动重排列列表项目

情况下只支持一种项目符号，即普通的阿拉伯数字。因此，在嵌套编号列表时，只会重新生成一种项目符号排列的方式。

例如，选中编号列表中的几个连续的列表项目，然后右击鼠标，执行【列表】|【缩

进】命令，此时，会自动重新排列父列表的项目符号，同时对子列表也重新排列，如图 6-38 所示。

3. 设置编号列表的样式

使用 Dreamweaver CS6，用户也可以方便地设置编号列表的样式。在选中编号列表的部分列表项目后，单击【属性】检查器中的【列表项目】按钮，即可打开【列表属性】对话框，如图 6-39 所示。

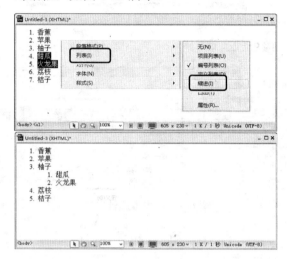

图 6-38　执行【缩进】命令　　　　　图 6-39　【列表属性】对话框

编号列表的【列表属性】对话框比项目列表拥有更多的设置项目，如表 6-13 所示。

表 6-13　【列表属性】对话框

属性	作　　用
列表类型	用于将编号列表转换为其他类型的列表
样式	设置编号列表中所有列表项目的符号样式
开始计数	定义编号列表计数的开始点
新建样式	定义当前选择的编号列表项目的符号样式
重设计数	定义当前选择编号列表项目计数的开始点

编号列表可使用的项目列表符号主要包括 5 种，如表 6-14 所示。

表 6-14　编号列表符号

项目列表符号	说　　明
数字	默认值，普通阿拉伯数字
小写罗马字母	小写的罗马数字，包括 i,ii,iii,iv 等
大写罗马字母	大写的罗马数字，包括 I,II,III,IV 等
小写字母	小写的拉丁字母，包括 a,b,c,d 等
大写字母	大写的拉丁字母，包括 A,B,C,D 等

例如，设置【样式】为"小写罗马字母"，并设置【开始计数】为 5 之后，Dreamweaver 会自动为编号列表的列表项目进行计数，如图 6-40 所示。

在一个编号列表中，用户也可以截断编号列表的编号序列，为其后的列表项目设置全新的项目符号和计数方式。

选中截断的列表项目，然后在【属性】检查器中单击【列表项目】按钮，在弹出的【列表属性】对话框中设置新建【样式】为"小写罗马字母"，并设置【重设计数】为"1"即可，如图6-41所示。

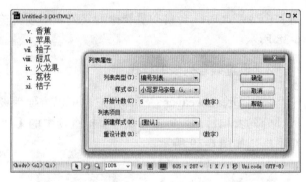

图 6-40   设置样式

图 6-41   设置属性

6.4   课堂练习：配置本地服务器

在设计网页和开发网站之前，首先应对本地计算机操作系统进行配置，使之能够进行简单的网页发布和动态网页解析工作。以微软公司最新的 Windows 7 旗舰版操作系统为例，用户可以方便地安装 IIS 服务器软件，并为服务器添加虚拟目录以调试网页。

操作步骤

1 在新安装的 Windows 7 旗舰版操作系统中单击【开始菜单】按钮，在弹出的菜单中单击【控制面板】，在打开的【控制面板】窗口中单击【程序和功能】链接，如图 6-42所示。

图 6-42   程序和功能

2 在更新的【程序和功能】窗口中，单击【打开或关闭 Windows 功能】按钮，打开【Windows 功能】对话框，如图 6-43 所示。

图 6-43   打开或关闭 Windows 功能

3 在【Windows 功能】对话框中，选择【Internet Information Services 可承载的 Web 核心】

项目，如图 6-44 所示。

图 6-46　选择【请求筛选】项目

图 6-44　选择【Internet Information Services 可承载的 Web 核心】

4　单击【Internet 信息服务】的树形列表，选择【Web 管理工具】，再打开【Web 管理工具】的树形列表，选中【IIS 管理服务】、【IIS 管理脚本和工具】以及【IIS 管理控制台】等 3 个项目，如图 6-45 所示。

图 6-47　【常见 HTTP 功能】项目

7　打开【万维网服务】树形列表，再打开【性能功能】树形列表，选择其中所有的项目，如图 6-48 所示。

图 6-45　Web 管理工具

5　打开【万维网服务】的树形列表，再打开其中【安全性】的树形列表，选择【请求筛选】项目，如图 6-46 所示。

6　打开【万维网服务】树形列表，再打开【常见 HTTP 功能】树形列表，选择其中所有的项目，如图 6-47 所示。

图 6-48　【性能功能】项目

8 打开【应用程序开发功能】的树形列表，选中除【CGI】和【服务器端包含】以外所有的项目，如图 6-49 所示。

图 6-49 【应用程序开发功能】列表

9 打开【运行状况和诊断】的树形列表，选中其中前 3 个项目，如图 6-50 所示。

图 6-50 【运行状况和诊断】列表

10 打开【Microsoft .NET Framework 3.5.1】的树形列表，选中其中的所有项目，即可单击【确定】按钮，开始安装 IIS，如图 6-51 所示。

11 安装完成后根据提示重新启动计算机，即可打开【开始菜单】，右击【管理工具】，执行【Internet 信息服务（IIS）管理器】命令，然后在【连接】的窗格中选择【Default Web Site】，右击执行【添加虚拟目录】命令，打开【添加虚拟目录】对话框，如图 6-52 所示。

示。

图 6-51 【Microsoft .NET Framework 3.5.1】列表

图 6-52 添加虚拟目录

12 在【添加虚拟目录】对话框中，设置【别名】和【物理路径】，如图 6-53 所示。单击【确定】按钮后，即可完成本地服务器配置和虚拟目录的添加工作，在本地计算机中调试 ASP 以及 ASP.NET 网站。

图 6-53 设置虚拟目录

6.5   课堂练习：建立本地站点

本地站点是 Dreamweaver CS6 内置的一项功能，可以与 IIS 服务器进行连接，实现 Dreamweaver 与服务器的集成。在建立本地站点后，用户可在设计网页时随时通过本地服务器浏览网页。

操作步骤

1 在 Dreamweaver CS6 中执行【站点】|【新建站点】命令，打开【站点设置对象】对话框，如图 6-54 所示。

图 6-54   新增站点

2 在【站点设置对象】的对话框的站点列表项目中，设置【站点名称】和【本地站点文件夹】属性，如图 6-55 所示。

图 6-55   设置站点属性

3 单击左侧的【服务器】列表项目，在更新的

对话框中单击【添加新服务器】按钮，如图 6-56 所示。

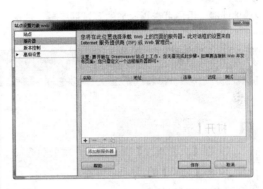

图 6-56   添加新服务器

4 在弹出的对话框中将【连接方法】选择为"本地/网络"，然后设置【服务器名称】等属性，如图 6-57 所示。

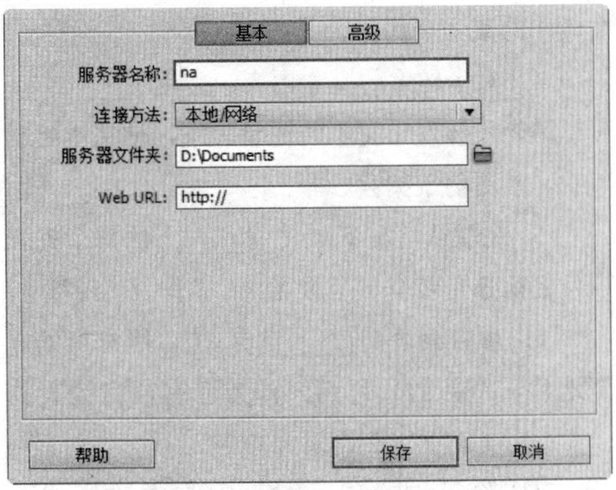

基本	高级

服务器名称：na
连接方法：本地/网络
服务器文件夹：D:\Documents
Web URL：http://

图 6-57   设置属性

5 单击【高级】按钮，设置【测试服务器】中的【服务器模型】为"ASP VBScript"，即可单击【保存】按钮，如图 6-58 所示。

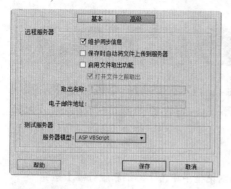

图 6-58 设置服务器模型

6 此时，用户可查看添加的测试服务器。单击

【保存】按钮，即可完成本地站点的建立，如图 6-59 所示。

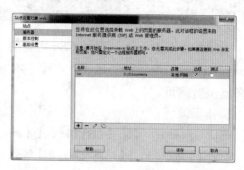

图 6-59 完成站点的建立

6.6 思考与练习

一、填空题

1．在【页面属性】对话框中，主要包含 3 个部分，即【分类】的_____、_____，以及下方的按钮组等。

2．【外观（CSS）】属性的作用是通过可视化界面为网页创建_____样式规则，定义网页中的_____、_____以及边距等基本属性。

3．Dreamweaver CS6 提供了_____，允许用户在复制了文本的情况下，选择性地粘贴文本中的某一个部分。

4．对于较多的文本内容，使用_____可以清晰地体现出文本的逻辑关系，使文本更加美观，也更易于阅读。

5．在默认情况下，_____的每个列表项目之前都会带有一个圆点"·"作为项目符号。

6．项目列表是_____的，用户可以方便地将一个新的项目列表作为已有项目列表的_____，插入到网页文档中。

7．除了设置项目列表中文本的样式，Dreamweaver 还允许用户设置项目列表中_____本身的样式。

二、选择题

1．在默认状态下，编号列表的每个列表项目之前都会带有一个_____作为项目符号。

A．标签

B．数字

C．逗号

D．加点

2．编号列表在默认情况下只支持一种项目符号，即普通的_____。

A．英文

B．GB2312

C．阿拉伯数字

D．小数点

3．定义列表是一种特殊的列表，其本身是为_____的词条解释提供一种固定的格式。

A．词典

B．书目

C．词语

D．目录

三、简答题

1．概述设置页面属性的作用。

2．简单介绍怎么对段落进行格式化？

3．简单介绍插入文本的几种方法。

4．简单介绍插入特殊字符的方法。

第 7 章

创建网页对象

　　随着网页技术的发展以及计算机技术的进步，越来越多的网页开始依靠大量的文本、图形图像、链接、动画和声音元素来丰富网页的内容，使网页的界面更加美观。使用 Dreamweaver CS6，用户可以方便地为网页添加各种各样的图形图像元素，从而美化网页界面。

　　本章将详细介绍为网页添加图形图像、链接、动画和声音等元素的方法，通过本章的学习，使用户能够制作出一个丰富多彩的网页。

本章学习目标：

➢ 掌握图像的添加及设置
➢ 了解超链接
➢ 掌握超链接的插入方法
➢ 掌握动画和视频的插入方法

7.1 图像

图像是网页中最重要的媒体内容之一，为网页使用丰富的图像，可以使网页的界面更加美观。使用 Dreamweaver CS6，用户可方便地为网页添加各种各样的图形图像元素。

7.1.1 图像的添加

在 Dreamweaver 中，将光标放置到文档的空白位置，即可插入图像。插入图像有两种方式。

一种是通过命令插入图像。执行【插入】|【图像】命令，或按 Ctrl+Alt+I 组合键，在弹出的【选择图像源文件】对话框中选择图像，单击【确定】按钮即可将其插入到网页文档中，如图 7-1 所示。

另一种则是通过【插入】面板插入图像。在【插入】面板中选择【常用】项目，然后单击【图像】按钮，在弹出的【选择图像源文件】对话框中选择图像，即可将其插入到网页中，如图 7-2 所示。

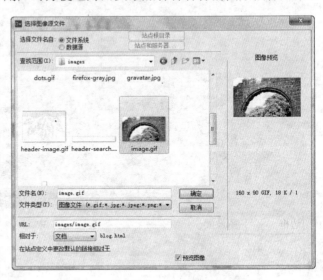

图 7-1　插入图像

> **注　意**
>
> 如果在插入图像之前未将文档保存到站点中，则 Dreamweaver 会生成一个对图像文件的 file:// 绝对路径引用，而非相对路径。只有将文档保存到站点中，Dreamweaver 才会将该绝对路径转换为相对路径。

图 7-2　单击图像按钮

7.1.2 图像的属性设置

插入网页中的图像，在默认状态下通常会使用原图像的大小、颜色等属性。Dreamweaver 允许用户根据不同网页的要求，对这些图像的属性进行简单地修改。

1. 图像基本属性

在 Dreamweaver 中，【属性】面板是最重要的面板之一。选中不同的网页对象，【属性】面板会自动改换为该网页对象的参数。例如，选中普通的网页图像，【属性】面板就将改换为图像的各种属性参数，如图 7-3 所示。

图 7-3　属性设置

关于【属性】面板中的各种图像属性，详细介绍如表 7-1 所示。

表 7-1 图像属性

属 性 名	作 用
ID	图像的名称，用于 Dreamweaver 行为或 JavaScript 脚本的引用
宽和高	图像在网页中的宽度和高度
源文件	图像的 URL 位置
对齐	图像在其所属网页容器中的对齐方式
链接	图像上超链接的 URL 地址
替换	当鼠标滑过图像时显示的文本
类	图像所使用的 CSS 类
地图	图像上的热点区域绘制工具
垂直边距	图像距离其所属容器顶部的距离
水平边距	图像距离其所属容器左侧的距离
目标	图像超链接的打开方式
原始	图像的源 PSD 图像 URL 地址
边框	图像的边框大小

2．拖曳图像尺寸

在图像插入网页后，显示的尺寸默认为图像的原始尺寸。用户除了可以在【属性】
检查器中设置图像的尺寸外，还可以通过拖曳的方式设置图像的尺寸。

单击选择图像，通过拖曳图像右侧、下方以及右下方的 3 个控制点调节图像的尺寸。在拖曳控制点时，用户不仅可以拖曳某一个控制点，只以垂直或水平方向缩放图像，还可以按住 Shift 键锁定图像宽和高的比例关系，成比例地缩放图像，如图 7-4 所示。

提 示

通过拖曳改变图像的大小并不能改变图像占用磁盘空间的大小，只能改变其在网页中显示的大小，因此，也不会改变其在网页中下载的时间长短。

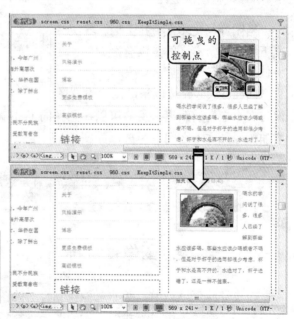

图 7-4 拖曳图像尺寸

3．设置图像对齐方式

在网页中，经常需要将图像和文本混排，以节省网页空间。Dreamweaver 可以帮助用户设置网页图像在容器中的对齐方式，共 10 种设置，如表 7-2 所示。

表7-2 对齐方式

设置类型	作　　用
默认值	将图像放置于容器基线和底部
基线	将文本或同一段落的其他内容基线与选定的图像底部对齐
顶端	将图像的顶端与当前容器最高项的顶端对齐
居中	将图像的中部与当前容器中文本的中部对齐
底部	将图像的底部与当前行的底部对齐
文本上方	将图像的顶端与文本的最高字符顶端对齐
绝对居中	将图像的中部与当前容器的中部对齐
绝对底部	将图像的底部与当前容器的底部对齐
左对齐	将图像的左侧与容器的左侧对齐
右对齐	将图像的右侧与容器的右侧对齐

为图像应用对齐方式，可以使图像与文本更加紧密结合，实现文本与图像的环绕效果。例如，将文本左对齐等，如图 7-5 所示。

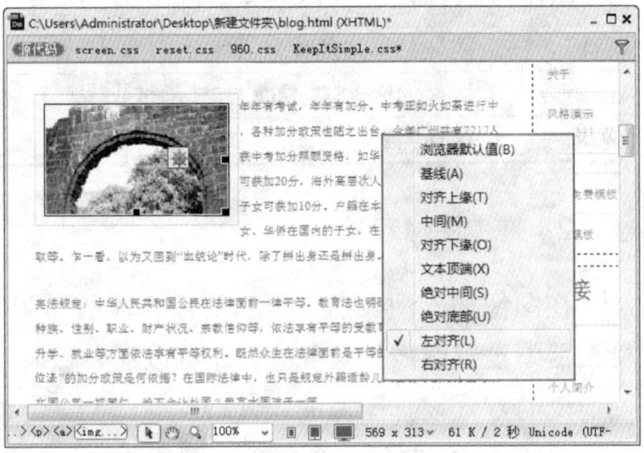

提　示

在设置图像的对齐方式时需要注意，一些较新的网页浏览器往往不再支持这一功能，而是用 CSS 样式表来取代。

4. 设置图像边距

当图像与文本混合排列时，默认情况下图像与文本之间是没有空隙的，这将使页面显得十分拥挤。

图 7-5 设置对齐方式

Dreamweaver 可以帮助用户设置图像与文本之间的距离。用户可以在图像的 CSS 规则定义对话框中，设置 Margin 属性来增加图像与文本之间的距离，如图 7-6 所示。

注　意

与设置图像对齐方式类似，这种设置图像边距的方式并不符合Web 标准化的规范，因此并不能得到所有网页浏览器的支持。

7.1.3　插入图像占位符

在设计网页过程中，并非总能找到合适的图像素材。因此，Dreamweaver 允许用户先插入一个空的图像，等找到合适的图像素材后再将其改为真正的图像。这样的空图像叫做图像占位符。

插入图像占位符的方式与插入普通图像类似，用户可执行【插入】|【图像对象】|【图像占位符】命令，在弹出的【图像占位符】对话框中设置各种属性，然后单击【确定】按钮，如图 7-7 所示。

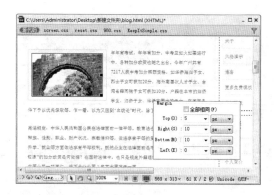

图 7-6　设置图像边距

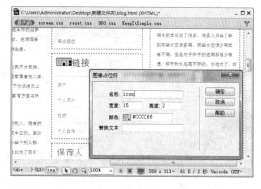

图 7-7　插入图像占位符

使用图像占位符，可以帮助用户在没有图像素材之前先为网页布局。在【图像占位符】对话框中有多种选项，如表 7-3 所示。

表 7-3　【图像占位符】对话框

选项名称	作　用
名称	设置图像占位符的名称
宽度	设置图像占位符的宽度，单位为像素
高度	设置图像占位符的高度，单位为像素
颜色	设置图像占位符的颜色，默认为灰色（#d6d6d6）
替换文本	设置图像占位符在网页浏览器中显示的文本

在插入图像占位符后，用户随时可在 Dreamweaver 中单击图像占位符，在弹出的【选择图像源文件】对话框中选择图像，将其替换。虽然插入的图像占位符可以在网页中显示，但为保持网页美观，在发布网页之前，应将所有图像占位符替换为图像。

图 7-8　插入鼠标经过图像

7.1.4　插入鼠标经过图像

鼠标经过图像是一种在浏览器中查看并可在鼠标经过时发生变化的图像。Dreamweaver 可以通过可视化的方式插入鼠标经过图像。在 Dreamweaver 中，执行【插入】|【图像对象】|【鼠标经过图像】命令，即可打开【插入鼠标经过图像】对话框，如图 7-8 所示。

在该对话框中，包含多种选项，可设置鼠标经过图像的各种属性，如表 7-4 所示。

表 7-4　鼠标经过图像的各种属性

选项名称	作　用
图像名称	鼠标经过图像的名称，可由用户自定义，但不能与同页面其他网页对象的名称相同
原始图像	页面加载时显示的图像
鼠标经过图像	鼠标经过时显示的图像

选项名称	作 用
预载鼠标经过图像	选中该选项后，浏览网页时原始图像和鼠标经过图像都将被显示出来
替换文本	当图像无法正常显示或鼠标经过图像时出现的文本注释
按下时，前往的 URL	鼠标单击该图像后转向的目标

提 示

虽然在 Dreamweaver 中，并未将【按下时，前往的 URL】选项设置为必须的选项，但如果用户不设置该选项，Dreamweaver 将自动将该选项设置为井号"#"。

7.2 超链接

在网页中，超链接可以帮助用户从一个页面跳转到另一个页面，也可以帮助用户跳转到当前页面指定的标记位置。可以说，超链接是连接网站中所有内容的桥梁，是网页最重要的组成部分。

7.2.1 了解超链接

在互联网中，几乎所有的资源都是通过超链接连接在一起的。合理地使用超链接可以使网页更有条理和灵活性，也可以使用户更方便地找到所需的资源。

根据超链接的载体，可以将超链接分为两大类，即文本链接和图像链接。文本链接是以文本作为载体的超链接。当用户用鼠标左键单击超链接的载体文本时，网页浏览器将自动跳转到链接所指向的路径。在各种网页浏览器中，文本链接包括 4 种状态。

❑ **普通**

在所有新打开的网页中，此为最基本、最普通的超链接状态。在 IE 浏览器中，默认显示为蓝色带下划线，如图 7-9 所示。

❑ **鼠标滑过**

此为当鼠标滑过该超链接文本时的状态。虽然多数浏览器不会为鼠标滑过的超链接添加样式，但用户可以对其进行修改，使之变为新的样式，如图 7-10 所示。

图 7-9 普通超链接

图 7-10 鼠标滑过

❑ **鼠标单击**

此为当鼠标在超链接文本上单击时，超链接文本的状态。在 IE 浏览器中，默认为无下划线的橙色，如图 7-11 所示。

□ 已访问

此为当鼠标已单击访问过该超链接，且在浏览器的历史记录中可找到访问记录时的状态。在 IE 浏览器中，默认为紫红色带下划线，如图 7-12 所示。

图 7-11　鼠标单击超链接

图 7-12　已访问超链接

以图像为载体的超链接，叫做图像链接。在 IE 浏览器中，默认会为所有带超链接的图像增加一个 2 像素宽度的边框。如该超链接已被访问过，且可在浏览器的历史记录中查到访问记录，则 IE 浏览器默认会为该图像链接添加一个紫红色的 2 像素边框，如图 7-13 所示。

图 7-13　图像超链接

7.2.2　普通链接

浏览网站时，最常见到的超级链接是文字与图像，比如网页中的导航菜单。而链接目标一般情况下为其他网站或者同网站中的其他网页等。在图像链接中还包括一个链接方式，那就是热区链接。

1．文本链接

创建文本链接时，首先应选择文本，然后在【插入】面板的【常用】选项卡中，单击【超级链接】按钮 超级链接，打开【超级链接】对话框，如图 7-14 所示。

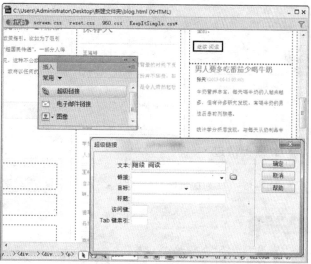

图 7-14　创建文本链接

在【超级链接】对话框中，共包含有 6 种参数设置，其作用如表 7-5 所示。

表 7-5　【超级链接】对话框属性

参　数　名	作　　　　用
文本	显示在设置超链接时选择的文本，是要设置的超链接文本内容。
链接	显示链接的文件路径，单击后面的【文件】图标按钮，可以从打开的对话框中选择要链接的文件。

参数名	作　　用
目标	单击其后面的向下箭头，在弹出的下拉菜单中可以选择链接到的目标框架。
_blank	将链接文件载入到新的未命名浏览器中。
_parent	将链接文件载入到父框架集或包含该链接的框架窗口中。如果包含该链接的框架不是嵌套的，则链接文件将载入到整个浏览器窗口中。
_self	将链接文件作为链接载入同一框架或窗口中。本目标是默认的，所以通常无须指定。
_top	将链接文件载入到整个浏览器窗口并删除所有框架。
标题	显示鼠标经过链接文本所显示的文字信息。
访问键	在其中设置键盘快捷键以便在浏览器中选择该超级链接。
Tab 键索引	设置 Tab 键顺序的编号。

在【超级链接】对话框中，根据需求进行相关的参数设置，然后单击右侧的【确定】按钮即可。此时，被选中的文本将变成带下划线的蓝色文字，如图 7-15 所示。

除此之外，用户在 Dreamweaver 中执行【插入】|【超级链接】命令，也可以打开【超级链接】对话框，为文本添加超级链接。

在为文本添加超级链接后，用户还可以在【属性】检查器的【HTML】选项卡 <> HTML 中，修改链接的地址、标题、目标等属性，如图 7-16 所示。

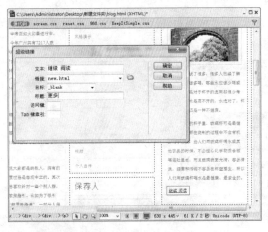

图 7-15　【超级链接】对话框

图 7-16　修改发展

提　示

在 Dreamweaver 中，只允许用户对文本对象使用【超级链接】按钮 超级链接 或【超级链接】命令。对于图像等其他对象使用该按钮或命令是无效的。

单击【属性】检查器的【页面属性】按钮，在弹出的对话框中可以修改网页中超级链接的样式。

2. 图像链接

在 Dreamweaver 中，除了可以为文本添加超级链接外，还可以为图像添加超级链接。首先选中图像，然后在【属性】检查器中【链接】右侧的文本框中输入超链接的地址，如图 7-17 所示。

在为图像添加超级链接后，用户还可以根据需要在属性面板中，设置图像的高度、宽度、亮度/对比度、锐化等属性，如图 7-18 所示。

图 7-17 设置链接

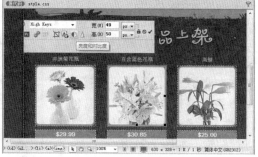

图 7-18 设置属性

> **提 示**
>
> 在为图像添加超级链接时，同样可以为其设置链接文件的打开方式。

3. 热区链接

网页中的图像只能够添加一个超级链接，要想在一幅图像中添加两个或者两个以上的超级链接，并且设置不同的链接文件，那么就需要运用到热点链接。热点链接的原理就是利用 HTML 语言在图片上定义一定形状的区域，然后给这些区域加上链接，这些区域被称作热区。

Dreamweaver 提供了三种创建热区的工具，即矩形热点工具□、椭圆形热点工具○和多边形热点工具♡。创建热点链接之前首先要选中图像，然后在【属性】面板中启用其中一个热点工具。

❏ 矩形热点链接

矩形热点链接是最常见的热点链接。在文档中选择图像，单击【属性】检查器中的【矩形热点工具】按钮□，当鼠标光标变为"十"字形之后，即可在图像上绘制热点区域，如图 7-19 所示。

在绘制完成热点区域后，用户即可在【属性】检查器中设置热点区域的各种属性，包括链接、目标、替换以及地图等。其中，【地图】参数的作用是为热区设置一个唯一的 ID，以供脚本调用，如图 7-20 所示。

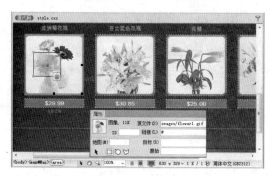

图 7-19 矩形热点链接

图 7-20 设置链接

❑ **圆形热点链接**

Dreamweaver 允许用户为网
页中的图像绘制椭圆形热点链接。
在文档中选择图像，然后在【属性】
检查器中单击【圆形热点工具】按
钮 ◯，当鼠标光标转变为"十"字
形后，即可绘制圆形热点链接。与
矩形热点链接类似，用户也可在
【属性】检查器中对圆形热点链接
进行编辑，如图 7-21 所示。

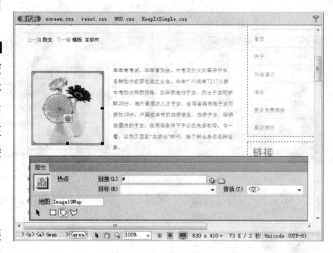

❑ **多边形热点链接**

对 于 一 些 复 杂 的 图 形，
Dreamweaver 提供了多边形热点链
接，以帮助用户绘制不规则的热点
链接区域。在文档中选择图像，然
后在【属性】检查器中单击【多边形热点工具】按钮 ▽，当鼠标光标变为"十"字形后，
即可在图像上绘制不规则形状的热点链接。

其绘制方法类似一些矢量图像绘制软件（例如 Flash 等）中的钢笔工具。首先单击
鼠标，在图像中绘制第一个调节点，如图 7-22 所示。

然后，继续在图像上绘制第 2 个、第 3 个调节点，Dreamweaver 会自动将这些调节
点连接成一个闭合的图形，如图 7-23 所示。

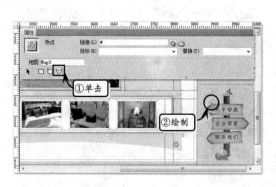

图 7-22 多边形热点链接

图 7-23 绘制图像

当不再需要绘制调节点时，右击鼠标，退出多边形热点绘制状态。此时，鼠标光标
将变回普通的样式。用户也可以在【属性】检查器中单击【指针热点工具】按钮 ▶，同
样可以退出多边形热点区域的绘制，如图 7-24 所示。

在绘制热点区域之后，用户可以对其进行编辑，Dreamweaver 提供了多种编辑热点
区域的方式。

❑ **移动热点区域位置**

图像中的热点区域，其位置并非固定不可变的，用户可以对其进行更改。在文档中
选择图像后，单击【属性】检查器中的【指针热点工具】按钮 ▶，使用鼠标拖动热点区

域即可。或者在选中热点区域后，使用键盘上的方向键 ← ↑ ↓ → 同样可以改变其位置。

❏ **对齐热点区域**

Dreamweaver 提供了一些简单的命令，可以对齐图像中两个或更多的热点区域。在文档中选择图像，单击【属性】检查器中的【指针热点工具】按钮，按住 Shift 键后连续选择图像中的多个热点区域。然后右击图像，在弹出的菜单中可执行 4 种对齐命令，如图 7-25 所示。

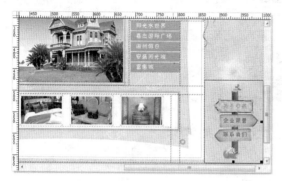

图 7-24 指针热点工具

图 7-25 对齐方式

这 4 种对齐命令的作用如表 7-6 所示。

表 7-6 对齐方式

命 令	作 用
左对齐	将两个或更多的热区以最左侧的调节点为准，进行对齐
右对齐	将两个或更多的热区以最右侧的调节点为准，进行对齐
顶对齐	将两个或更多的热区以最顶部的调节点为准，进行对齐
对齐下缘	将两个或更多的热区以最底部的调节点为准，进行对齐

❏ **调节热点区域大小**

Dreamweaver 提供了便捷的工具，允许用户调节热点区域的大小。在文档中选择图像，单击【属性】检查器中的【指针热点工具】按钮，将鼠标光标放置在热点区域的调节点上方，当转换为黑色时，按住鼠标左键，对调节点进行拖曳，即可改变热点区域的大小，如图 7-26 所示。

当图像中有两个或两个以上的热点区域时，Dreamweaver 允许用户在选中这些热点区域后，右击执行【设成宽度相同】或【设成高度相同】等命令，将其宽度或高度设置为相同大小。

图 7-26 调节热点区域大小

7.2.3 特殊链接

在网页超级链接中，除了可以链接网页、网站网址与图片文件外，还可以链接一些特殊的文件或者信息，比如电子邮箱、软件等。而无论链接文件是什么，其链接载体均可以是文本或者图像。

1．锚记链接

锚记链接是网页中一种特殊的超链接形式。普通的超链接只能链接到互联网或本地计算机中的某一个文件。而锚记链接则常常被用来实现到特定的主题或者文档顶部的跳转链接。

创建锚记链接时，首先需要在文档中创建一个命名锚记作为超链接的目标。将光标放置在网页文档的选定位置，单击【插入】面板的【命名锚记】按钮，在打开的【命名锚记】对话框输入锚记的名称，如图 7-27 所示。

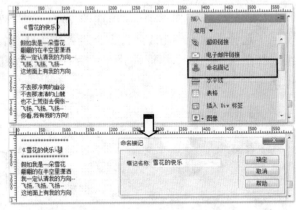

图 7-27 命名锚记

注　意

> 在为文本或者图像设置锚记名称时，注意锚记名称不能含有空格，而且不应置于层内。设置完成后，如果命名锚记没有出现在插入点，可以执行【查看】|【可视化助理】|【不可见元素】命令。

在创建命名锚记之后，即可为网页文档添加锚记链接。添加锚记链接的方式与

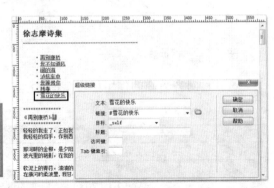

图 7-28 设置链接

插入文本链接相同，执行【插入】|【超级链接】命令，在打开的【超级链接】对话框中输入以井号"#"开头的锚记名称。由于创建的锚记链接属于当前文档内部，因此可以将链接的目标设置为"_self"，如图 7-28 所示。

提　示

> 锚记链接不仅可以链接当前文档中的内容，还可以链接外部文档的内容。其方法是文档的 URL+文档名+井号"#"+锚记名称。如果创建的锚记链接属于一个外部的网页文档，用户可将其链接的目标设置为"_blank"。

2．邮件链接

电子邮件链接也是超链接的一种形式。与普通的超链接相比，当用户单击电子邮件

网页设计与网站建设（CS6 中文版）标准教程

链接后，打开链接的并非网页浏览器，而是本地计算机的邮件收发软件。

选中需要插入电子邮件地址的文本，之后在【插入】面板中单击【电子邮件链接】按钮 ，打开【电子邮件链接】对话框。然后，在【E-mail】文本框中输入电子邮件地址，如图 7-29 所示。

与插入其他类型的链接类似，用户也可以执行【插入】|【电子邮件链接】命令，打开【电子邮件链接】对话框，进行相关的设置。

图 7-29　插入电子邮件

技　巧

用户也可用插入普通链接的方式，插入电子邮件链接。其区别在于，插入普通超级链接需要为文本设置超级链接的 URL 地址；若插入电子邮件链接，则需要设置以电子邮件协议头"mailto:"加电子邮件地址的内容。例如，需要为某个文本添加电子邮件连接，将其链接到"abc@abc.com"，可以直接在【属性】检查器中设置其超链接地址为"mailto:abc@abc.com"。

7.3　多媒体

在网页中适当地添加一些多媒体元素，可以给浏览者的听觉或视觉带来强烈的震撼，从而留下深刻的印象。在网页中可以插入的多媒体元素有很多种，如网页中的动画或视频等。

7.3.1　插入动画

在之前的章节中已介绍了使用 Adobe Flash CS6 设计和制作各种与网页相关的动画的方法。使用 Dreamweaver CS6，可以方便地将这些动画插入到网页中。

1．插入普通 Flash 动画

对于普通的 Flash 动画，用户可以非常方便地将其插入到网页中。将光标置于需要插入 Flash 动画的位置，单击【插入】面板【常用】选项卡中的【媒体：SWF】按钮 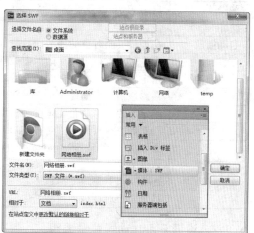，在弹出的对话框中选择 Flash 文件，如图 7-30 所示。

图 7-30　插入动画

单击【确定】按钮后，即可在弹出的【对象标签辅助功能属性】对话框中设置 Flash

动画的【标题】等属性，单击【确定】按钮为文档插入 Flash。此时，文档中将显示一个灰色的方框，其中包含有 Flash 标志，如图 7-31 所示。

在文档中选择该 Flash 文件，【属性】面板中将显示该文件的各个参数，如大小、路径、品质等，如图 7-32 所示。

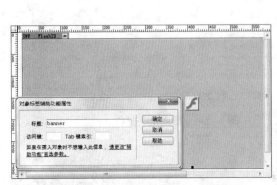

图 7-31　设置属性

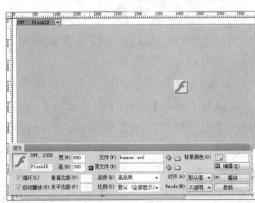

图 7-32　设置属性

SWF【属性】面板中各个选项及作用的详细介绍如表 7-7 所示。

表 7-7　属性参数

名　称	功　能　描　述
ID	为 SWF 文件指定唯一 ID
宽和高	以像素为单位指定影片的高度和宽度
文件	指定 SWF 或 Shockwave 文件的路径
背景	指定影片区域的背景颜色
编辑	启动 Flash 以及更新 FLA 文件
循环	使影片连续播放
自动播放	在加载页面时自动播放影片
垂直边距	指定影片上、下空白的像素数
水平边距	指定影片左、右空白的像素数
品质	在影片播放期间控制抗失真，分为低品质、自动低品质、自动高品质和高品质
比例	确定影片如何适合在宽度和高度文本框中设置的尺寸，默认为显示整个影片
对齐	确定影片在页面中的对齐方式
Wmode	为 SWF 文件设置 Wmode 参数以避免与 DHTML 元素（例如 Spry 构件）相冲突。默认值为不透明
播放	在【文档】窗口中播放影片
参数	打开一个对话框，可在其中输入传递给影片的附加参数

2. 设置 Flash 动画背景透明

网页的 Flash 播放器允许用户设置一种简单的属性，清除 Flash 动画的单色背景，使之以透明背景的方式进行播放。

在文档中插入一个没有背景的 Flash 动画，方法与插入普通 Flash 动画相同。然后，单击【属性】面板中的【播放】按钮，然后预览效果，可发现该 Flash 动画并未显示为透明动画，如图 7-33 所示。

停止动画预览后，在【属性】面板中选择 Wmode 选项为"透明"。然后保存文档后预览网页，可以发现该 Flash 动画中的黑色背景被隐藏，网页的背景图像完全显示，如图 7-34 所示。

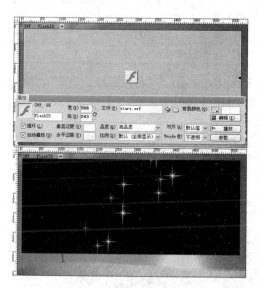

图 7-33　插入透明背景

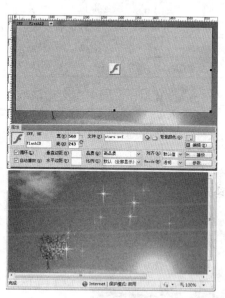

图 7-34　设置属性

7.3.2　插入视频

FLV 是 Adobe 公司发布的一种高压缩比、可调节清晰度的流媒体视频格式，由于其基于 Flash 技术，因此又被称作 Flash 视频。使用 Dreamweaver CS6，用户可以方便地将 FLV 格式的视频插入到网页中。

1. 插入累进式下载视频

累进式下载视频即允许用户下载到本地计算机中播放的视频。相比传统的视频，Flash 允许用户在下载的过程中播放视频已下载的部分。

在 Dreamweaver 中创建空白网页，然后即可单击【插入】面板中的【媒体：FLV】按钮 ，在弹出的【插入 FLV】对话框中选择 FLV 视频文件，并设置播放器的外观、视频显示的尺寸等参数，如图 7-35 所示。

图 7-35　插入 FLV

"累进式下载视频"类型的各个选项名称及作用详细介绍如表 7-8 所示。

表7-8　累进式下载视频属性

选 项 名 称	作 用
URL	指定 FLV 文件的相对路径或绝对路径
外观	指定视频组件的外观
宽度	以像素为单位指定 FLV 文件的宽度
高度	以像素为单位指定 FLV 文件的高度
限制高宽比	保持视频组件的宽度和高度之间的比例不变
自动播放	指定在 Web 页面打开时是否播放视频
自动重新播放	指定播放控件在视频播放完之后是否返回起始位置

　　在完成设置后，文档中将会出现一个带有 Flash Video 图标的灰色方框，该方框的位置，就是插入的 FLV 视频位置。选中该视频，即可在【属性】面板中重新设置 FLV 视频的尺寸、文件 URL 地址、外观等参数，如图 7-36 所示。

　　保存该文档并预览效果，可以发现一个生动的多媒体视频显示在网页中。当鼠标经过该视频时，将显示播放控制条；反之离开该视频，则隐藏播放控制条，如图 7-37 所示。

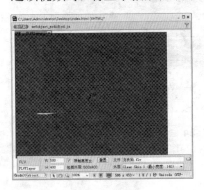

图 7-36　设置属性

图 7-37　插入视频

提　示

> 与常规 Flash 文件一样，在插入 FLV 文件时，Dreamweaver 将插入检测用户是否拥有可查看视频的正确 Flash Player 版本的代码。如果用户没有正确的版本，页面将显示替代内容，提示用户下载最新版本的 Flash Player。

2．插入流视频

　　流视频的安全性比累进式下载视频的好，它是更适合版权管理的一种视频发布方式。与累进式下载的视频不同，流视频的用户无法通过下载将视频保存到本地计算机中。而且使用流视频需要建立相应的流视频服务器，通过特殊的协议提供视频来源。

　　使用 Dreamweaver CS6，用户也可以方便地插入流视频。单击【插入】面板中的【常用】选项卡中的【媒体：FLV】按钮，在弹出的【插入 FLV】对话框中选择【视频类型】为"流视频"，在该对话框的下面将显示相应的选项，如图 7-38 所示。

图 7-38　插入流视频

"流视频"类型的各个选项名称及作用如表 7-9 所示。

表 7-9　流视频的选项名称及作用

选 项 名 称	作　　　用
服务器 URI	指定服务器名称、应用程序名称和实例名称
流名称	指定想要播放的 FLV 文件的名称。扩展名 .flv 是可选的
外观	指定视频组件的外观。所选外观的预览会显示在【外观】弹出菜单的下方
宽度	以像素为单位指定 FLV 文件的宽度
高度	以像素为单位指定 FLV 文件的高度
限制高宽比	保持视频组件的宽度和高度之间的比例不变。默认情况下会选择此选项
实时视频输入	指定视频内容是否是实时的
自动播放	指定在 Web 页面打开时是否播放视频
自动重新播放	指定播放控件在视频播放完之后是否返回起始位置
缓冲时间	指定在视频开始播放之前进行缓冲处理所需的时间（以秒为单位）

提示

如果选择了【实时视频输入】选项，组件的外观上只会显示音量控件，因此用户无法操纵实时视频。此外，【自动播放】和【自动重新播放】选项也不起作用。

设置完成后，文档中同样会出现一个带有 Flash Video 图标的灰色方框，此时还可以在【属性】面板中重新设置 FLV 视频的尺寸、服务器 URL、外观等参数。流视频插入的视频，其属性与累进式下载视频类似，在此将不再赘述。

7.4　课堂练习：制作网站首页

企业介绍网页是介绍企业基本情况、展示企业文化、企业团队精神以及企业最新动态的网页。在设计企业介绍网页时，往往需要使用大量的文本来描述这些内容。在本练习中，将通过运用标题、段落、超链接和 Flash 动画等元素对象，来学习制作企业介绍网页。其效果图如图 7-39 所示。

图 7-39　企业介绍网页效果图

操作步骤

1. 新建文档，单击【属性】检查器中【页面属性】按钮，在弹出的【页面属性】对话框中设置其参数，如图 7-40 所示。

图 7-40　页面属性

2. 单击【插入】面板【常用】选项中的【插入 Div 标签】按钮，创建 ID 为 header 的 Div 层，并设置其 CSS 样式，如图 7-41 所示。

图 7-41　插入 DIV 层

3. 在 header 层中，插入 h1 标签。在 h1 标签中创建"网络应用"空链接并设置链接字体的大小和颜色等属性，如图 7-42 所示。

图 7-42　插入 H1 标签

4. 添加导航条，在 header 标签中插入 ul 列表和列表项。其中，列表项为空超链接，ul 列表的 ID 为 menu，li 的 CSS 样式为 active，如图 7-43 所示。

图 7-43　添加导航条

提　示

这里的 menu 和 active 样式代码将不再给出，只讲设计方法，用户可以通过源文件查看样式内容。

5. 添加 ID 为 flash_image 的 Div 层，用于添加 Flash 动画。执行【插入】|【媒体】|【SWF】命令，打开【选择 SWF】对话框，插入 Flash 动画，如图 7-44 所示。

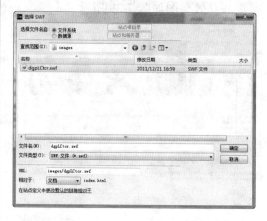

图 7-44

6. 选择 Flash 动画，设置动画的高度、宽度、循环和自动播放等属性，如图 7-45 所示。

图 7-45　设置 Flash 属性

7 添加 DIV 层，CSS 样式类名为"COL"。在层中添加最新动态模块，该模块包括标题和内容两部分，如图 7-46 所示。

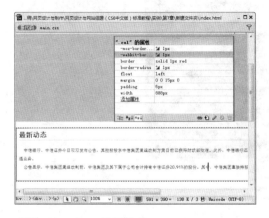

图 7-46　最新动态

8 使用同样的方法，添加网络应用和用户统计模块及 CSS 样式，如图 7-47 所示。

9 创建版权页，添加名称为 footer 的 DIV 层并设置 CSS 样式，如图 7-48 所示。

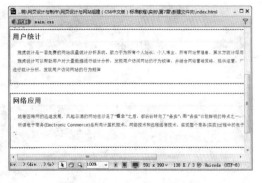

图 7-47　用户统计和网络应用

图 7-48　添加 footer 层

10 在 footer 层中，添加版本内容并设置 CSS 样式，如图 7-49 所示。

图 7-49　添加版权页

7.5　课堂练习：制作花卉网

现如今，网上购物不但是时尚达人的购物首选方式，同时也逐渐成为了人们生活中的重要组成部分。在网络上购物既方便，又快捷，同时也给用户带来了很多的乐趣。在本练习中，将通过运用标题、段落、超链接和图片等元素对象，学习制作花卉网购物首页。其效果图如图 7-50 所示。

■ 图 7-50　花卉网页购物首页效果图

操作步骤

1　新建文档，单击【属性】检查器中【页面属性】按钮，在弹出的【页面属性】对话框中设置其参数，如图 7-51 所示。

■ 图 7-51　设置页面属性

2　插入一个一行一列的表格，设置宽度为 870 像素，对齐方式为居中对齐，如图 7-52 所示。

■ 图 7-52　添加表格

3　设置表格中的单元格为居中对齐，垂直对齐为顶端，CSS 样式类名称为 bg_body。在

bg_body 类中，设置单元格的背景图片，如图 7-53 所示。

图 7-53　设置单元格

4　制作页头部分，插入一个一行一列的表格，设置宽度为 770 像素，对齐方式为居中对齐，设置背景图片为 mainbg.jpg，如图 7-54 所示。

图 7-54　设置背景

5　在该表格中再插入一个三行一列的表格，在表格第一行中插入 ul 导航条并设置其 CSS 样式，如图 7-55 所示。

图 7-55　导航条

6　在第二行中，插入网站的 Logo。设置高为 155 像素，宽为 107 像素，链接为 "index.html"，如图 7-56 所示。

图 7-56　添加网站 Logo

7　在第三行中，插入网站简介，设置高为 130 像素，字体大小为 11 像素，水平对齐方式为左对齐，垂直对齐方式为顶端，如图 7-57 所示。

图 7-57　添加网站简介

8　新建一个宽为 660 像素的一行五列的表格，用于插入导航组列表。在表格的每列中插入一个项目列表，每个项目列表中包括五个列表项，设置项目列表的属性，如图 7-58 所示。

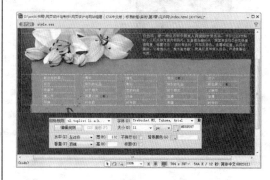

图 7-58　添加导航组

9　新建一个表格，在表格中插入 H2 标签，标签的 CSS 样式类名称为 arrivals，并为 H2

标签添加样式及背景图片，如图7-59所示。

图 7-59　设置背景

图 7-60　商品列表

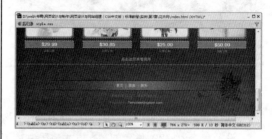

图 7-61　花卉部分

10　新建表格，用于添加商品列表。商品列表使用项目列表创建，共有四种商品，每种商品包括名称、图像、价格和立即订购等组成，如图7-60所示。

11　添加表格，用于添加版权部分，如图7-61所示。按下 Ctrl+S 键，保存网页，花卉网制作完成。

7.6　课堂练习：设计百科网页

现实社会好比一本百科全书。互联网走进日常生活势不可挡，越来越多现实社会中的信息都可以在相关的网站中看到缩影；越来越多的人正在使用网站百科功能来解答自己生活中遇到的各种问题。本例将通过文本链接和图像链接等技术，制作一个生活百科网页。其效果图如图7-62所示。

图 7-62　生活百科网页效果图

操作步骤

1. 新建空白文档，在页面中插入一个【宽度】为"800 像素"的 2 行×2 列的表格，然后，添加 ID 为 tb01；设置其【填充】为 0；【间距】为 0；【边框】为 0；【对齐】为居中对齐，如图 7-63 所示。

图 7-63　插入表格

2. 切换到【代码视图】，在<style type="css/javasript"></style>标签对之间添加代码，并在第 1 行单元格中输入相应的文本并设置该单元格的【类】为 tbtitle，如图 7-64 所示。

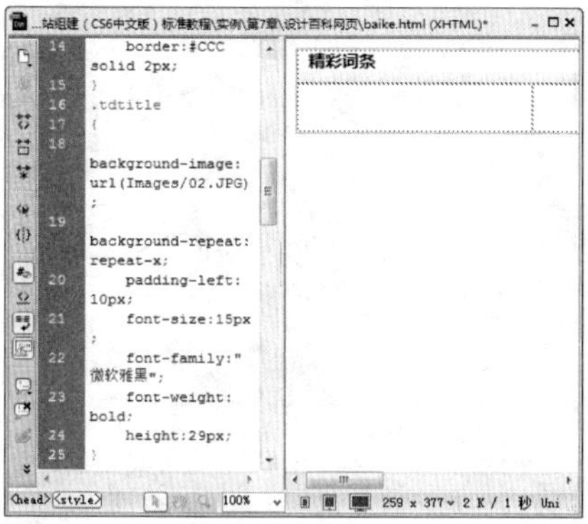

图 7-64　添加内容

3. 在 ID 为 tb01 的表格第 2 行第 1 列插入图像"feiji.jpg"，第 2 列输入相应的文本，并为图像和特定的文本设置超链接，如图 7-65 所示。

4. 切换到【代码视图】，在<style type="text/css"></style>标签对之间添加用于控制第 2 行第 1 列的 css 类 tdleft；用于控制第 2 行第 2 列的 css 类 tdright；用于控制超级链接样式的 a 和 a:hover，如图 7-66 所示。

图 7-65　添加图片

图 7-66　设置链接样式

5. 在页面中插入一个【宽度】为"800 像素"的 2 行×1 列的表格，然后，添加 ID 为 tb02；设置其【填充】为 0；【间距】为 0；【边框】为 0，如图 7-67 所示。

图 7-67　设置表格属性

6 在第1行单元格中输入相应的文本，在第2行单元格中设置一个【宽度】为"100百分比"的6行×4列的表格，并设置其【填充】为5；【间距】为0，如图7-68所示。

图 7-68　添加表格

7 在表格各单元格中输入相应的文字，并分别选择表格第1行，第3行和第5行单元格中的文字，为其设置【链接】为"#"，如图7-69所示。

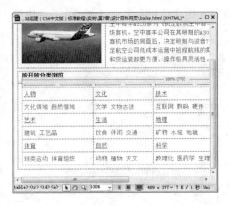

图 7-69　添加内容

7.7　课堂练习：设计页内导航

使用 Web 页中的超链接技术和锚记技术，可以方便地将大量的内容放置于一个 Web 页中，并实现快速的页内跳转和索引。本实例就将采用这一技术，通过锚记的快速页内跳转技术来制作一个个人作息时间表，按照工作日决定 Web 浏览器跳转到页内的哪一部分内容位置，如图7-70所示。

图 7-70　个人作息时间表的效果图

操作步骤

1. 新建空白文档，插入一个【宽度】为"800 像素"的 2 行×1 列表格，设置其 ID 为"tb01"；【填充】为 0；【间距】为 0，如图 7-71 所示。

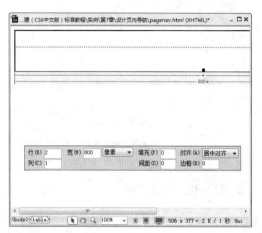

🔵 **图 7-71**　添加表格

2. 切换到【代码视图】，在<style type="text/css"></style>标签对之间添加重新定义"标题 1"的代码。在第 1 行单元格中输入相应的文本并设置其【格式】为"标题 1"，如图 7-72 所示。

🔵 **图 7-72**　添加标题

3. 在 ID 为"tb01"的表格的第 2 行单元格中插入一个【宽度】为"100 百分比"的 2 行×7 列的表格，设置其 ID 为"tb02"；【填充】为 0；【间距】为 0，如图 7-73 所示。

🔵 **图 7-73**　添加表格

4. 切换到【代码视图】，在<style type="text/css"></style>标签对之间添加名称为 tdnav 和 tdtitle 的 CSS 样式代码。在各个单元格中输入相应的文本，设置第 1 行单元格的【类】为 tdtitle，第 2 行中所有单元格的【类】为 tdnav，如图 7-74 所示。

🔵 **图 7-74**　设置属性

5. 在页面中插入一个【宽度】为"800 像素"的 2 行×1 列表格，设置其 ID 为"tb03"；【填充】为 0；【间距】为 0，如图 7-75 所示。

6. 在第 1 行单元格和第 2 行单元格中输入相应的文本，切换到【代码视图】，添加名称为 tdtext 的 CSS 样式代码。设置第 1 行单元格的【类】为 tdtitle；第2行单元格的【类】为 tdtext，如图7-76 所示。

图 7-75　插入表格

图 7-76　设置属性

7 在 ID 为"tb03"的表格内，将光标定位于星期一之前。单击【插入】面板中的【命名锚记】按钮，在弹出的【命名锚记】对话框中，添加【锚记名称】为 Monday，如图7-77 所示。

图 7-77　添加锚记

8 选择星期一，为其添加链接为"#Monday"，如图7-78 所示。

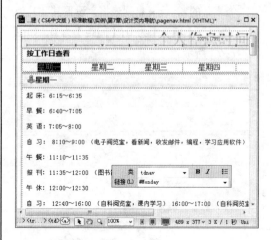

图 7-78　设置链接

9 使用相同的方法，添加 ID 为"tb04"的表格并输入内容，将光标定位于星期二之前。单击【插入】面板中的【命名锚记】按钮，在弹出的【命名锚记】对话框中，添加【锚记名称】为 Tuesday。选择星期二，为其添加链接为"#Tuesday"，如图7-79 所示。

图 7-79　添加锚记

7.8　思考与练习

一、填空题

1. _____是提供所链接文档的完整 URL，而且包括所使用的协议。

2. 站点根目录相对路径以一个正斜杠开始，该正斜杠表示站点_____。

3. 热区链接是一种特殊的超链接形式，又被称作_____，其作用是为图像的某一部分添加超链接，实现一个图像_____的效果。

4. _____常常被用来实现到特定的主题或者文档顶部的_____，使访问者能够快速浏览到选定的位置。

5. _____即允许用户下载到本地计算机中播放的视频。相比传统的视频，Flash 允许用户在下载的过程中播放视频_____的部分。

6. 在完成设置后，文档中将会出现一个带有 Flash Video 图标的_____，该方框的位置就是插入_____的位置。

7. 在插入 FLV 文件时，Dreamweaver 将插入检测用户是否拥有可查看视频的正确_____版本的代码。如果用户没有正确的版本，则页面将显示_____，提示用户下载最新版本的 Flash Player。

8. 流视频需要建立相应的流视频_____，通过特殊的协议提供视频来源。

二、选择题

1. _____标签的作用就是为网页添加一个隐含的背景音乐模块。用户可以通过 5 种属性设置背景音乐。

    A．<bgsound>

    B．<src>

    C．<head>

    D．<html>

2. balance 属性的值为_____之间，表示从左声道到右声道的转换。

    A．-500 到+500

    B．-100 到+100

    C．-1000 到+1000

    D．-10000 到+10000

3. volume 属性的最大值为 0，最小值为_____。

    A．-10

    B．-100

    C．-10000

    D．-1000

4. <bgsound>标签嵌入的背景音乐在网页中是_____的，用户在浏览网页时是不能控制背景音乐播放的。

    A．不可见

    B．可见

    C．播放

    D．不播放的

三、简答题

1. 概述超级链接的作用。

2. 简单介绍超链接的几种类型。

3. 简单介绍 Flash 文件的几种类型。

第 8 章

网页的布局与交互

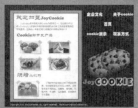   

在网页设计过程中，为了将网页元素按照一定的序列或位置进行排列，首先需要对页面进行布局，而最简单、最传统的布局方式就是使用表格。

网页除了提供给用户各种信息资源，还承担有一项重要的功能，就是收集用户的信息，并根据用户的信息提供反馈。这种收集信息和反馈结果的过程就是网页的交互过程。

在本章节中，将主要介绍表格的创建和设置、各种表单元素、Spry 表单验证的方法等相关知识。

本章学习目标：

➢ 掌握表格的创建
➢ 了解表格属性的设置
➢ 掌握表格的编辑
➢ 掌握表单元素
➢ 了解 Spry 表单验证

8.1 创建表格

表格是由行和列组成的，而每一行或每一列又包含有一个或多个单元格，网页元素可以放置在任意一个单元格中。

8.1.1 插入表格

表格用于在 HTML 页面上显示表格式数据，是布局文本和图像的强有力工具。通过表格可以将网页元素放置在指定的位置。

1. 插入表格

在插入表格之前，首先将鼠标光标置于要插入表格的位置。在新建的空白网页中，默认在文档的左上角。

在【插入】面板中，单击【常用】或【布局】选项卡中的【表格】按钮 ，在弹出的对话框中设置行数、列数、表格宽度等参数，即可在文档中插入一个表格，如图 8-1 所示。

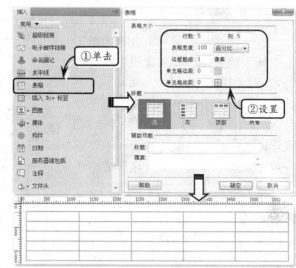

图 8-1 插入表格

提 示

在【插入】面板中默认显示为【常用】选项卡。如果想要切换到其他选项卡，可以单击【插入】面板左上角的选项按钮，在弹出的菜单中执行相应的命令，即可切换至指定的选项卡。

在验证单选按钮组中，各个选项的名称及作用介绍如表 8-1 所示。

表 8-1 验证单选按钮组

选 项		作 用
行数		指定表格行的数目
列数		指定表格列的数目
表格宽度		以像素或百分比为单位指定表格的宽度
边框粗细		以像素为单位指定表格边框的宽度
单元格边距		指定单元格边框与单元格内容之间的像素值
单元格间距		指定相邻单元格之间的像素值
标题	无	对表格不启用行或列标题
	左	可以将表格的第一列作为标题列，以便为表格中的每一行输入一个标题
	顶部	可以将表格的第一行作为标题行，以便为表格中的每一列输入一个标题
	两者	可以在表格中输入列标题和行标题
标题		提供一个显示在表格外的表格标题
摘要		用于输入表格的说明

当表格宽度的单位为百分比时，表格宽度会随着浏览器窗口的改变而变化；当表格宽度的单位设置为像素时，表格宽度是固定的，不会随着浏览器窗口的改变而变化。

2. 插入嵌套表格

嵌套表格是在另一个表格的单元格中插入的表格，其属性设置的方法与其他表格相同。

将光标置于表格中的任意一个单元格，单击【插入】面板中的【表格】按钮 表格，在弹出的对话框中设置行数、列数等参数，即可在该表格中插入一个嵌套表格，如图 8-2 所示。

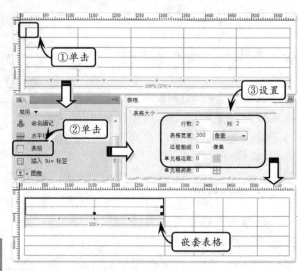

父表格的宽度通常使用像素值。为了使嵌套表格的宽度不与父表格发生冲突，嵌套表格通常使用百分比设置宽度。

图 8-2　插入嵌套表格

8.1.2　在表格中插入网页元素

为了使网页中的元素能够有序地按照要求显示在 IE 窗口中，在插入文本或者图像之前，插入表格是最好的解决方法。在表格中插入文本或者图像的方法与直接在网页中插入方法是基本相同的，只是在插入之前，将光标放置在表格中即可。

1. 在表格中输入文本

在输入文本之前，首先插入一个 1 行 1 列的表格。然后将光标放置在表格中，即可输入文本，如图 8-3 所示。表格的宽度没有发生变化，而高度由于文本的输入发生了变化。

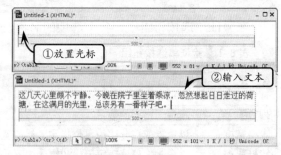

图 8-3　在表格中输入文本

2. 在表格中插入图像

图像的插入与文本输入顺序相同，都是先插入表格后，将光标放置在表格中，按照图像的插入方法在表格中插入图像即可，如图 8-4 所示。

3. 在表格中插入背景图像

背景图像与普通图像的插入方法有所不同，在网页中直接插入背景图像，是在【页面属性】对话框中操作的。而在表格中插入背景图像，需要选中整个表格后，在【属性】面板中，为添加 CSS 样式设置"background-image"属性，如图 8-5 所示。

在表格中插入背景图像后，只在表格中显示，表格以外的网页不会显示。而背景图像会随着表格的变化而发生变化，如图 8-6 所示。

8.1.3 设置表格属性

对于文档中已创建的表格，用户可以通过设置【属性】面板来更改表格的结构、大小和样式等。单击表格的任意一个边框，可以选择该表格。此时，【属性】面板中将显示该表格的基本属性，如图 8-7 所示。表格【属性】面板中的各个选项及作用介绍如下。

图 8-4　在表格中插入图像

图 8-5　在表格中插入背景图像

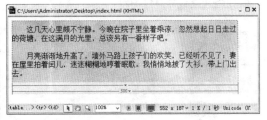

图 8-6　背景图像显示范围

❑ 表格 ID

表格 ID 是用来设置表格的标识名称，也就是表格的 ID。选择表格，在【ID】文本框中直接输入即可设置，如图 8-8 所示。

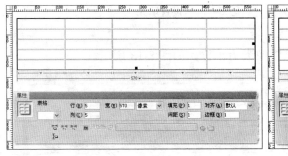

图 8-7　显示属性

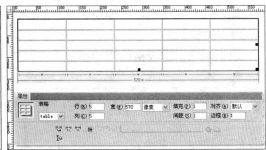

图 8-8　表格 ID

❑ 行和列

行和列用来设置表格的行数和列数。选择文档中的表格，即可在【属性】面板中重新设置该表格的行数和列数，如图 8-9 所示。

❑ 宽

宽用来设置表格的宽度，以像素为单位或者按照所占浏览器窗口宽度的百分比进行计算。通常情况下，表格的宽度以像素为单位，这样可以防止网页中的元素随着浏览器窗口的变化而发生错位或变形，如图 8-10 所示。

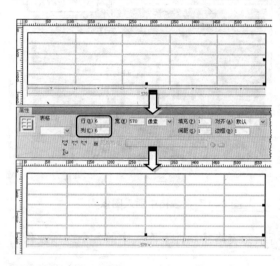

图 8-9 设置行和列

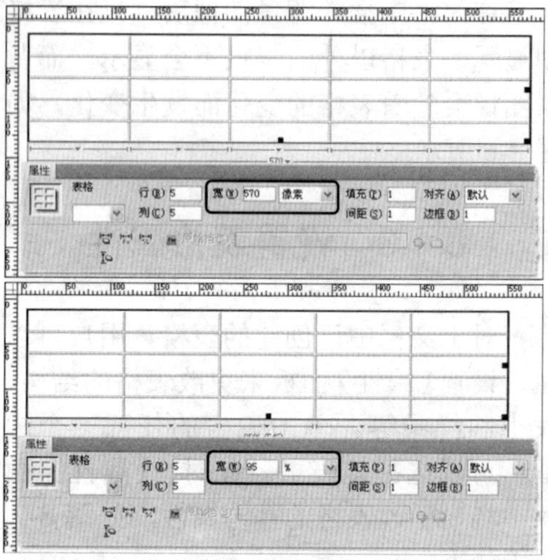

图 8-10 设置宽度

注 意

表格的高度是不可以设置的，但是可以设置行和单元格的高度。

❑ 填充

填充是用来设置表格中单元格内容与单元格边框之间的距离，以像素为单位，如图 8-11 所示。

图 8-11 设置填充

❑ 间距

间距用于设置表格中相邻单元格之间的距离，以像素为单位，如图 8-12 所示。

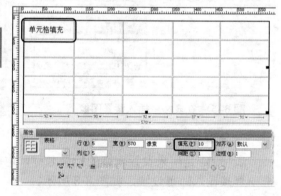

❑ 边框

边框用来设置表格四周边框的宽度，以像素为单位，如图 8-13 所示。

图 8-12 设置间距

图 8-13 设置边框

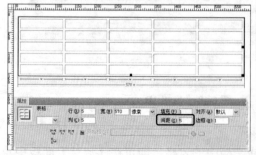

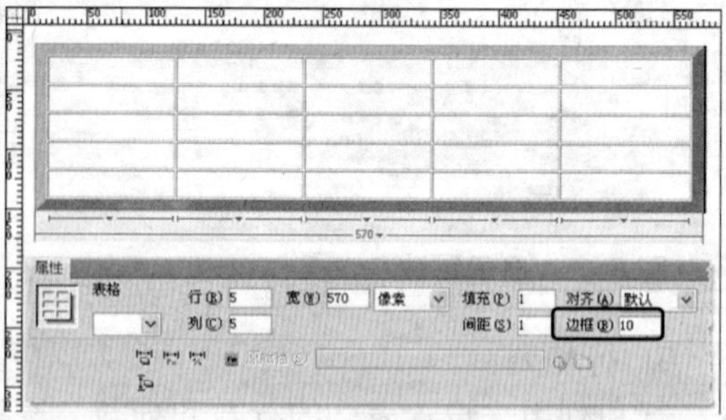

注 意

如果没有明确指定【填充】、【间距】和【边框】的值，则大多数的浏览器按【边框】和【填充】均设置为1且【间距】设置为2显示表格。

❑ **对齐**

对齐用于指定表格相对于同一段落中的其他元素（例如文本或图像）的显示位置。在【对齐】下拉列表中可以设置表格为左对齐、右对齐和居中对齐，如图8-14所示。

提 示

当将【对齐】方式设置为"默认"时，其他的内容不显示在表格的旁边。如果想要让其他内容显示在表格的旁边，可以使用"左对齐"或"右对齐"。

另外，在【属性】面板中还有直接设置表格的4个按钮，这些按钮可以清除列宽和行高，还可以转换表格宽度的单位，详细介绍如表8-2所示。

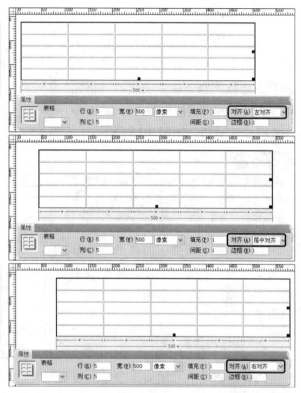

图 8-14 设置对齐方式

表 8-2 对齐方式

图标	名 称	功 能
	清除列宽	清除表格中已设置的列宽
	清除行高	清除表格中已设置的行高
	将表格宽度转换为像素	将表格的宽度转换为以像素为单位
	将表格宽度转换为百分比	将表格的宽度转换为以表格占文档窗口的百分比为单位

8.2 编辑表格

当创建的表格不符合要求时，可以通过对表格中的单元格进行拆分与合并，或者增加与删除表格的行或者列来完成所需的要求。在表格中还可以进行复制、剪切、粘贴等操作，因为它可以保留原单元格的格式。

8.2.1 选中表格元素

在编辑整个表格、行、列或单元格时，首先需要选择指定的对象。可以一次选择整个表格、行或列，也可以选择一个或多个单独的单元格。

1．选择整个表格

将鼠标移动到表格的左上角、上边框或者下边框的任意位置，或者行和列的边框，当光标变成表格网格图标时（行和列的边框除外），单击即可选择整个表格，如图8-15所示。

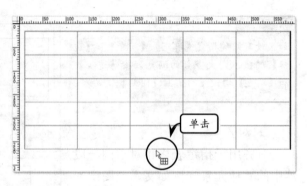

图 8-15　选择整个表格

提　示

如果将鼠标光标定位到表格边框上，然后按住 Ctrl 键，则将高亮显示该表格的整个表格结构（即表格中的所有单元格）。

将光标置于表格中的任意一个单元格中，单击状态栏中标签选择器上的<table>标签，也可以选择整个表格，如图8-16所示。

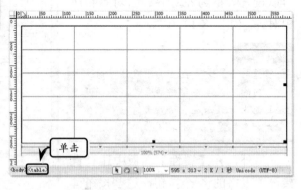

图 8-16　选择表格

2．选择行或列

选择表格中的行或列，就是选择行中所有连续单元格或者列中所有连续单元格。将鼠标移动到行的最左端或者列的最上端，当鼠标光标变成选择箭头"➡"、"⬇"时，单击即可选择单个行或列，如图8-17所示。

提　示

选择单个行或列后，如果按住鼠标不放并拖动，则可以选择多个连续的行或列。

3．选择单元格

将鼠标光标置于表格中的某个单元格，即可选择该单元格。如果想要选择多个连续的单元格，将光标置于单元格中，沿任意方向拖动即可选择，如图8-18所示。

将鼠标光标置于任意单元格中，按住 Ctrl 键并单击其他单元格，即可以选择多个不连续的单元格，如图8-19所示。

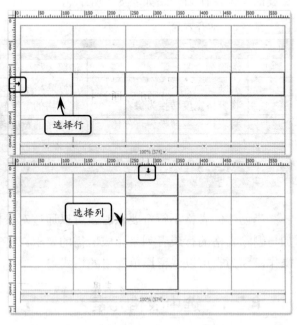

图 8-17　选择行和列

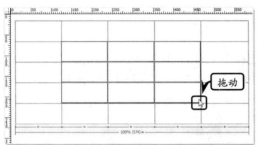

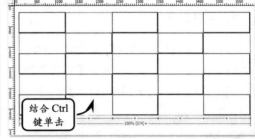

图 8-18 选择单元格 　　　　　　图 8-19 选择不连续单元格

8.2.2 调整表格大小

当选择整个表格后，在表格的右边框、下边框和右下角将会出现 3 个控制点。通过鼠标拖动这些控制点，可以使表格横向、纵向或者整体放大或者缩小，如图 8-20 所示。

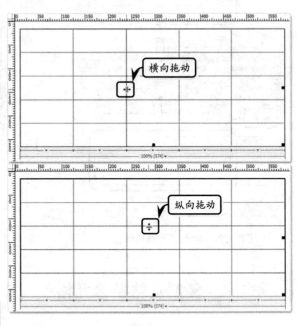

图 8-20 调整表格大小

提 示

当调整整个表格的大小时，表格中的所有单元格按比例更改大小。如果表格的单元格指定了明确的宽度或高度，则调整表格大小将更改【文档】窗口中单元格的可视大小，但不更改这些单元格的指定宽度和高度。

除了可以在【属性】检查器中调整行或列的大小外，还可以通过拖动方式来调整其大小。将鼠标移动到单元格的边框上，当光标变成左右箭头"╫"或者上下箭头"╪"时，单击并横向或纵向拖动鼠标即可改变行或列的大小，如图 8-21 所示。

图 8-21 拖动修改表格大小

技 巧

在不改变其他单元格宽度的情况下，如果想要改变光标所在单元格的宽度，那么可以按住 Shift 键单击并拖动鼠标来实现。

8.2.3 合并及拆分表格元素

对于不规则的数据排列，可以通过合并或拆分表格中的单元格来满足不同的需求。

1．合并单元格

合并单元格可以将同行或同列中的多个连续单元格合并为一个单元格。选择两个或两个以上连续的单元格，单击【属性】面板中的【合并所选单元格】按钮，或者执行【修改】|【表格】|【合并单元格】命令，即可将所选的多个单元格合并为一个单元格，如图 8-22 所示。

2．拆分单元格

拆分单元格可以将一个单元格以行或列的形式拆分为多个单元格。将光标置于要拆分的单元格中，单击【属性】面板中【拆分单元格为行或列】按钮，或者执行【修改】|【表格】|【拆分单元格】命令，在弹出的对话框中启用【行】或【列】选项，并设置行数或列数，如图 8-23 所示。

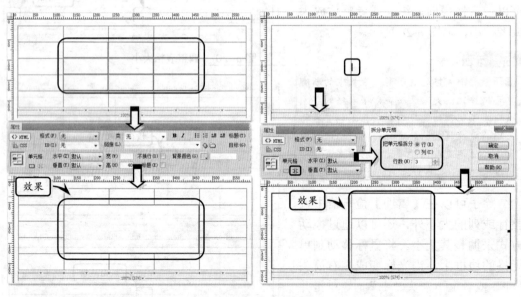

图 8-22　合并单元格　　　　图 8-23　拆分单元格

8.2.4　复制及粘贴单元格

与网页中的元素相同，表格中的单元格也可以复制与粘贴，并且可以在保留单元格设置的情况下，复制及粘贴多个单元格。选择要复制的一个或多个单元格，执行【编辑】|【拷贝】命令（快捷键 Ctrl+C），即可复制所选的单元格及其内容，如图 8-24 所示。

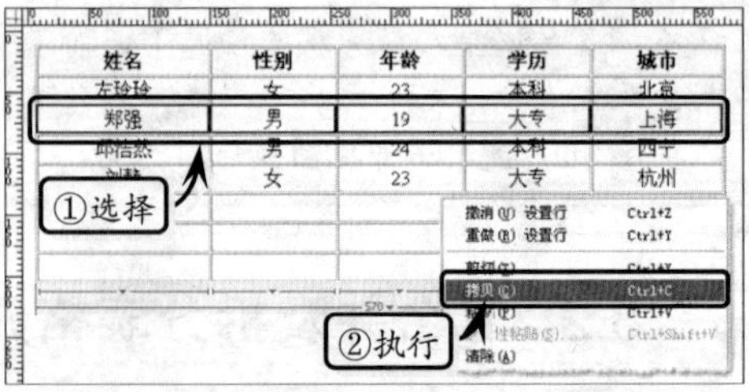

图 8-24　复制内容

选择要粘贴单元格的位置，执行【编辑】|【粘贴】命令（快捷键 Ctrl+V），即可将源单元格的设置及内容粘贴到所选的位置，如图 8-25 所示。

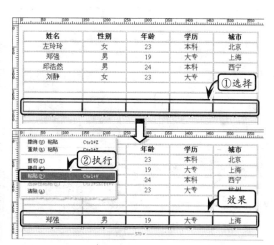

8.2.5　添加表格行与列

想要在某行的上面或者下面添加一行，就将光标置于该行的某个单元格中，单击【插入】面板【布局】选项卡中的【在上面插入行】按钮 在上面插入行 或【在下面插入行】按钮 在下面插入行，即可在该行的上面或下面插入一行，如图 8-26 所示。

想要在某列的左侧或右侧添加一列，就将光标置于该列的某个单元格中，单击【布局】选项卡中的【在左边插入列】按钮 在左边插入列 或【在右边插入列】按钮 在右边插入列，即可在该列的左侧或右侧插入一列，如图 8-27 所示。

8.2.6　删除表格行与列

如果想要删除表格中的某行，而不影响其他行中的单元格，可以将光标置于该行的某个单元格中，然后执行【修改】|【表格】|【删除行】命令即可，如图 8-28 所示。

将光标置于列的某个单元格中，执行【修改】|【表格】|【删除列】命令可以删除光标所在的列，如图 8-29 所示。

8.2.7　表格的导入与导出

选择文档中的表格，执行【文件】|【导出】|【表格】命令，在弹出的【导出表格】对话框中选择【定界符】和【换行符】，然后单击【导出】按钮即可将表格中的数据导出，如图 8-30 所示。

如果要导入外部的表格式数据，单击【插入】面板【数据】选项卡中的【导入表格式数据】按钮 导入表格式数据，在弹出的对话框中选择数据文件，并设置【定界符】及表格的相关参数即可，如图 8-31 所示。

图 8-25　粘贴内容

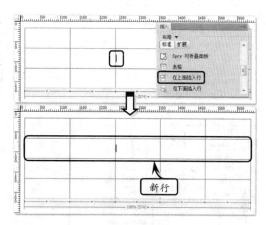

图 8-26　插入行

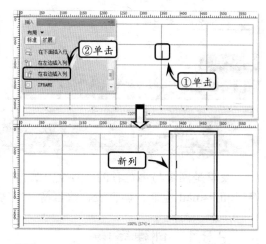

图 8-27　插入列

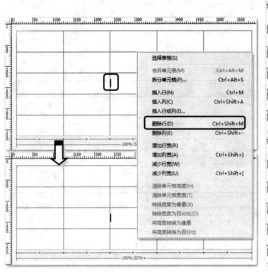

图 8-28　删除行

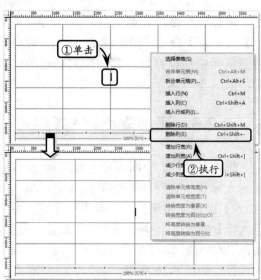

图 8-29　删除列

图 8-30　导出表格

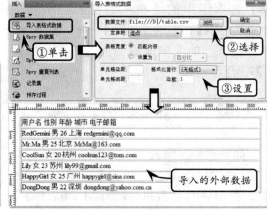

图 8-31　导入表格

注　意

在导入外部数据之前，首先应该确保页面的文档编码为 GB2312，否则导入的文本数据将呈现乱码。

8.3　插入表单元素

　　表单是网页与浏览者的一种交互界面。主要负责数据的采集，如可以采集访问者的名字和 E-mail 地址、调查表、留言簿，等等。

8.3.1　创建表单

　　在 Dreamweaver 中，可以为整个网页创建一个表单，也可以为网页中的部分区域创建表单，其创建方法都是相同的。将光标置于文档中，单击【表单】选项卡中的【表单】

按钮 □ 表单，即可插入一个红色的表单，如图 8-32 所示。

在选择表单区域后，用户可以在【属性】检查器中设置表单的各项属性，其属性名称及说明如表 8-3 所示。

表 8-3　【属性】检查器

属　性		作　用
表单 ID		XHTML 标准化的标识是表单在网页中唯一的识别标志，其只可在【属性】检查器中设置
动作		将表单数据进行发送，其值采用 URL 方式。在大多数情况下，该属性值是一个 HTTP 类型的 URL，指向位于服务器上的用于处理表单数据的脚本程序文件或 CGI 程序文件
方法	默认	使用浏览器默认的方式来处理表单数据
	POST	表示将表单内容作为消息正文数据发送给服务器
	GET	把表单值添加给 URL，并向服务器发送 GET 请求。因为 URL 被限定在 8192 个字符之内，所以不要对长表单使用 GET 方法
目标	_blank	定义在未命名的新窗口中打开处理结果
	_parent	定义在父框架的窗口中打开处理结果
	_self	定义在当前窗口中打开处理结果
	_top	定义将处理结果加载到整个浏览器窗口中，清除所有框架
编码类型	enctype	设置发送表单到服务器的媒体类型，它只在发送方法为 POST 时才有效。其默认值为 application/x-www-form-urlemoded；如果要创建文件上传域，应选择 multipart/form-data
类		定义表单及其中各种表单对象的样式

用户也可通过编写代码插入表单。在 Dreamweaver 中打开网页文档，单击【代码视图】按钮 □ 代码，在【代码视图】窗口中检索指定的位置，然后通过<form>标签为网页文档插入表单，如图 8-33 所示。

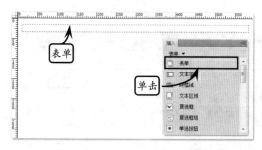

图 8-32 插入表单

图 8-33 插入表单

8.3.2　插入文本字段

文本字段又被称作文本域，是一种最常用的表单组件，其作用是为用户提供一个可输入的网页容器。在【插入】面板中单击【文本字段】按钮 □ 文本字段，打开【输入标签辅助功能属性】对话框，为插入文本字段进行一些简单的设置，如图 8-34 所示。

在【输入标签辅助功能属性】对话框中，包括 6 种基本属性，其名称及作用如表 8-4 所示。

表 8-4　【输入标签辅助功能属性】对话框中各属性的作用

名　　称	作　　用
ID	文本字段的 ID 属性，用于提供脚本的引用
标签	文本字段的提示文本
样式	提示文本显示的方式
位置	提示文本的位置
访问键	访问该文本字段的快捷键
Tab 键索引	在当前网页中的 Tab 键访问顺序

在设置输入标签辅助功能属性后，即可在【属性】检查器中设置文本字段的属性，如图 8-35 所示。

图 8-34　插入文本字段

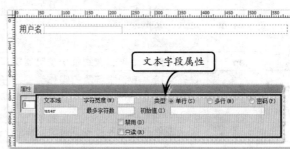

图 8-35　设置属性

在文本字段的【属性】检查器中，各个属性的名称及作用如表 8-5 所示。

表 8-5　检查器

名　　称		作　　用
文本域		文本字段的 id 和 name 属性，用于提供对脚本的引用
字符宽度		文本字段的宽度（以字符大小为单位）
最多字符数		文本字段中允许最多的字符数量
类型	单行	定义文本字段中的文本不换行
	多行	定义文本字段中的文本可换行
	密码	定义文本字段中的文本以密码的方式显示
初始值		定义文本字段中初始的字符
禁用		定义文本字段禁止用户输入（显示为灰色）
只读		定义文本字段禁止用户输入（显示方式不变）
类		定义文本字段使用的 CSS 样式

8.3.3　插入单选按钮

单选按钮组是一种单项选择类型的表单。其提供一种或多种选项供用户选择，同时

限制用户只能选择其中一项选项。在
网页文档中，单击【插入】面板的【单
选按钮】按钮 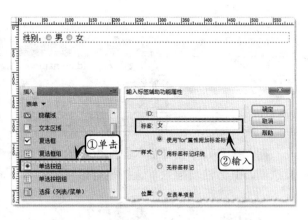，打开【输入标
签辅助功能属性】对话框，在其中设
置单选按钮的一些基本属性，如图
8-36 所示。

图 8-36　插入单选按钮

在插入单选按钮后，用户可以通
过选择该单选按钮，在【属性】检查
器中设置其属性，如图 8-37 所示。

除此之外，用户还可以通过单击
【插入】面板中的【单选按钮组】按钮，
在打开的【单选按钮组】对话框中添
加选项，直接插入一组单选按钮，如
图 8-38 所示。

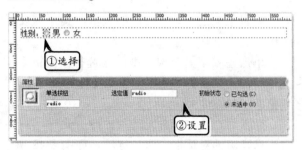

图 8-37　设置属性

8.3.4　插入复选框

复选框是一种允许用户多项选择
的表单对象。其与单选按钮最大的区
别在于，允许用户选择其中的多个选
项。在【插入】面板中单击【复选框】
按钮，然后在弹出的【输入标
签辅助功能属性】对话框中设置复选
框的标签等属性，如图 8-39 所示。

在插入复选框后，用户可以选择
复选框，在【属性】查检器中设置其
各种属性，如图 8-40 所示。

在【属性】检查器中，主要包含 3
种属性设置，其名称及作用如表 8-6
所示。

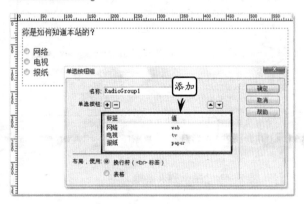

图 8-38　添加选项

图 8-39　插入复选框

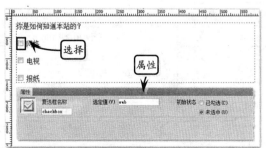

图 8-40　设置属性

表 8-6 【属性】检查器对话框中各属性的作用

名　　称		作　　用
复选框名称		定义复选框的 id 和 name 属性，供脚本调用
选定值		如该项被选定，则传递给脚本代码的值
初始状态	已勾选	定义复选框初始化时处于被选中的状态
	未选中	定义复选框初始化时处于未选中的状态

除此之外，单击【插入】面板中的【复选框组】按钮，可以直接在文档中插入一组复选框，其方法与插入单选按钮组相同。

8.3.5 插入列表菜单

列表菜单是一种选择性的表单，其允许设置多个选项，并为每个选项设定一个值，供用户进行选择。

单击【表单】选项卡中的【选择(列表/菜单)】按钮 ，在弹出的【输入标签辅助功能属性】对话框中输入【标签文字】，然后单击【确定】按钮，即可插入一个列表菜单，如图 8-41 所示。

插入后，菜单中并无选项内容。此时，需要单击【属性】检查器中的【列表值】按钮，在弹出的对话框中添加选项，如图 8-42 所示。

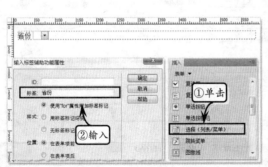

图 8-41 插入列表菜单　　　　　**图 8-42** 添加选项

在列表菜单的【属性】查检器中，包含有 8 种基本属性，其名称及作用如表 8-7 所示。

表 8-7 【属性】查检器对话框中列表菜单各属性的作用

名　　称		作　　用
选择		定义列表/菜单的 id 和 name 属性
类型	菜单	将列表/菜单设置为菜单
	列表	将列表/菜单设置为列表
高度		定义列表/菜单的高度
选定范围		定义列表/菜单是否允许多项选择
初始化时选定		定义列表/菜单在初始化时被选定的值
列表值		单击该按钮可制订列表/菜单的选项
类		定义列表/菜单的样式

8.3.6 插入按钮

按钮既可以触发提交表单的动作，也可以在用户需要修改表单时将表单恢复到初始状态。将鼠标光标移动到文档中的指定位置，单击【插入】面板中的【按钮】按钮 ，即可插入一个按钮，如图 8-43 所示。

在插入按钮之后，用户选择该按钮，然后在【属性】检查器中可以设置其属性，如图 8-44 所示。

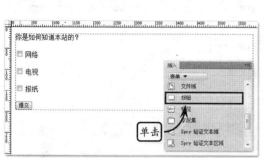

图 8-43 插入按钮

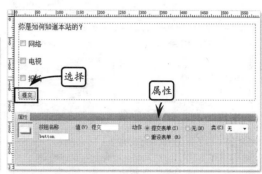

图 8-44 设置属性

在按钮表单对象的【属性】检查器中，包含 4 种属性设置，其名称及作用如表 8-8 所示。

表 8-8 【属性】检查器对话框中按钮表单各属性的作用

名　　称		作　　用
按钮名称		按钮的 id 和 name 属性，供各种脚本引用
值		按钮中显示的文本值
动作	提交表单	将按钮设置为提交型，单击即可将表单中的数据提交到动态程序中
	重设表单	将按钮设置为重设型，单击即可清除表单中的数据
	无	根据动态程序定义按钮触发的事件
类		定义按钮的样式

8.4 Spry 表单验证

Spry 表单验证是一种 Dreamweaver 内建的用户交互元素。其类似 Dreamweaver 的行为，可以根据用户对表单进行的操作执行相应的指令。

8.4.1 Spry 验证文本域

Spry 验证文本域的作用是验证用户在文本字段中输入的内容是否符合要求。通过 Dreamweaver 打开网页文档，并选中需要进行验证的文本域。然后，即可单击【插入】面板上的【表单】|【Spry 验证文本域】按钮 ，为文本域添加 Spry 验证，如

图 8-45 所示。

在已插入表单对象后，可单击相应的 Spry 验证表单按钮，为表单添加 Spry 验证。如尚未为网页文档插入表单对象，则可直接将光标放置在需要插入 Spry 验证表单对象的位置，然后单击相应的 Spry 验证表单按钮，Dreamweaver 会先插入表单，然后再为表单添加 Spry 验证。

在插入 Spry 验证文本域或为文本域添加 Spry 验证后，即可单击蓝色的 Spry 文本域边框，然后在【属性】面板中设置 Spry 验证文本域的属性，如图 8-46 所示。

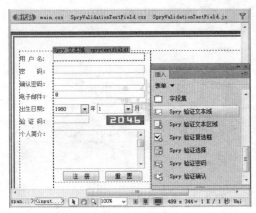

图 8-45　插入验证文本域

图 8-46　设置属性

Spry 验证文本域有多种属性可以设置。包括设置其状态、验证的事件等，详细介绍如表 8-9 所示。

表 8-9　【属性】检查器对话框中 Spry 验证文本域各属性的作用

属 性 名		作 用
Spry 文本域		定义 Spry 验证文本域的 id 和 name 等属性，以供脚本引用
类型		定义 Spry 验证文本域所属的内置文本格式类型
预览状态	初始	定义网页文档被加载或用户重置表单时 Spry 验证的状态
	有效	定义用户输入的表单内容有效时的状态
验证域	onBlur	选中该项目，则 Spry 验证将发生于表单获取焦点时
	onChange	选中该项目，则 Spry 验证将发生于表单内容被改变时
	onSubmit	选中该项目，则 Spry 验证将发生于表单被提交时
最小字符数		设置表单中最少允许输入多少字符
最大字符数		设置表单中最多允许输入多少字符
最小值		设置表单中允许输入的最小值
最大值		设置表单中允许输入的最大值
必需的		定义表单为必须输入的项目
强制模式		定义禁止用户在表单中输入无效字符
图案		根据用户输入的内容，显示图像
提示		根据用户输入的内容，显示文本

在【属性】面板中，定义任意一个 Spry 属性，在【预览状态】的下拉菜单中都会增加相应的状态类型。选中【预览状态】菜单中相应的类型后，用户即可设置该类型状态

时网页显示的内容和样式。

例如，定义【最小字符数】为 8，则【预览状态】的菜单中将新增【未达到最小字符数】的状态，选中该状态后，即可在【设计视图】中修改该状态，如图 8-47 所示。

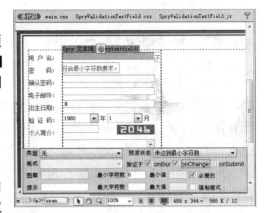

图 8-47   定义最小字符数

● 8.4.2 Spry 验证文本区域

Spry 验证文本区域也是一种 Spry 验证内容，其主要用于验证文本区域内容，以及读取一些简单的属性。在 Dreamweaver 中，用户可直接单击【插入】面板中的【表单】|【Spry 验证文本区域】按钮 Spry 验证文本区域，创建 Spry 验证文本区域。

如网页文档中已插入了文本区域，则用户可选中已创建的普通文本区域，用同样的方法为表单对象添加 Spry 验证方式，如图 8-48 所示。

在【设计视图】中选择蓝色的 Spry 文本区域后，即可在【属性】面板中定义 Spry 验证文本区域的内容，如图 8-49 所示。

在 Spry 验证文本区域的【属性】面板中，比 Spry 验证文本域增加了两个选项，详细介绍如下：

❑ 计数器

计数器是一个单选按钮组，提供了 3 种选项供用户选择。当用户选择"无"时，将不在 Spry 验证结果的区域显示任何内容。

如用户选择"字符计数"，则 Dreamweaver 会为 Spry 验证区域添加一个字符技术的脚本，显示文本区域中已输入的字符数。当用户设置了最大字符数之后，Dreamweaver 将允许用户选择"其余字符"选项，以显示文本区域中还允许输入多少字符。

❑ 禁止额外字符

如用户已设置最大字符数，则可选择"禁止额外字符"复选框。其作用是防止用户在文本区域中输入的文本超过最大字符数。当选择该复选框后，如用户输入的文本超过最大字符数，则无法再向文本区域中输入新的字符。

图 8-48   验证文本区域

图 8-49   定义验证内容

8.4.3 Spry 验证选择

Spry 验证选择的作用是验证列表/菜单和跳转菜单的值，并根据值显示指定的文本或图像内容。在 Dreamweaver 中，单击【插入】面板中的【表单】|【Spry 验证选择】按钮 Spry验证选择 ，即可为网页文档插入 Spry 验证选择，如图 8-50 所示。

选中 Spry 选择的标记，即可在【属性】面板中编辑 Spry 验证选择的属性，如图 8-51 所示。

在 Spry 验证选择的【属性】面板中，允许用户设置 Spry 验证选择中不允许出现的选择项以及验证选择的事件类型等属性。

8.4.4 Spry 验证复选框

Spry 验证复选框的作用是在用户选择复选框时显示选择的状态。与之前几种 Spry 验证表单不同，Dreamweaver 不允许用户为已添加的复选框添加 Spry 验证。只允许用户直接添加 Spry 复选框。

用 Dreamweaver 打开网页文档，然后即可单击【插入】面板中的【表单】|【Spry 验证复选框】按钮 Spry验证复选框 ，打开【输入标签辅助功能属性】对话框，在对话框中简单设置，然后单击【确定】按钮以添加复选框，如图 8-52 所示。

用户可单击复选框上方的蓝色【Spry 复选框】标记，然后在【属性】面板中定义 Spry 验证复选框的属性，如图 8-53 所示。

Spry 复选框有两种设置方式：一种是作为单个复选框而应用的"必需"选项；另一种则是作为多个复选框（复选框组）而应用的"实施范围"选项。

在用户选择"实施范围"选项后，将可定义 Spry 验证复选框的【最小选择数】和【最大选择数】等属性。在设置了【最小选择数】和【最大选择数】后，【预览状态】的列表

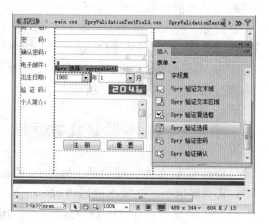

图 8-50 验证选择

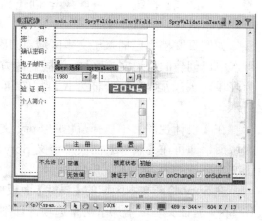

图 8-51 设置属性

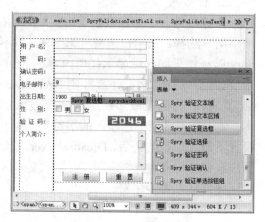

图 8-52 验证复选框

中，会增加【未达到最小选择数】和【已超过最大选择数】等项目。选择相应的项目，即可对 Spry 复选框的返回信息进行修改。

8.4.5 Spry 验证密码

Spry 验证密码的作用是验证用户输入的密码是否符合服务器的安全要求。在 Dreamweaver 中，单击【插入】面板中的【表单】|【Spry 验证密码】按钮 Spry 验证密码，即可为密码文本域添加 Spry 验证。

如尚未为网页文档插入密码文本域，则可直接单击【插入】面板中的【表单】|【Spry 验证密码】按钮 Spry 验证密码，Dreamweaver 将自动为网页文档插入一个密码文本域，然后添加 Spry 验证，如图 8-54 所示。

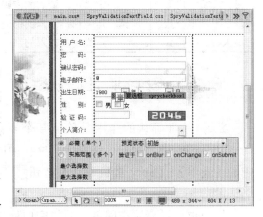

图 8-53 设置属性

单击 Spry 密码的蓝色标签，即可在【属性】面板中设置验证密码的方式，如图 8-55 所示。

图 8-54 验证密码

图 8-55 设置属性

在 Spry 验证密码的【属性】面板中，包含 10 种验证属性，详细介绍如表 8-10 所示。

表 8-10 【属性】面板中 Spry 验证密码各属性的作用

名　称	作　用
最小字符数	定义用户输入的密码最小位数
最大字符数	定义用户输入的密码最大位数
最小字母数	定义用户输入的密码中最少出现多少小写字母
最大字母数	定义用户输入的密码中最多出现多少小写字母
最小数字数	定义用户输入的密码中最少出现多少数字
最大数字数	定义用户输入的密码中最多出现多少数字
最小大写字母数	定义用户输入的密码中最少出现多少大写字母

名　称	作　用
最大大写字母数	定义用户输入的密码中最多出现多少大写字母
最小特殊字符数	定义用户输入的密码中最少出现多少特殊字符（标点符号、中文等）
最大特殊字符数	定义用户输入的密码中最多出现多少特殊字符（标点符号、中文等）

8.4.6 Spry 验证确认

Spry 验证确认的作用是验证某个表单中的内容是否与另一个表单内容相同。在 Dreamweaver 中，用户可选择网页文档中的文本字段或文本域，然后单击【插入】面板中的【表单】|【Spry 验证确认】按钮 Spry验证确认，为文本字段或文本域添加 Spry 验证确认。

用户也可以直接在网页文档的空白处单击【插入】面板中的【表单】|【Spry 验证确认】按钮 Spry验证确认，Dreamweaver 将自动先插入文本字段，然后为文本字段添加 Spry 验证确认，如图 8-56 所示。

选中 Spry 确认的蓝色标记，然后即可在【属性】面板中设置其属性，如图 8-57 所示。

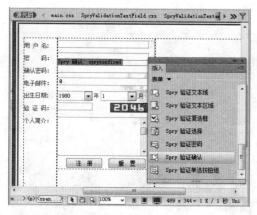

图 8-56　验证确认　　　　　　　　　　图 8-57　设置属性

在 Spry 确认的【属性】面板中，用户可将该文本字段或文本域设置为必填项或非必填项，也可选择验证参照的表单对象。除此之外，用户还可以定义触发验证的事件类型等。

8.5　课堂练习：创建博客页

博客，又译为网络日志、部落格或部落阁等，是一种通常由个人管理、不定期张贴新的文章的网站。博客是继 E-mail、BBS、ICQ 之后出现的第四种网络交流方式。

本练习中，将使用文本、图像、超链接和表单等网页元素，完成博客页的制作。其效果图如图 8-58 所示。

网页设计与网站建设（CS6 中文版）标准教程

首页　风格演示　**博客**　服务　支持　关于

搜索...

保持简单

在这里把你最喜欢的口号......

博文条目

上一篇 散文 | 下一篇 模板,互联网

年年有考试，年年有加分。中考正如火如荼地举行中，各种加分政策也随之出台。今年广州共有7217人报中考加分照顾资格，如华侨海归子女、烈士子女可获加20分，驻外高层专人才子女、台湾省籍同胞子女可获加10分。户籍在本市的归侨华主、归侨子女、华侨在国内的子女，在网考条件下予以优先享有等一等一番，以为又回到了"血统论"时代，除了祖出身还是祖出身。

宪法规定：中华人民共和国公民在法律面前一律平等。教育法也明确指出：公民不分民族、种族、性别、职业、财产状况、宗教信仰等，依法享有平等的受教育机会。保护隔者在入学、升学、就业方面依法享有平等权利。既然众生在法律面前是平等的，出台"下位选择板上位法"的加分政策是何依据？在国际法律中，也只是规定外籍适龄儿童在初等教育方面与所在国公民一视同仁，绝不会让外国儿童高本国孩子一等。

如果要讲贡献程度的话，一直在国内的公民为国家付出更多，何况大家都是纳税人，拥有的权益应该是平等的。政府在平衡不同人群之间的利益时，它的位置应当是客观中立的。其次应考虑的如何做好服务，而非滥用公共资源。长期以来，某些部门总喜欢不对一些个别人群，随意地出台一些针对小部分现金的规定，已经形成一种惯性思维和政策倾引。比如为了吸引外资，地方税收给外资企业以玻收等方面的特殊礼遇和优待，享受"超国民待遇"一部分人理解不合理的优待，代表了更多其他的人利益得到不公平的时待。可见，这种不公平的本质，存是以损害其他人利益的做政府的领头人，而这种政的出台，政府以任何的形式征求求过公众意见吗？

评论 (3) | 2013年7月20日 | 编辑

3 回复

张三 Says:
2013年7月15日

我的人生，如蓦步独行，而你来过，于我就是温暖。

李四 说:
2013年7月15日

漫步于人生之旅，独行于尘世之中，随时光而动，心已冥静，唯有那一丝对你的牵念，随风飘远。

王五 说:
2013年7月15日

走过了，才知其中的惊有多长；走过了，才知世间的情有多深；走过了，才知看时的回首有多珍惜无穷；走过了，才珍惜了回眸开只在那一瞬间。或许，爱情交织的绿分也是这样，脆弱，擦命了不留；或许，你的到来，在我的人生中注定是短暂的停留，你，如风而逝，都说风过无痕，但，在我内心双动的柔软波纹，延续出的，经久不息。

发表评论

名称（必填）
您的名字

电子邮箱（必填）
您的邮箱

网站
您的网站

你的留言

提交

工具栏菜单

首页
关于
联系我们
博客
更多免费模板
感恩模板

链接

图片
个人简介
视频
个人自传

保荐人

王海峰
美德好比宝石，只在朴素背景的衬托下反而更华丽。

王晓波
知识就是力量，智慧才是。

孝慎
人生是可贵的，尊为人寿或。

王林淼
自满、自高自大和轻信，是人生的三大暗礁。

苗瑞娟
品格能决定人生，它比天资更重要。

看利霞
人生美好所苦西一一就是母受，这是无私的赠，道德与之相形见绌。

王珊
处世忘己的人生，是事事顺意的人主。

格言

"风格之美，和谐，优雅和优美的节奏取决于简单。"

- Plato

支持我

如果有兴趣在支持我的工作，并愿意贡献，欢迎急通过拥暂住我的网站链接，使一个小的捐款，这将是一个很大的帮助，一定会赏高。

精选

喝水用哪种杯子最健康
张天 (2013-06-25 03:40)

喝水的学问可不少，很多人已经了解到喝热水应该少喝太烫不喝，但是对于杯子的选用却很少考虑，杯子水是温不开的，水温过了，杯子选错了，还是一样不健康。

在所有材质的杯子里，玻璃杯可是最健康的。玻璃杯在烧制的过程中不含有机化学物质，当人们用玻璃杯喝水或其他饮料的时候，不必担心化学物质会被喝进肚里去，而且玻璃表面光滑，容易清洗，细菌和污垢不容易在杯壁繁生，所以人们用玻璃杯喝水是最健康、最安全的。

继续 阅读

男人要多吃番茄少喝牛奶
张天 (2013-06-15 03:40)

牛奶营养丰富，每天喝牛奶的人越来越多，但有许多研究发现，常喝牛奶的男性易患前列腺癌。

综合专分析后发现，与每天从奶制品中摄入150毫克钙的男性相比，每天摄入600毫克钙的男性血液中1、25-二羟维生素d3（有抗前列腺癌作用）浓度显着降低，发生前列腺癌的危险上升32%。

继续 阅读

养生警惕：切开的水果别买
张天 (2013-06-19 03:40)

现代家庭人口减少，水果买多了未必能吃完，针对这一需求，许多超市或水果摊会将西瓜等大个水果切成小块出摆。但从营养和食品卫生因素考虑，这样的水果消费者总是不买为宜。

水果中的水溶性维生素易在人体水分里受量素众之一，特别是维生素C，不仅可以扫除坏血病，还有抗氧化、促甚免疫力等多种功能。

继续 阅读

©2008你所有的版权信息设计属于·王晓波

首页 | 关于 | 简介 | CSS | XHTML

图 8-58　博客页效果图

操作步骤：

1 新建 blog.html 文档，插入名称为 header-wrap 的 DIV 层，用于添加网页的头部内容并设置 CSS 样式，如图 8-59 所示。

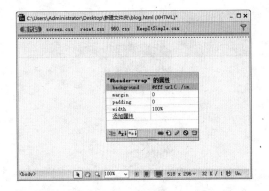

图 8-59 添加 header-wrap 层

2 在 header-wrap 层中，创建名称为 nav 的 DIV 层，在 nav 层中，使用 ul 项目列表为网页添加导航条并设置 CSS 样式，如图 8-60 所示。

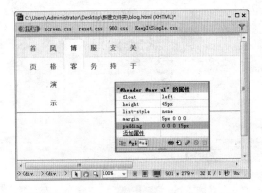

图 8-60 添加导航条

3 在 header-wrap 层中，创建名称为 quick-search 的 form 表单，用于制作网页的搜索功能。在表单中添加文本框和按钮并设置 CSS 样式，如图 8-61 所示。

4 在 header-wrap 层中，插入名称为 Logo-text 的 H1 标签，用于制作网页的主题口号。然后在 H1 标签中，输入标题和内容并设置字体大小和颜色等 CSS 样式，如图 8-62 所示。

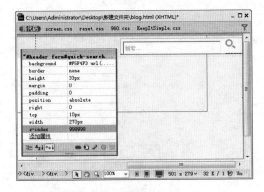

图 8-61 添加搜索功能

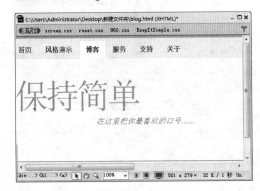

图 8-62 添加主题口号

5 在 header-wrap 层中，插入名称为 header-image 的 DIV 层，用于存放网页头部右侧的背景图片。设置 header-image 层的大小和背景等 CSS 样式，如图 8-63 所示。

图 8-63 设置背景

6 创建名称为 content-wrapper 的 DIV 层，用于制作网页的主题内容。在该层中插入名称为 main 的 DIV 层，用于输入网页的文章、

评论等内容。在 main 层中，使用 H2 标签
输入文章标题，p 标签输入文章内容并设置
CSS 样式，如图 8-64 所示。

图 8-64 输入内容

7 创建博客的回复部分。使用 H2 创建标题，
ol 编号列表创建回复内容部分并设置 CSS
样式，如图 8-65 所示。

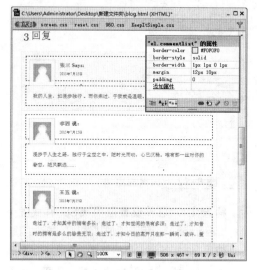

图 8-65 添加回复

8 创建发表评论部分，使用 H3 添加标题。添
加名称为 commentform 的 form 表单，发表
评论内容。设置 Form 表单的 CSS 样式，如
图 8-66 所示。

图 8-66 添加表单

9 在表单中，添加名称为"名称（必填）"的
label 标签。然后添加 ID 为 name，值为"您
的名字"的文本框，设置标签和文本框的
CSS 样式，如图 8-67 所示。

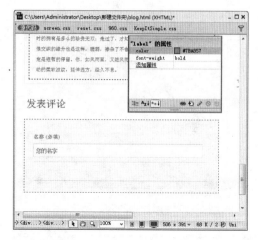

图 8-67 添加名称

10 在表单中，添加名称为"电子邮箱（必填）"
的 label 标签。然后添加 ID 为 email，值为
"您的邮箱"的文本框，设置标签和文本框
的 CSS 样式，如图 8-68 所示。

11 在表单中，添加名称为"网站"的 label 标
签。然后添加 ID 为 website，值为"您的网
站"的文本框，设置标签和文本框的 CSS
样式，如图 8-69 所示。

12 在表单中，添加名称为"您的留言"的 label
标签。然后添加 ID 为 message，值为"您

的留言"的文本框，设置 CSS 样式，如图
8-70 所示。

图 8-68　添加电子邮箱

图 8-69　添加您的网站

图 8-70　添加您的留言

13　在表单中，添加名称为"提交"的按钮，为
按钮设置 CSS 样式，如图 8-71 所示。

图 8-71　添加按钮

14　插入 DIV 层，设置层的 CSS 样式类为
"sidemenu"，用于添加"工具栏菜单"导
航链接。使用 H3 标签添加导航标题，使用
ul 项目列表添加导航链接并设置 CSS 样式，
如图 8-72 所示。

图 8-72　工具栏菜单

15　插入 DIV 层，设置层的 CSS 样式类为
"sidemenu"，用于添加"链接"导航链接。
使用 H3 标签添加导航标题，使用 ul 项目列
表添加导航链接并设置 CSS 样式，如图
8-73 所示。

16　插入 DIV 层，设置层的 CSS 样式类为
"sidemenu"，用于添加"保荐人"导航链
接。使用 H3 标签添加导航标题，使用 ul
项目列表添加导航链接并设置 CSS 样式，
如图 8-74 所示。

图 8-73 链接

图 8-74 保荐人

17 添加"格言"和"支持我"版块。使用 H3
标签添加标题，使用 p 标签添加内容并设置
CSS 样式，如图 8-75 所示。

图 8-75 "格言"和"支持我"版块

18 添加 CSS 样式名称为 grid_4 omega 的 DIV
层，用于制作精选博文版块。在该层中，插
入 CSS 样式名称为 featured-post 的 DIV
层，添加博文并设置 CSS 样式，如图 8-76
所示。

图 8-76 精选博文

19 添加 ID 为 footer-bottom 的 DIV 层，用于
制作博文的版尾部分。版尾部分由两部分组
成，分别是左侧的版权部分，右侧的导航部
分。添加版尾内容并设置 CSS 样式，如图
8-77 所示。保存网页，完成博客页的制作。

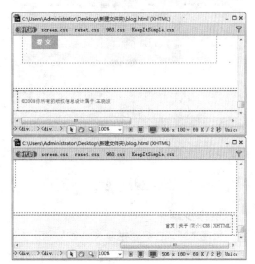

图 8-77 版尾部分

在网页中，表格用来定位和排版。若一个表格不能满足需要，则需要运用到嵌套表格。本练习将通过插入表格、合并与拆分单元格、设置表格属性、设置单元格属性等制作个人简历页，如图 8-78 所示。

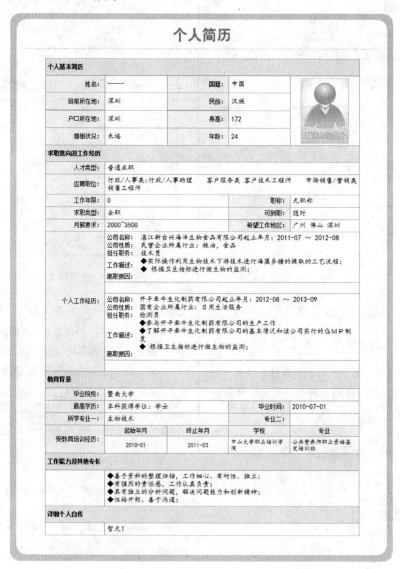

图 8-78　个人简历

操作步骤：

1 新建文档，在标题栏输入"个人简历"。单击【属性】检查器中的【页面属性】按钮，在弹出的【页面属性】对话框中设置其参数，如图 8-79 所示。

2 单击【插入】面板【布局】选项中的【插入 Div 标签】按钮，创建 ID 为 tb 的 Div 层，并设置其 CSS 样式，如图 8-80 所示。

图 8-79 设置页面属性

图 8-80 插入 DIV 层

3 将光标置于 ID 为 tb 的 Div 层中，单击【插入】面板【常用】选项中的【表格】按钮，在弹出的【表格】对话框中设置【行数】为 25，【列】为 5，【表格宽度】为 "645 像素"，如图 8-81 所示。

图 8-81 添加表格

4 选择表格，在【属性】检查器中设置【填充】为 4，【间距】为 1，【对齐】方式为 "居中对齐"，如图 8-82 所示。

图 8-82 设置表格属性

5 在标签栏选择 table 标签，通过 CSS 样式定义表格的【背景颜色】为 "橙色" (#f79646)，如图 8-83 所示。

图 8-83 设置背景颜色

6 选择所有单元格，在【属性】检查器中设置【背景颜色】为 "白色" (#FFFFFF)，如图 8-84 所示。

7 分别选择第 1、6、16、21、23 行单元格，单击【属性】检查器中的【合并所有单元格】按钮 ，然后分别设置合并单元格的颜色为 "橙色" (#fde4d0)；【高】为 25，如图 8-85 所示。

图 8-84 设置单元格背景色

图 8-85 设置背景色

8 分别在第 1、6、16、22、24 行单元格中输入相应的文本并设置文本为"粗体",如图 8-86 所示。

图 8-86 添加文本

9 在"个人基本简历"版块中,将第 2~5 行的第 1 列和第 3 列输入文本并设置【水平】对齐方式为"右对齐";【宽】为 137 像素,如图 8-87 所示。

图 8-87 添加内容并设置对齐方式

10 选择第 2~5 行的第 5 列单元格,单击合并单元格按钮,合并单元格,如图 8-88 所示。

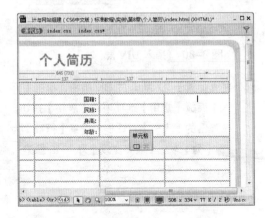

图 8-88 合并单元格

11 在"求职意向及工作经历"版块中,在第 7~12 行的第 1 列及第 9~11 行的第 4 列单元格中输入相应的文本,并设置【水平】对齐方式为"右对齐",如图 8-89 所示。

12 合并第 7、8、12、13、14、15 后 4 列单元格、第 9~11 行的第 2、3 行单元格和第 12~15 行第 1 列单元格,如图 8-90 所示。

13 在"教育背景"版块中,在第 17~20 行的第 1 列单元格、第 18~19 行第 4 列单元格

网页设计与网站建设（CS6 中文版）标准教程

中输入相应的文本，并设置文本【水平】对
齐方式为"右对齐"，如图 8-91 所示。

图 8-89　添加内容

图 8-90　合并单元格

图 8-92　合并单元格

图 8-93　合并单元格

16　将光标置于右上角的"个人基本简历"版块
中的最后一列，插入图像"head.png"，如
图 8-94 所示。

图 8-94　插入图像

14　第 20 行的第 2~5 列单元格中输入相应文本
并设置【水平】对齐方式为"居中对齐"。
合并第 20 和第 21 行的第 1 列单元格，如
图 8-92 所示。

15　在"工作能力及其他专长"、"详细个人自传"
栏目版块中，合并第 23、25 行后 4 列单元
格，如图 8-93 所示。

17　选择每个版块中的项目标题，在【属性】检
查器中设置其【背景颜色】为"橙色"
(#fbf1e9)，如图 8-95 所示。

18　在对应的版块中输入相应的文本，设置文本
为"楷体"，【大小】为"14px"，如图 8-96
所示。保存网页，完成个人简介页面的制作。

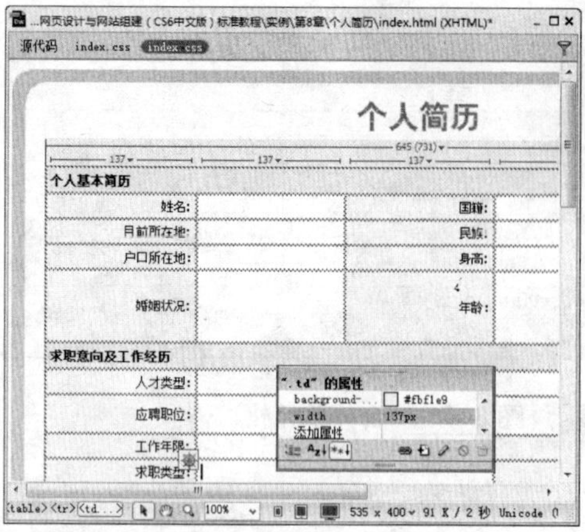

图 8-95 设置背景色

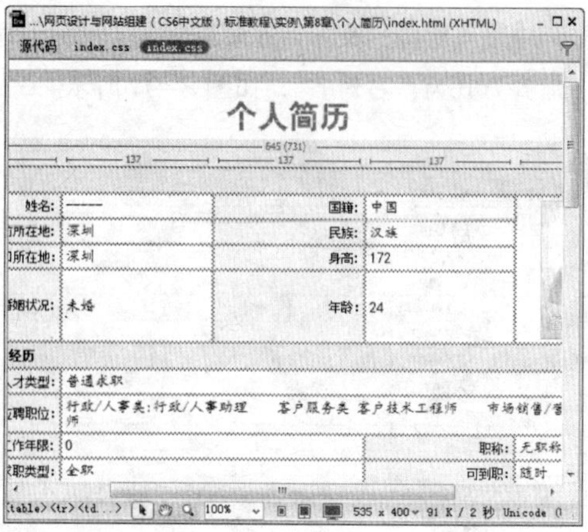

图 8-96 添加内容

8.7 思考与练习

一、填空题

1. 用来输入密码的表单域是_____。

2. 当表单以电子邮件的形式发送，表单信息不以附件的形式发送，应将【MIME 类型】设置为_____。

3. 表单对象的名称由_____属性设定；提交方法由_____属性指定；若要提交大数据量的数据，则应采用_____方法；表单提交后的数据处理程序由_____属性指定。

4. 表单是_____和_____之间实现信息交流和传递的桥梁。

5. 表单实际上包含两个重要组成部分：一是描述表单信息的_____；二是用于处理表单数据的服务器端_____。

二、选择题

1. 下列表示的不是按钮的是（　　）。
    A. type="submit"
    B. type="reset"
    C. type="image"
    D. type="button"

2. 如果要表单提交信息不以附件的形式发送，只要将表单的"MTME 类型"设置为（　　）。
    A. text/plain
    B. password
    C. submit
    D. button

3. 若要获得 login 表单中名为 txtuser 的文本输入框的值，以下获取的方法中，正确的是（　　）。
    A. username=login.txtser.value
    B. username=document.txtuser.value
    C. username=document.login.txtuser
    C. username=document.txtuser.value

4. 若要产生一个 4 行 30 列的多行文本域，以下方法中正确的是（　　）。
    A. <Input type="text" Rows="4" Cols="30" Name="txtintrol">
    B. <TextArea Rows="4" Cols="30" Name="txtintro">
    C. <TextArea Rows="4" Cols="30" Name="txtintro"></TextArea>
    D. <TextArea Rows="30" Cols="4" Name=" txtintro"></TextArea>

5. 用于设置文本框显示宽度的属性是（　　）。
    A. Size
    B. MaxLength
    C. Value
    D. Length

三、简答题

1. 概述文本字段与文本区域的区别。
2. 简单介绍复选框的作用。
3. 简单介绍文件域的作用。
4. 概述 Spry 表单验证的功能。

第9章

使用 CSS 样式表

为网页元素设计样式，可以使网页更加美观。在设计网页元素样式时，需要使用到 CSS 技术。CSS 技术为网页提供了一种新的设计方式，通过简洁、标准化和规范性的代码，提供了丰富的表现形式。目前编写 CSS 代码最便捷的工具就是 Dreamweaver CS6。其提供了大量可视化的编辑工具，以及详细的代码提示功能和规范化的验证功能。

本章学习目的：

➢ 了解 CSS 的概念
➢ 了解 CSS 选择器
➢ 掌握 CSS 样式的管理
➢ 掌握 CSS 页面元素样式
➢ 了解滤镜的使用

CSS（Cascading Style Sheets，层叠样式表）是一种标准化的网页语言,其作用是为 HTML、XHTML 以及 XML 等标记语言提供样式描述。

9.1.1　CSS 的概念

当网页浏览器读取 HTML、XHTML 或 XML 文档并加载这些文档的 CSS 时，可以将描述的样式显示出来。CSS 不需要编译，可直接通过网页浏览器执行，由 CSS 文件控制样式的网页，只需要修改 CSS 文件即可改变网页的样式。

使用 CSS 定义网页的样式，可以大大降低网页设计者的工作量，提高网页设计的效率。例如，在传统 HTML 网页文档中，制作一个红色的粗体斜体文本，需要使用 font 标签、b 标签以及 i 标签等，同时还需要调用 font 标签的 color 属性。代码如下所示：

```
<font color=red><b><i>红色粗体斜体文本</i></b></font>
```

在某个网页中，如有 100 个这样的红色粗体斜体文本，那么用户需要为这 100 个红色粗体斜体文本都添加这样的标签。代码如下所示：

```
<font color=red><b><i>红色粗体斜体文本</i></b></font>
<font color=red><b><i>红色粗体斜体文本</i></b></font>
<!--............-->
<font color=red><b><i>红色粗体斜体文本</i></b></font>
```

如果用户需要修改这 100 个红色粗体斜体文本为蓝色，则需要再修改这个标签 100 次，效率十分低下。

在标准化的 XHTML 文档中，可以通过 span 标签将文本放在一个虚拟的容器中，然后使用 CSS 技术设计一个统一的样式，并通过 span 标签的 class 属性将样式应用到 span 标签所囊括的文本中。代码如下所示：

```
<style type="text/css">
<!--
.styles{
  color:#f00;
  font-weight:bold;
  font-style:italic;
}
-->
</style>
<span class="styles">红色粗体斜体文本</span>
```

虽然使用 CSS+XHTML 需要比 HTML 多写许多代码，但是假如网页中有 100 个这样的文本，那么每个这样的文本都只需要通过 class 属性即可应用该样式。

如果用户需要修改这 100 个红色粗体斜体的文本，则只需要修改 style 标签中的 CSS

样式即可。无须再去修改 XHTML 中的语句。这就是结构与表现分离的优点。

9.1.2　CSS 选择器

选择器是 CSS 代码的对外接口。网页浏览器就是根据 CSS 代码的选择器，实现和 XHTML 代码的匹配。然后读取 CSS 代码的属性、属性值，将其应用到网页文档中。CSS 的选择器名称只允许包括字母、数字及下划线，其中，不允许将数字放在选择器的第 1 位，也不允许选择器与 XHTML 标签重复使用，以免出现混乱。

在 CSS 的语法规则中，主要包括 5 种选择器，即标签选择器、类选择器、ID 选择器、伪类选择器和伪对象选择器。

1．标签选择器

在 XHTML 1.0 中，共包括 94 种基本标签。CSS 提供了标签选择器，允许用户直接定义多数 XHTML 标签的样式。

例如，定义网页中所有无序列表的符号为空，可直接使用项目列表的标签选择器 ol。代码如下所示：

```
ol{
  list-style:none;
}
```

注　意

使用标签选择器定义某个标签的样式后，在整个网页文档中，所用该类型的标签都会自动应用这一样式。CSS 在原则上不允许对同一标签的同一个属性进行重复定义。不过在实际操作中，将以最后一次定义的属性值为准。

2．类选择器

在使用 CSS 定义网页样式时，经常需要对一些不同的标签进行定义，使之呈现相同的样式。在实现这种功能时，就需要使用类选择器。类选择器可以把不同类型的网页标签归为一类，为其定义相同的样式，简化 CSS 代码。

在使用类选择器时，需要在类选择器的名称前加类符号"."。而在调用类的样式时，则需要为 XHTML 标签添加 class 属性，并将类选择器的名称作为 class 属性的值。

注　意

在通过 class 属性调用类选择器时，不需要在属性值中添加类符号"."，而是直接输入类选择器的名称即可。

例如，网页文档中有 3 个不同的标签，一个是层（div），一个是段落（p），还有一个是无序列表（ul）。如果使用标签选择器为这 3 个标签定义样式，使其中的文本变为红色，需要编写 3 条 CSS 代码。代码如下所示：

```
div{/*定义网页文档中所有层的样式*/
  color: #ff0000;
```

```
}
p{/*定义网页文档中所有段落的样式*/
    color: #ff0000;
}
ul{/*定义网页文档中所有无序列表的样式*/
    color: #ff0000;
}
```

使用类选择器，则可将以上 3 条 CSS 代码合并为一条。

```
.redText{
    color: #ff0000;
}
```

然后，即可为 div、p 和 ul 等标签添加 class 属性，应用类选择器的样式。代码如下所示：

```
<div class="redText">红色文本</div>
<p class="redText">红色文本</div>
<ul class="redText">
    <li>红色文本</li>
</ul>
```

一个类选择器可以对应于文档中的多种标签或多个标签，体现了 CSS 代码的可重用性。其与标签选择器都有其各自的用途。

提　示

与标签选择器相比，类选择器有更大的灵活性。使用类选择器，用户可指定某一个范围内的标签应用样式。

与类选择器相比，标签选择器操作简单，定义也更加方便。在使用标签选择器时，用户不需要为网页文档中的标签添加任何属性即可应用样式。

3. ID 选择器

ID 选择器也是一种 CSS 的选择器。之前介绍的标签选择器和类选择器都是一种范围性的选择器，可设定多个标签的 CSS 样式。而 ID 选择器则是只针对某一个标签的、唯一性的选择器。

在 XHTML 文档中，允许用户为任意一个标签设定 ID，并通过该 ID 定义 CSS 样式。但是，不允许两个标签使用相同的 ID。使用 ID 选择器，用户可更加精密地控制网页文档的样式。

在创建 ID 选择器时，需要为选择器名称使用 ID 符号"#"。在为 XHTML 标签调用 ID 选择器时，需要使用其 id 属性。

注　意

与调用类选择器的方式类似，在通过 id 属性调用 ID 选择器时，不需要在属性值中添加 ID 符号"#"，而是直接输入 ID 选择器的名称即可。

例如，通过 ID 选择器，分别定义某个无序列表中 3 个列表项的样式。代码如下所示：

```
#listLeft{
  float:left;
}
#listMiddle{
  float: inherit;
}
#listRight{
  float:right;
}
```

然后，即可使用标签的 id 属性，应用 3 个列表项的样式。代码如下所示：

```
<ul>
  <li id="listLeft">左侧列表</li>
  <li id="listMiddle">中部列表</li>
  <li id="listRight">右侧列表</li>
</ul>
```

技 巧

在编写 XHTML 文档的 CSS 样式时，通常在布局标签所使用的样式（这些样式通常不会重复）中使用 ID 选择器，而在内容标签所使用的样式（这些样式通常会多次重复）中使用类选择器。

4．伪类选择器

之前介绍的 3 种选择器都是直接应用于网页标签的选择器。除了这些选择器外，CSS 还有另一类选择器，即伪选择器。

与普通的选择器不同，伪选择器通常不能应用于某个可见的标签，只能应用于一些特殊标签的状态。其中，最常见的伪选择器就是伪类选择器。

在定义伪类选择器之前，必须首先声明定义的是哪一类网页元素，将这类网页元素的选择器写在伪类选择器之前，中间用 ":" 隔开。代码如下所示：

```
selector:pseudo-class {property: value}
/*选择器：伪类 {属性：属性值；}*/
```

CSS 2.1 标准中，共包括 7 种伪类选择器。在 IE 浏览器中，可使用其中的 4 种，如表 9-1 所示。

表 9-1　伪类选择器

伪类选择器	作　用
:link	未被访问过的超链接
:hover	鼠标滑过超链接
:active	被激活的超链接
:visited	已被访问过的超链接

例如，要去除网页中所有超链接在默认状态下的下划线，就需要使用到伪类选择器。

代码如下所示:

```
a:link {
/*定义超链接文本的样式*/
text-decoration: none;
/*去除文本下划线*/
}
```

注 意

在 6.0 版本及之前的 IE 浏览器中,只允许为超链接定义伪类选择器。而在 7.0 及之后版本的 IE 浏览器中,则开始允许用户为一些块状标签添加伪类选择器。

与其他类型的选择器不同,伪类选择器对大小写不敏感。在网页设计中,经常为将伪类选择器与其他选择器区分而将伪类选择器大写。

5. 伪对象选择器

伪对象选择器也是一种伪类选择器。其主要作用是为某些特定的选择器添加效果。在 CSS 3 标准中,共包括 4 种伪对象选择器,在 5.0 及之后的版本中,支持其中的两种,如表 9-2 所示。

表 9-2 伪对象选择器

伪对象选择器	作 用
:first-letter	定义选择器所控制的文本第一个字或字母
:first-line	定义选择器所控制的文本第一行

伪对象选择器的使用方式与伪类选择器类似,都需要先声明定义的是哪一类网页元素,将这类网页元素的选择器写在伪类选择器之前,中间用":"隔开。

例如,定义某一个段落文本中第 1 个字为 2em,即可使用伪对象选择器。代码如下所示:

```
p{
  font-size: 12px;
}
p:first-letter{
  font-size: 2em;
}
```

9.1.3 基础语法

CSS 作为一种网页语言,同样有其独特的语法格式。下面将从 CSS 的基本组成、书写规范、注释和文档声明 4 部分来介绍 CSS 的基础语法。

1. 基本组成

一条完整的 CSS 样式语句包括以下几个部分。代码如下所示:

```
selector{
  property:value
}
```

在上面的代码中，各关键词的含义介绍如下。

❑ **selector**（选择器）　其作用是为网页中的标签提供一个标识，以供其调用。

❑ **property**（属性）　其作用是定义网页标签样式的具体类型。

❑ **value**（属性值）　属性值是属性所接受的具体参数。

在任意一条 CSS 代码中，通常都需要包括选择器、属性以及属性值这 3 个关键词（内联式 CSS 除外）。

2．书写规范

虽然杂乱的代码同样可被浏览器判读，但是书写简洁、规范的 CSS 代码可以给修改和编辑网页带来很大的便利。在书写 CSS 代码时，需要注意以下几点。

❑ **单位的使用**

在 CSS 中，如果属性值是一个数字，那么用户必须为这个数字安排一个具体的单位。除非该数字是由百分比组成的比例，或者数字为 0。

例如，分别定义两个层，其中第 1 个层为父容器，以数字属性值为宽度，而第 2 个层为子容器，以百分比为宽度。代码如下所示：

```
#parentContainer{
  width:1003px
}
#childrenContainer{
  width:50%
}
```

❑ **引号的使用**

多数 CSS 的属性值都是数字值或预先定义好的关键字。然而，有一些属性值则是含有特殊意义的字符串。这时，引用这样的属性值就需要为其添加引号。典型的字符串属性值就是各种字体的名称。代码如下所示：

```
span{
  font-family:"微软雅黑"
}
```

❑ **多重属性**

如果在这条 CSS 代码中有多个属性并存，则每个属性之间需要以分号 ";" 隔开。代码如下所示：

```
.content{
  color:#999999;
  font-family:"新宋体";
  font-size:14px;
}
```

❑ **大小写敏感和空格**

CSS 与 VBScript 不同，对大小写十分敏感。在 CSS 中，mainText 和 MainText 是两个完全不同的选择器。

除了一些字符串式的属性值（例如，英文字体"MS Serf"等）以外，CSS 中的属性和属性值必须小写。

为了便于判读和纠错，建议在编写 CSS 代码时，在每个属性值之前添加一个空格。这样，如某条 CSS 属性有多个属性值，则阅读代码的用户可方便地将其区分开。

3．注释

与多数编程语言类似，用户也可以为 CSS 代码进行注释，但与同样用于网页的 XHTML 语言注释方式有所区别。

在 CSS 中，注释以斜杠"/"和星号"*"开头，以星号"*"和斜杠"/"结尾。CSS 的注释不仅可用于单行，也可用于多行。代码如下所示：

```
.text{
  font-family:"微软雅黑";
  font-size:12px;
  /*color:#ffcc00;*/
}
```

4．文档的声明

在外部 CSS 文件中，通常需要在文件的头部创建 CSS 的文档声明，以定义 CSS 文档的一些基本属性。常用的文档声明包括 6 种，如表 9-3 所示。

表 9-3　文档的声明

声 明 类 型	作　　　用
@import	导入外部 CSS 文件
@charset	定义当前 CSS 文件的字符集
@font-face	定义嵌入 XHTML 文档的字体
@fontdef	定义嵌入的字体定义文件
@page	定义页面的版式
@media	定义设备类型

在多数 CSS 文档中，都会使用"@charset"声明文档所使用的字符集。除"@charset"声明外，其他的声明多数可使用 CSS 样式来替代。

9.1.4　在网页中添加 CSS 样式

上一节讲解了 CSS 的语法和基础知识，在本节中将介绍如何为网页添加 CSS 样式代码。

□ **内联式 CSS**

CSS 样式可以像 XHTML 标签的参数一样添加到网页中。例如，定义网页的页面边距，可以将 CSS 的样式代码添加进网页的 body 标签中，代码如下所示：

```
<body style="margin:0px;">
<!--定义网页页面边距为 0px-->
</body>
```

内联式 CSS 的优点是一个对象对应一个 CSS 规则，因此，不会用错规则。缺点是更新维护某一网页的 CSS 时相当麻烦，需要将整页的代码全修改一遍。

□ **嵌入式 CSS**

如果需要为某个网页中多个网页元素设置复杂的 CSS 样式，可以将这些样式制作为嵌入式 CSS，像 JavaScript 一样放置在网页的头部中。

例如，需要定义 ID 为 apdiv1 的网页元素的大小、位置以及 Z 轴坐标等样式，代码如下所示：

```
<head>
<!--嵌入式 CSS 通常嵌入到网页的头部-->
<style  type="text/css">
<!--声明这段代码为 CSS 样式代码-->
<!--
/*代码开始*/
#apdiv1{
/*定义 ID 为 apdiv1 的网页元素*/
position: absolute;
/*其定位方式为绝对定位*/
left:30px;
/*左边距为 30px*/
top:50px;
/*顶部边距为 50px*/
width:150px;
/*宽度为 150px*/
height:200px;
/*高度为 200px*/
z-index:1;
/*Z 轴坐标为 1*/
}
-->
</style>
</head>
```

嵌入式 CSS 相对于内联式 CSS，修改要方便得多，只许更改页面头部的 CSS 规则即可定义整页所有网页元素的样式。缺点是如果页面元素比较多，就很容易对不上号。

❑ **外链式 CSS**

前面两种 CSS 都是针对某一个网页文档的。如果整个网站都需要用类似的 CSS 样式控制，则可以使用外部 CSS。

外部样式表是把所有样式表代码打包进一个 CSS 文件中，再将该 CSS 文件以 link 标签链接到各网页中。如果将整个网站的 CSS 打包进同一文件中，直接的好处是修改一个文件即可改变整个网站的样式、风格。

例如，建立好 main.css 文件，在网页的头部中添加链接代码即可将该文件链接到网页中，代码如下所示：

```
<link href="main.css" rel="stylesheet" type="text/css" />
```

herf 参数设置 CSS 文件的路径和文件名称；rel 参数主要描述文件与该文档的关系，stylesheet 代表该文件为文档样式表文件；type 参数描述该文件的类型；text/css 代表该文件为 CSS 样式文件。

CSS 文件的扩展名为 CSS，其文件由文件规则和样式表代码组成。例如，定义某网站所有网页的页面边距为 0 的 CSS 文件，其文件代码如下所示：

```
@charset "utf-8";
body{
margin:0px;
}
```

其中 "@charset "utf-8"" 是 CSS 文件的规则，其意义是定义 CSS 文件的字符集。定义过 CSS 文件的规则后，即可输入 CSS 的代码。

9.2 CSS 样式的管理

在 Dreamweaver CS6 中，用户可以方便地为网页添加 CSS 样式表，并对 CSS 样式表进行编辑。

9.2.1 新建 CSS 规则

在 Dreamweaver 中，允许用户为任何网页标签、类或 ID 等创建 CSS 规则。在【CSS 样式】面板中单击【新建 CSS 规则】按钮 ，即可打开【新建 CSS 规则】对话框，如图 9-1 所示。

在【新建 CSS 规则】对话框中，主要包含了 3 种属性设置，详细介绍如下。

图 9-1 新建 CSS 规则

❑ **选择器类型**

【选择器类型】的设置主要用于为创建的 CSS 规则定义选择器的类型，其主要包括以下几种选项，如表 9-4 所示。

表 9-4　选择器类型

选 项 名	说 明
类	定义创建的选择器为类选择器
ID	定义创建的选择器为 ID 选择器
标签	定义创建的选择器为标签选择器
复合内容	定义创建的选择器为带选择方法的选择器或伪类选择器

❑ **选择器名称**

【选择器名称】选项的作用是设置 CSS 规则中选择器的名称。其与【选择器类型】选项相关联。

当用户选择的【选择器类型】为"类"或"ID"时，用户可在【选择器名称】的输入文本框中输入类选择器或 ID 选择器的名称。

注　意

在输入类选择器或 ID 选择器的名称时，不需要输入之前的类符号"."或 ID 符号"#"。Dreamweaver 会自动为相应的选择器添加这些符号。

当选择"标签"时，在【选择器名称】中将出现 XHTML 标签的列表。而如果选择"复合内容"，在【选择器名称】中将出现 4 种伪类选择器。

提　示

如用户需要通过【新建 CSS 规则】对话框创建复杂的选择器，例如使用复合的选择方法，则可直接选择"复合内容"，然后输入详细的选择器名称。

❑ **规则定义**

【规则定义】项的作用是帮助用户选择创建的 CSS 规则属于内部 CSS 还是外部 CSS。如果网页文档中没有链接外部 CSS，则该项中将包含两个选项，即"仅限该文档"和"新建样式表文件"。

如用户选择"仅限该文档"，那么创建的 CSS 规则将是内部 CSS；如用户选择"新建样式表文件"，那么创建的 CSS 规则将是外部 CSS。

9.2.2　链接外部 CSS 样式表文件

使用外部 CSS 的优点是用户可以为多个 XHTML 文档使用同一个 CSS 文件，通过一个文件控制这些 XHTML 文档的样式。

在 Dreamweaver 中打开网页文档，然后执行【窗口】|【CSS 样式】命令，打开【CSS 样式】面板。在该面板中单击【附加样式表】按钮，即可打开【链接外部样式表】对话框，如图 9-2 所示。

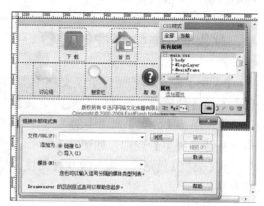

图 9-2　链接 CSS 样式表

275

在对话框中，用户可设置 CSS 文件的 URL 地址，以及添加的方式和 CSS 文件的媒体类型。

其中，【添加为】选项包括两个单选按钮。当选择【链接】时，Dreamweaver 会将外部的 CSS 文档以 link 标签导入到网页中；当选择【导入】时，Dreamweaver 则会将外部 CSS 文档中所有的内容复制到网页中，作为内部 CSS。

【媒体】选项的作用是根据打开网页的设备类型，判断使用哪一个 CSS 文档。在 Dreamweaver 中，提供了 9 种媒体类型，如表 9-5 所示。

表 9-5　【媒体】选项

媒 体 类 型	说　　明
all	用于所有设备类型
aural	用于语音和音乐合成器
braille	用于触觉反馈设备
handheld	用于小型或手提设备
print	用于打印机
projection	用于投影图像，如幻灯片
screen	用于计算机显示器
tty	用于使用固定间距字符格的设备，如电传打字机和终端
tv	用于电视类设备

用户可以通过【链接外部样式表】，为同一网页导入多个 CSS 样式规则文档，然后指定不同的媒体。这样，当用户以不同的设备访问网页时，将呈现各自不同的样式效果。

9.3　CSS 控制页面元素样式

Dreamweaver 提供了可视化的方式，帮助用户定义各种 CSS 规则。用户可以在【CSS 样式】面板中，单击【编辑样式】按钮，打开【CSS 规则定义】对话框，为 CSS 规则添加、编辑和删除属性。

9.3.1　类型属性的设置

【类型】规则的作用是定义文档中所有文本的各种属性。在【CSS 规则定义】对话框中单击【分类】列表中的"类型"，即可打开【类型】规则，如图 9-3 所示。

在【类型】规则中，共包含 9 种属性，如表 9-6 所示。

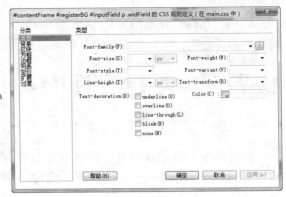

图 9-3　【类型】规则

表 9-6　【类型】规则属性

属　性　名	作　　用	典型属性值及解释
Font-family	定义文本的字体类型	"微软雅黑"，"宋体" 等字体的名称

属 性 名	作 用	典型属性值及解释
Font-size	定义文本的字体大小	可使用 pt（点）、px（像素）、em（大写 M 高度）和 ex（小写 x 高度）等单位
Font-style	定义文本的字体样式	normal（正常）、italic（斜体）、oblique（模拟斜体）
Line-height	定义段落文本的行高	可使用 pt（点）、px（像素）、em（大写 M 高度）和 ex（小写 x 高度）等单位，默认与字体的大小相等，可使用百分比
Text-decoration	定义文本的描述方式	none（默认值）、underline（下划线）、line-through（删除线）、overline（上穿线）
Font-weight	定义文本的粗细程度	normal、bold、bolder、lighter 以及自 100~900 之间的数字。当填写数字值时，数字越大则字体越粗。其中 400 相当于 normal，bold 相当于 800，bolder 相当于 900
Font-variant	定义文本中所有小写字母为小型大写字母	normal（默认值，正常显示）、small-caps（所有小写字母变为 1/2 大小的大写字母）
Font-transform	转换文本中的字母大小写状态	normal（默认值，无转换）、capitalize（将每个单词首字母转换为大写）、uppercase（将所有字母转换为大写）、lowercase（将所有字母转换为小写）
Color	定义文本的颜色	以十六进制数字为基础的颜色值。可通过颜色拾取器进行选择

9.3.2 背景属性的设置

【背景】规则的作用是设置网页中各种容器对象的背景属性。在该规则所在的列表对话框中，用户可设置网页容器对象的背景颜色、图像以及其重复的方式和位置等，其共包含 6 种基本属性，如图 9-4 所示。详细介绍如表 9-7 所示。

图 9-4 【背景】规则

表 9-7 【背景】规则属性

属 性 名	作 用	典型属性值及解释
Background-color	定义网页容器对象的背景颜色	以 16 进制数字为基础的颜色值。可通过颜色拾取器进行选择
Background-image	定义网页容器对象的背景图像	以 URL 地址为属性值，扩展名为 JPEG、GIF 或 PNG
Background-repeat	定义网页容器对象的背景图像重复方式	no-repeat（不重复）、repeat（默认值，重复）、repeat-x（水平方向重复）、repeat-y（垂直方向重复）等
Background-attachment	定义网页容器对象的背景图像滚动方式	scroll（默认值，定义背景图像随对象内容滚动）、fixed（背景图像固定）
Background-position(X)	定义网页容器对象的背景图像水平坐标位置	长度值（默认为 0）或 left（居左）、center（居中）和 right（居右）
Background-position(Y)	定义网页容器对象的背景图像垂直坐标位置	长度值（默认为 0）或 top（顶对齐）、center（中线对齐）和 bottom（底部对齐）

9.3.3　区块属性的设置

【区块】规则是一种重要的规则，其作用是定义文本段落及网页容器对象的各种属性，如图 9-5 所示。

在【区块】规则中，用户可设置单词、字母之间插入的间隔宽度、垂直或水平对齐方式、段首缩进值以及空格字符的处理方式和网页容器对象的显示方式等。详细介绍如表 9-8 所示

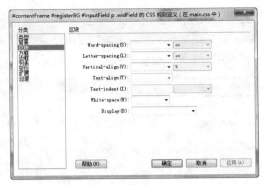

图 9-5　【区块】规则

表 9-8　【区块】规则属性

属 性 名	作 用	典型属性值或解释
Word-spacing	定义段落中各单词之间插入的间隔	由浮点数字和单位组成的长度值，允许为负值
Letter-spacing	定义段落中各字母之间插入的间隔	由浮点数字和单位组成的长度值，允许为负值
Vertical-align	定义段落的垂直对齐方式	baseline（基线对齐）、sub（对齐文本的下标）、super（对齐文本的上标）、top（顶部对齐）、text-top（文本顶部对齐）、middle（居中对齐）、bottom（底部对齐）、text-bottom（文本底部对齐）
Text-align	定义段落的水平对齐方式	left（文本左对齐）、right（文本右对齐）、center（文本居中对齐）、justify（两端对齐）
Text-indent	定义段落首行的文本缩进距离	由浮点数字和单位组成的长度值，允许为负值，默认值为 0
White-space	定义段落内空格字符的处理方式	normal（XHTML 标准处理方式，默认值，文本自动换行）、pre（换行或其他空白字符都受到保护）、nowrap（强制在同一行内显示所有文本，直到 BR 标签之前）
Display	定义网页容器对象的显示方式	display 属性共有 18 种属性，IE 浏览器支持其中的 7 种，即 block（显示为块状推向）、none（隐藏对象）、inline（显示为内联对象）、inline-block（显示为内联对象，但对其内容做块状显示）、list-item（将对象指定为列表项目，并为其添加项目符号）、table-header-group（将对象指定为表格的标题组显示）以及 table-footer-group（将对象指定为表格的脚注组显示）等

9.3.4　方框属性的设置

【方框】规则的作用是定义网页中各种容器对象的属性和显示方式，如图 9-6 所示。

在【方框】规则中，用户可设置网页容器对象的宽度、高度、浮动方式、禁止浮动方式，以及网页容器内部和外部的补丁等。根据这些属性，用户可方便地定制网页容器对象的位置，如表 9-9 所示。

表 9-9 【方框】规则

属 性 名	作 用	典型属性值或解释
Width	定义网页容器对象的宽度	由浮点数字和单位组成的宽度值，默认值可在【编辑】|【首选参数】|【AP 元素】中定义
Height	定义网页容器对象的高度	由浮点数字和单位组成的高度值，默认值可在【编辑】|【首选参数】|【AP 元素】中定义
Float	定义网页容器对象的浮动方式	left（左侧浮动）、right（右侧浮动）、none（不浮动，默认值）
Clear	定义网页容器对象的禁止浮动方式	left（禁止左侧浮动）、right（禁止右侧浮动）、both（禁止两侧浮动）、none（不禁止浮动，默认值）
Padding|Top	定义网页容器对象的顶部内补丁	由浮点数字和单位组成的长度值，允许为负值，默认值为 0
Padding|Right	定义网页容器对象的右侧内补丁	由浮点数字和单位组成的长度值，允许为负值，默认值为 0
Padding|Bottom	定义网页容器对象的底部内补丁	由浮点数字和单位组成的长度值，允许为负值，默认值为 0
Padding|Left	定义网页容器对象的左侧内补丁	由浮点数字和单位组成的长度值，允许为负值，默认值为 0
Margin|Top	定义网页容器对象的顶部外补丁	由浮点数字和单位组成的长度值，允许为负值，默认值为 20
Margin|Right	定义网页容器对象的右侧外补丁	由浮点数字和单位组成的长度值，允许为负值，默认值为 15
Margin |Bottom	定义网页容器对象的底部外补丁	由浮点数字和单位组成的长度值，允许为负值，默认值为 0
Margin |Left	定义网页容器对象的左侧外补丁	由浮点数字和单位组成的长度值，允许为负值，默认值为 0

9.3.5 边框属性的设置

【边框】规则的作用是定义网页容器对象的 4 条边框线样式。在【边框】规则中，Top 代表顶部的边框线，Right 代表右侧的边框线，Bottom 代表底部的边框线，Left 代表左侧的边框线。如用户选择【全部相同】，则 4 条边框线将被设置为相同的属性值，如图 9-7 所示。属性介绍如表 9-10 所示。

图 9-6 【方框】规则　　　　　图 9-7 【边框】规则

表 9-10　【边框】规则

属性名	作　用	典型属性值及解释
Style	定义边框线的样式	none（默认值，无边框线）、dotted（点划线）、dashed（虚线）、solid（实线）、double（双实线）、groove（3D 凹槽）、ridge（3D 凸槽）、inset（3D 凹边）、outset（3D 凸边）
Width	定义边框线的宽度	由浮点数字和单位组成的长度值，默认值为 0
Color	定义边框线的颜色	以十六进制数字为基础的颜色值。可通过颜色拾取器进行选择

提　示

如边框线的宽度小于 2 像素，则所有边框线的样式（none 除外）都将显示为实线。如边框线的宽度小于 3 像素，则 groove、ridge、inset 以及 outset 等属性将被显示为实线。

9.3.6　列表属性的设置

【列表】规则的作用是定义网页中列表对象的各种相关属性，包括列表的项目符号类型、项目符号图像以及列表项目的定位方式等，如图 9-8 所示。属性介绍如表 9-11 所示。

表 9-11　【列表】规则

属　性　名	作　用	典型属性值及解释
List-style-type	定义列表的项目符号类型	disc（实心圆项目符号，默认值）、circle（空心圆项目符号）、square（矩形项目符号）、decimal（阿拉伯数字）、lower-roman（小写罗马数字）、upper-roman（大写罗马数字）、lower-alpha（小写英文字母）、upper-alpha（大写英文字母）以及 none（无项目列表符号）
List-style-image	自定义列表的项目符号图像	none（默认值，不指定图像作为项目列表符号）、url(file)（指定路径和文件名的图像地址）
List-style-position	定义列表的项目符号所在位置	outside（将列表项目符号放在列表之外，且环绕文本，不与符号对齐，默认值）、inside（将列表项目符号放在列表之内，且环绕文本根据标记对齐）

9.3.7　定位属性的设置

【定位】规则多用于 CSS 布局的网页，可设置各种 AP 元素、层的布局属性，如图 9-9 所示。

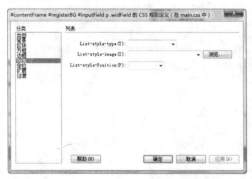

图 9-8　【列表】规则

图 9-9　【定位】规则

网页设计与网站建设（CS6 中文版）标准教程

在【定位】规则中，Width 和 Height 两个属性与【方框】规则中的同名属性完全相同，Placement 属性用于设置 AP 元素的定位方式，Clip 属性用于设置 AP 元素的剪切方式，各属性介绍如表 9-12 所示。

表 9-12　【定位】规则

属 性 名		作　用	典型属性值及解释
Position		定义网页容器对象的定位方式	absolute（绝对定位方式，以 Placement 属性的值定义网页容器对象的位置）、fixed（IE 7.0 以上版本支持，遵从绝对定位方式，但需要遵守一些规则）、relative（遵从绝对定位方式，但对象不可层叠）、static（默认值，无特殊定位，遵从 XHTML 定位规则）
Visibility		定义网页容器对象的显示方式	inherite（默认值，继承父容器的可见性）、visible（对象可视）、hidden（对象隐藏）
Z-Index		定义网页容器对象的层叠顺序	auto（默认值，根据容器在网页中的排列顺序指定层叠顺序）以及整型数值（可为负值，数值越大则层叠优先级越高）
Overflow		定义网页容器对象的溢出设置	visible（默认值，溢出部分可见）、hidden（溢出部分隐藏）、scroll（总是以滚动条的方式显示溢出部分）、auto（在必要时自动裁切对象或显示滚动条）
Placement	Top	定义网页容器对象与父容器的顶部距离	auto（默认值，无特殊定位）以及由浮点数字和单位组成的长度值，可为负数
	Right	定义网页容器对象与父容器的右侧距离	auto（默认值，无特殊定位）以及由浮点数字和单位组成的长度值，可为负数
	Bottom	定义网页容器对象与父容器的左侧距离	auto（默认值，无特殊定位）以及由浮点数字和单位组成的长度值，可为负数
	Left	定义网页容器对象与父容器的底部距离	auto（默认值，无特殊定位）以及由浮点数字和单位组成的长度值，可为负数
Clip	Top	定义网页容器对象顶部剪切的高度	auto（默认值，无特殊定位）以及由浮点数字和单位组成的长度值，可为负数
	Right	定义网页容器对象右侧剪切的宽度	auto（默认值，无特殊定位）以及由浮点数字和单位组成的长度值，可为负数
	Bottom	定义网页容器对象底部剪切的高度	auto（默认值，无特殊定位）以及由浮点数字和单位组成的长度值，可为负数
	Left	定义网页容器对象左侧剪切的宽度	auto（默认值，无特殊定位）以及由浮点数字和单位组成的长度值，可为负数

提　示

Placement 属性只有在 Position 属性被设置为 absolute、fixed 或 relative 时才可用；而 Clip 属性则只有 Position 属性被设置为 absolute 时才可用。在 IE 6.0 及之前版本的浏览器中，Position 属性不允许使用 fixed 属性值。该属性值只允许在 IE 7.0 及之后的浏览器中使用。另外，IE 浏览器还支持两个属性 overflow-x 和 overflow-y，分别用于定义水平溢出设置和垂直溢出设置，但不被 Firefox 和 Opera 等浏览器支持，也不被 W3C 的标准认可，应尽量避免使用。

9.4　滤镜

滤镜是平面设计中的术语。通常滤镜是图像处理软件的插件，用于处理图像或文本的各种特殊效果。CSS 和图像处理软件类似，也有滤镜功能。其滤镜功能也可以实现比较多的特殊效果，例如透明、灰度等效果。

9.4.1 界面滤镜

该类滤镜主要的作用是用于处理网页布局元素的界面。这一类滤镜有两种，如下所示。

❑ **Gradient**

该滤镜的作用是为网页的布局元素填充渐变颜色。其属性值详细介绍如表 9-13 所示。

表 9-13　Gradient 滤镜的属性

属　　性	说　　明
Enabled	设置滤镜是否激活。其属性值为 true（默认值，激活滤镜）或者 false（不激活滤镜）
StartColorStr	滤镜的起始颜色，其属性值为#RRGGBB 或#ααRRGGBB。αα 为十六进制透明度
EndColorStr	滤镜的结束颜色，其属性值为#RRGGBB 或#ααRRGGBB。αα 为十六进制透明度
GradientType	设置滤镜的渐变方向，其属性值为 0（垂直渐变）或者 1（默认值，水平渐变）
StartColor	滤镜的起始颜色，其属性为整数值，取值范围为 0~4294967295,0 为透明,4294967295 为不透明白色
EndColor	滤镜的结束颜色,其属性为整数值,取值范围为 0~4294967295,0 为透明,4294967295 为不透明白色

例如，需要为 ID 为"table01"的表格添加水平渐变，渐变颜色从"#ff0000"渐变到"#000000"，其代码如下所示。

```
#table01 {
/*定义 ID 为"table01"的表格的属性*/
filter : progid:DXImageTransform.Microsoft.gradient(startColorStr=#FFFF
0000,endColorStr=#00000000);
/*为网页元素添加 Gradient 滤镜，起始颜色为"#FFFF0000"，结束颜色为"#00000000"*/
}
```

提　示

关于起始颜色，如使用了 StartColorStr，则必须使用 EndColorStr 结束渐变颜色。StartColorStr 和 StartColor 不可同时使用。

❑ **AlphaImageLoader**

该滤镜的作用是为网页的布局元素提供背景图像，并提供设置图像的尺寸。AlphaImageLoader 的属性值如表 9-14 所示。

表 9-14　AlphaImageLoader 滤镜的属性

属　　性	说　　明
enabled	设置滤镜是否激活。其属性值为 true（默认值，激活滤镜）或者 false（不激活滤镜）
sizingMethod	设置图像在网页布局元素中显示的方式。其属性值有三种，即 Corp（剪切图像以适应布局元素尺寸）、Image（默认值，增大或减小布局元素尺寸以适应图像尺寸）、scale（缩放图像以适应网页元素尺寸）
src	必选项，用于设置图像的路径（可以是相对路径）

例如，需要为 ID 为"apdiv1"的层设置图像背景，其代码如下所示。

```
#apdiv1 {
/*定义 ID 为"apdiv1"的层的属性*/
filter : progid:DXImageTransform.Microsoft.AlphaImageLoader(src="images
/rdl_ice.gif", sizingMethod="scale");
/*设置网页元素的背景图像及其路径，并设置图像自动拉伸以适应网页元素的大小*/
}
```

9.4.2 静态滤镜

静态滤镜是 CSS 最常用的滤镜。该滤镜的使用方法和普通的类属性相似，为网页元素添加该滤镜即可直接产生效果。常用的静态滤镜如下所示。

提 示

如果仅需要设置网页元素的整体透明度，只需要设置 Opacity 一个属性即可。

❑ **Alpha**

该滤镜的作用是设置网页元素的透明度（可以设置渐变透明）。其属性值如表 9-15 所示。

表 9-15 Alpha 滤镜的属性

属　　性	说　　明
enabled	设置滤镜是否激活。其属性值为 true（默认值，激活滤镜）或者 false（不激活滤镜）
style	设置渐变透明的方式。其属性值为 0（默认值，无渐变，整体透明）、1（线性渐变透明度）、2（圆形放射渐变透明度）、3（矩形渐变透明度）
opacity	设置网页元素的整体透明度或渐变透明的起始透明度，其单位为百分比。默认值为 0，即完全透明；100 为完全不透明
finishOpacity	设置网页元素渐变透明的结束透明度（如果设置有渐变透明的话），其单位为百分比。默认值为 0，即完全透明；100 为完全不透明
startX	设置渐变透明的起始点 X 坐标，其单位为百分比，默认值为 0
startY	设置渐变透明的起始点 Y 坐标，其单位为百分比，默认值为 0
finishX	设置渐变透明的结束点 X 坐标，其单位为百分比，默认值为 0
finishY	设置渐变透明的结束点 Y 坐标，其单位为百分比，默认值为 0

例如，设置所有网页中表格自左向右透明渐变，其代码如下所示。

```
table {
/*设置网页中所有表格标签的属性*/
filter: Alpha(Opacity=0, FinishOpacity=100, Style=1);
/*设置网页元素的透明渐变方式为水平方向渐变，渐变的起始透明度为 0，结束透明度为 100*/
}
```

❑ **Blur**

该滤镜的作用主要是设置网页元素的模糊效果。该滤镜多用于网页文本和图像的处理，其属性值如表 9-16 所示。

表 9-16 Blur 滤镜的属性

属　　　性	说　　　明
enabled	设置滤镜是否激活。其属性值为 true（默认值，激活滤镜）或者 false（不激活滤镜）
makeShadow	设置对象模糊时是否显示阴影。其属性值为 true（显示阴影）或者 false（不显示阴影）
pixelRadius	设置模糊效果的模糊值，其属性值为 1.0~100.0 的数值。默认值为 2.0
shadowOpacity	当设置 makeShadow 参数使网页元素显示出阴影时，可用 shadowOpacity 属性设置阴影的透明度。其属性值为 0.0~1.0 的数值，默认值为 7.5

❑ **Chorma**

该滤镜的作用是设置网页图像元素中某颜色为透明，其属性如表 9-17 所示。

表 9-17 Chroma 滤镜的属性

属　　　性	说　　　明
enabled	设置滤镜是否激活。其属性值为 true（默认值，激活滤镜）或者 false（不激活滤镜）
Color	该属性用于设置要透明的颜色值。其值为十六进制颜色 RRGGBB

例如，要将网页中所有图像的红色设置为透明，其代码如下所示。

```
img {
/*设置网页中所有图像标签*/
filter: Chroma(Color=ff0000);
/*将图像中所有"#ff0000"设置为透明*/
}
```

❑ **DropShadow**

该滤镜的作用是设置网页元素的投影效果。其与 text-shadow 属性的区别在于，text-shadow 仅能设置文本，而 DropShadow 滤镜可以设置网页中的任何元素。其属性值如表 9-18 所示。

表 9-18 DropShadow 滤镜的属性

属　　　性	说　　　明
enabled	设置滤镜是否激活，其属性值为 true（默认值，激活滤镜）或者 false（不激活滤镜）
Color	该属性用于设置投影的颜色，其值为十六进制颜色#RRGGBB
offX	设置阴影的横坐标偏移像素值，其属性值为整数，默认值为 5
offY	设置阴影的纵坐标偏移像素值，其属性值为整数，默认值为 5
positive	设置网页元素如包含透明区域，是否为透明区域建立阴影。其值为 true（建立透明区域的阴影）或者 false（建立不包括透明区域的阴影）

例如，为网页中的图像建立红色阴影，其代码如下所示。

```
img {
/*定义网页中所有图像标签*/
filter: DropShadow(Color=ff0000, OffX=1, OffY=1, Positive=false);
/*为网页元素设置投影，投影颜色为"#ff0000"，投影偏移为 1 像素，不建立透明区域的投影*/
}
```

❑ **FlipH 和 FlipV**

这两个滤镜的用途和作用类似，都是用于翻转网页元素的。**FlipH** 的作用是水平翻转网页元素，而 FlipV 的作用是垂直翻转网页元素。

这两个滤镜的属性只有一种，即 enabled。可以通过 enabled 设置滤镜是否激活。例如，要设置网页中的段落文本水平翻转，其代码如下所示。

```
p {
/*定义网页中的段落标签*/
    filter: FlipH;
/*设置网页元素水平翻转*/
}
```

❑ Glow

该滤镜的作用是制作发光效果。该滤镜通常作用于网页布局元素内部的网页元素边缘。Glow 滤镜的类属性如表 9-19 所示。

表 9-19　Glow 滤镜的属性

属　性	说　明
enabled	设置滤镜是否激活。其属性值为 true（默认值，激活滤镜）或者 false（不激活滤镜）
Color	该属性用于设置发光的颜色。其值为十六进制颜色#RRGGBB，默认值为#FF0000
strength	整数值，设置滤镜的发光强度。其取值范围为 1~255 像素，默认值为 5

例如，设置表格中图像的发光效果，其代码如下所示。

```
table {
/*设置表格中的元素发光*/
filter: Glow(Color="#666666", Strength="10");
/*设置发光颜色为 "#666666"，发光强度为 10 像素*/
}
```

❑ Gray

该滤镜通常用于渲染网页元素的灰度。例如，将整个网页渲染为灰色，其代码如下所示。

```
body {
/*定义网页 body 标签中的所有内容*/
    filter: Gray;
/*为网页元素渲染灰度*/
}
```

❑ BasicImage

该滤镜是一个相当强大的滤镜，可以用于网页元素的色彩处理、图像旋转，以及设置对象内容的透明度，其属性如表 9-20 所示。

表 9-20　BasicImage 滤镜的属性

属　性	说　明
enabled	设置滤镜是否激活。其属性值为 true（默认值，激活滤镜）或者 false（不激活滤镜）
GrayScale	为网页元素渲染灰度滤镜，其属性值为 0（默认值，不渲染）或者 1（渲染为灰度）
Mirror	将网页元素反转，其属性值为 0（默认值，不反转）或者 1（反转网页元素）

属　性	说　明
opacity	设置网页元素的透明度，其属性值范围为 0-1.0，默认值为 1.0（不透明黑色）
Xray	设置网页元素为 X 光效果，其属性值为 0（默认值，不显示 X 光效果）或者 1（以 X 光效果显示）
Invert	设置网页元素为反相效果，其属性值为 0（默认值，不显示反相效果）或者 1（显示反相效果）
Mask	为网页元素添加遮罩，其属性值为 0（默认值，不添加遮罩）或者 1（添加遮罩）
MaskColor	设置遮罩颜色，其属性值为十六进制颜色值，默认值为 0x00000000，不透明黑色
Rotation	设置网页元素的旋转方式，其属性值为 0（默认值，不旋转）、1（旋转 90 度）、2（旋转 180 度）或者 3（旋转 270 度）

提　示

为整个网页渲染灰度消耗系统资源非常大。因此如网页内容较多，应将网页分块渲染或者使用 BasicImage 滤镜（BasicImage 渲染网页灰度更节省系统资源）。使用 Gray 滤镜无法渲染网页中的视频与 Flash 动画。

例如，要使用 BasicImage 滤镜渲染网页灰度，其代码如下所示。

```
body {
/*定义网页 body 标签中的所有内容*/
filter:progid:DXImageTransform.Microsoft.BasicImage (GrayScale=1);
/*为网页元素渲染灰度*/
}
```

9.4.3　转换滤镜

这类滤镜和前面两类滤镜的使用方法不同，其是作为 JavaScript 等脚本语言调用的对象而存在的。这类滤镜通常用于两张或更多图像的转换，单独使用这类滤镜并无效果。在这里介绍一下 Dreamweaver 中可直接引用的两个转换滤镜。

❑ **BlendTrans**

该滤镜用于为转换的图像提供渐隐的效果，其属性值详细介绍如表 9-21 所示。

表 9-21　BlendTrans 滤镜的属性

属　性	说　明
enabled	设置滤镜是否激活。其属性值为 true（默认值，激活滤镜）或者 false（不激活滤镜）
duration	设置图像转换的时间，其单位为秒（浮点数），支持小数点后 4 位

例如，要为某个转换过程添加渐变效果，其代码如下所示。

```
#imgdiv {
/*定义 ID 为 imgdiv 的层*/
filter:BlendTrans(duration=5.0000);
/*将层中的图像转换设置为渐隐式转换，转换时间为 5 秒*/
}
```

❑ **RevealTrans**

该滤镜提供了 24 种图像转换的效果。网上很多 JavaScript 或者 Flash 图像展示都使用这个滤镜。其属性值如表 9-22 所示。

▦ 表 9-22　RevealTrans 滤镜的属性

属　　性	说　　明
enabled	设置滤镜是否激活。其属性值为 true（默认值，激活滤镜）或者 false（不激活滤镜）
duration	设置图像转换的时间，其单位为秒（浮点数），支持小数点后 4 位
transition	设置图像转换所用的方式，共 24 种，通过编号来调用

RevealTrans 滤镜提供的 24 种图像转换方式如表 9-23 所示。

▦ 表 9-23　RevealTrans 滤镜提供的 24 种图像转换方式

编　　号	效　　果
0	矩形收缩转换
1	矩形扩张转换
2	圆形收缩转换
3	圆形扩张转换
4	向上擦除
5	向下擦除
6	向右擦除
7	向左擦除
8	纵向百叶窗转换
9	横向百叶窗转换
10	国际象棋棋盘式横向转换
11	国际象棋棋盘式纵向转换
12	随机杂点干扰转换
13	左右关门效果转换
14	左右开门效果转换
15	上下关门效果转换
16	上下开门效果转换
17	从右上角到左下角的锯齿边覆盖效果转换
18	从右下角到左上角的锯齿边覆盖效果转换
19	从左上角到右下角的锯齿边覆盖效果转换
20	从左下角到右上角的锯齿边覆盖效果转换
21	随机横线条转换
22	随机竖线条转换
23	随机使用上面可能的值转换

例如，要为图像转换过程添加随机的转换效果，其代码如下所示。

```
#imgdiv {
/*定义 ID 为 imgdiv 的层*/
filter : progid:DXImageTransform.Microsoft.RevealTrans ( duration=1,
transition=23 ) ;
/*设置图像转换的时间为 1 秒，转换效果为随机转换*/
}
```

9.5 课堂练习：制作多彩时尚网

在网页中文本属性不可能是一成不变的，需要改变文本属性来使网页显得更美观。本练习通过定义文本属性、文本显示方式来制作多彩时尚网页页面，如图 9-10 所示。

图 9-10 效果图

操作步骤：

1 打开素材页面 "index.html"，将光标置于 ID 为 leftmain 的 Div 层中，单击【插入 Div 标签】按钮，创建 ID 为 title 的 Div 层，并设置其 CSS 样式属性，在 ID 为 title 的 Div 层中输入文本，如图 9-11 所示。

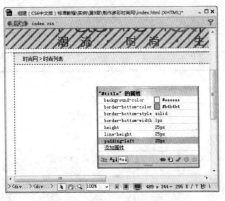

图 9-11 插入 DIV 层

2 单击【插入 Div 标签】按钮，创建类名称为 rows 的 Div 层，并设置其 CSS 样式属性，如图 9-12 所示。

图 9-12 插入 rows 层

3 将光标置于类名称为 rows 的 Div 层中，创建类名称为 pic 的 Div 层，并设置其 CSS 样式属性，如图 9-13 所示。

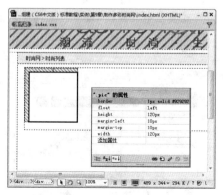

图 9-13　插入 pic 层

4 按照相同的方法，单击【插入 Div 标签】按钮，创建类名称为 detail 的 Div 层，并设置其 CSS 样式属性，如图 9-14 所示。

图 9-14　插入 detail 层

5 将光标置于类名称为 pic 的 Div 层中，插入图像"pic1.jpg"，如图 9-15 所示。

图 9-15　插入图片

6 将光标置于类名称为 detail 的 Div 层中，输入文本，然后在【属性】检查器中设置【格式】为"标题 2"。在标签栏选择 h2 标签，然后再 CSS 样式属性中设置文本颜色为"蓝色"（#1092f1），如图 9-16 所示。

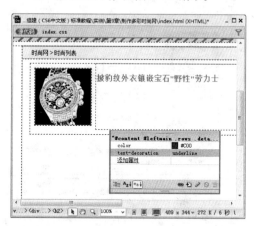

图 9-16　添加标题

7 按 Enter 快捷键回车，然后输入文本。在 CSS 样式属性中分别创建类名称为 font2、font3、font4 样式，然后选择文本，在【属性】检查器中设置【类】。其中，文本"关键字"设置为"font2"；文本"劳力士 经典 金表 宝石"设置为"font3"；其他文本设置为"font4"，如图 9-17 所示。

图 9-17　添加文本

8 单击【插入 Div 标签】按钮，在弹出的【插入 Div 标签】对话框中，选择【类】的下拉菜单中的 rows，单击【确定】按钮。将光标置于该层中，按照相同的方法分别创建类名称为 pic、detail 的 Div 层，然后在 pic 层中插入图像，在 detail 层中输入文本，如图 9-18 所示。

9　分别选择"标题2"的文本，在【属性】检查器中设置【链接】为"javascript:void(null);"，然后在标签栏选择 a 标签，在 CSS 样式属性中设置其 CSS 样式属性，如图 9-19 所示。

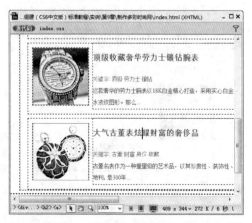

图 9-18　添加内容

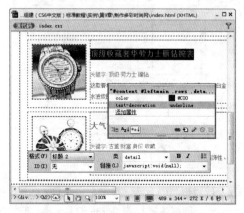

图 9-19　设置属性

9.6　课堂练习：制作文章页面

网页中大量的文章都是由一个个的段落组合到一起的。本练习通过定义段落属性、文本属性来制作时尚网页页面，如图 9-20 所示。

图 9-20　效果图

操作步骤:

1. 打开素材页面"index.html",将光标置于 ID 为 leftmain 的 Div 层中,单击【插入 Div 标签】按钮,创建 ID 为 title 的 Div 层,并设置其 CSS 样式属性,如图 9-21 所示。

图 9-21 插入 title 层

2. 在 ID 为 title 的 Div 层中输入文本,然后选择文本,在【属性】检查器中设置文本【链接】为"#",如图 9-22 所示。

图 9-22 设置属性

3. 单击【插入 Div 标签】按钮,创建 ID 为 homeTitle 的 Div 层,并设置其 CSS 样式属性,如图 9-23 所示。

4. 将光标置于 ID 为 homeTitle 的 Div 层中,分别创建 ID 为 htitle、publish、mark 的 Div 层,并定义其 CSS 样式属性,如图 9-24 所示。

图 9-23 插入 homeTitle 层

图 9-24 插入层

5. 将光标置于 ID 为 htitle 的 Div 层中,输入文本,如图 9-25 所示。

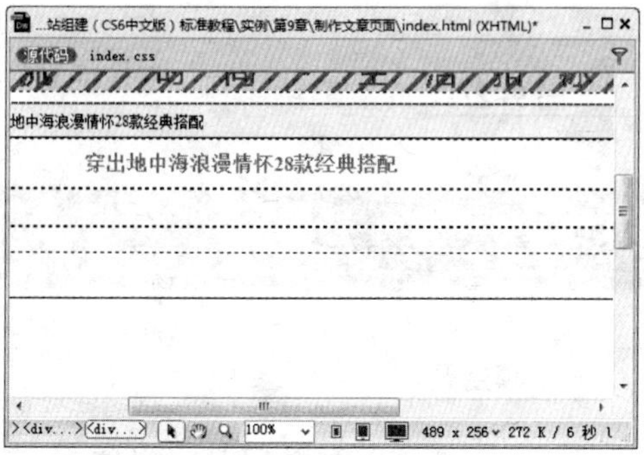

图 9-25 输入文本

6　将光标置于 ID 为 publish 的 Div 层中，分别嵌套 ID 为 zz、times、pl 的 Div 层，输入文本并设置其 CSS 样式属性，其中，ID 为 times、pl 的两个 Div 层 CSS 样式属性设置相同，如图 9-26 所示。

图 9-26　输入内容

7　单击【插入 Div 标签】按钮，创建 ID 为 mark 的 Div 层，输入内容并设置其 CSS 样式属性，如图 9-27 所示。

图 9-27　设置属性

8　单击【插入 Div 标签】按钮，创建 ID 为 mainHome 的 Div 层，并设置其 CSS 样式属性，如图 9-28 所示。

图 9-28　插入 mainHome 层

9　将光标置于 ID 为 mainHome 的 Div 层中，输入文本，一共分为 4 个段落。在标签栏选择 P 标签，在 CSS 样式中定义其行高、文本缩进等 CSS 样式属性，如图 9-29 所示。

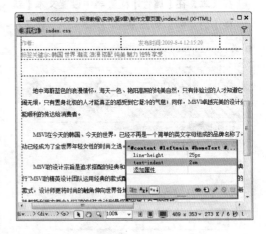

图 9-29　插入 mainHome 层

9.7　思考与练习

一、填空题

1._____是一种用于网页设计的、无须编译的、由网页浏览器直接解析的标记语言。

2. 在 Dreamweaver 中编辑 CSS，需要使用到【CSS】面板。通过【CSS】面板，可以为网页添加_____、_____、_____CSS 样式代码。

3．CSS 代码在网页中主要有 3 种存在的方式，即_____、_____和_____。

4．在外部 CSS 文件中，通常需要在_____创建 CSS 的文档声明，以定义 CSS 文档的一些基本属性。

5．Dreamweaver 提供了强大的 CSS 编辑功能。用户可以方便地为网页_____CSS 样式规则、_____CSS 规则和_____CSS 规则。

6．_____是 CSS 代码的对外接口。网页浏览器就是根据 CSS 代码的选择器，以实现和_____代码的匹配。

7．_____是指大部分 CSS 属性共同使用的一些属性值。这些属性值通常为数值，且有固定的_____。

8．_____是 XHTML 中非常重要的标签对象，主要功能是_____，以及用于网页布局。

二、选择题

1．外部 CSS 是一种独立的 CSS 样式。其一般将 CSS 代码存放在一个独立的文本文件中，扩展名为"_____"。

    A．.css

    B．.swf

    C．.html

    D．.jpg

2．使用内部 CSS 的好处在于可以将整个页面中所有的 CSS 样式集中管理，以选择器为_____供网页浏览器调用。

    A．集合

    B．样式

    C．函数

    D．接口

3．内联 CSS 是利用 XHTML 标签的 style 属性设置的 CSS 样式，又称_____样式。

    A．外嵌式

    B．嵌入式

    C．外联式

    D．关联式

4．_____属性用于检测表格单元格中的内容，并根据其内容的有无而决定是否显示单元格的边框。

    A．color

    B．font

    C．empty-cells

    D．src

三、简答题

1．概述 CSS 样式表的作用。

2．简单介绍 CSS 样式的几种类型。

3．简单介绍 CSS 选择器的概念。